药食两用乌骨鸡养殖与繁育技术

杨宝山　陈宗刚　编著

科学技术文献出版社
SCIENTIFIC AND TECHNICAL DOCUMENTATION PRESS
·北京·

图书在版编目(CIP)数据

药食两用乌骨鸡养殖与繁育技术 / 杨宝山，陈宗刚 编著. —北京：科学技术文献出版社，2013.5

ISBN 978-7-5023-7811-0

Ⅰ. ①药… Ⅱ. ①杨… ②陈… Ⅲ. ①乌鸡－饲养管理 Ⅳ. ①S831.8

中国版本图书馆 CIP 数据核字（2013）第 069404 号

药食两用乌骨鸡养殖与繁育技术

策划编辑：孙江莉　责任编辑：孙江莉　责任校对：张吲哚　责任出版：张志平

出 版 者　科学技术文献出版社
地　　址　北京市复兴路15号　邮编 100038
编 务 部　（010）58882938，58882087（传真）
发 行 部　（010）58882868，58882874（传真）
邮 购 部　（010）58882873
官方网址　http://www.stdp.com.cn
发 行 者　科学技术文献出版社发行 全国各地新华书店经销
印 刷 者　北京金其乐彩色印刷有限公司
版　　次　2013 年 5 月第 1 版　2013 年 5 月第 1 次印刷
开　　本　850×1168　1/32
字　　数　212千
印　　张　9
书　　号　ISBN 978-7-5023-7811-0
定　　价　19.00元

编委会

前言

乌骨鸡是我国传统的药食两用鸡种，具有药用、食补和观赏价值，乌皮、乌肉、乌骨，肉质细嫩，味鲜可口，营养丰富，是一种高级营养滋补品，被人们称为“名贵食疗珍禽”，为国内外消费者所喜爱。但要将这一宝贵的资源优势转化为经济优势，就必须发展商品鸡生产。

改革开放以来，随着我国人民生活水平的提高和自我保健意识的增强以及中医中药事业的发展，市场对乌骨鸡的需求量越来越大。饲养者迫切希望掌握乌骨鸡的科学饲养管理技术和方法，使乌骨鸡生产能稳定地向优质、高产、低耗、高效益的方向发展，以满足人民的生活需要。为此，笔者组织了相关人员，在收集大量资料的同时，深入乌骨鸡养殖场，认真整理乌骨鸡养殖经验后编写了本书。

在此对编写过程中参考了相关资料的原作者致谢。但限于编者的水平，书中不妥和错误之处，敬请有关专家及读者批评指正。

编　者

目录 Contents

第一章 乌骨鸡养殖概述

乌骨鸡是我国传统的药食两用鸡种，因为它的乌皮、乌肉、乌骨而得名，具有药用、食补和观赏价值，被人们称为“名贵食疗珍禽”。

改革开放以来，随着我国人民生活水平的提高和自我保健意识的增强以及中医中药事业的发展，市场对乌骨鸡的需求量越来越大，这就为发展乌骨鸡生产提供了广阔的市场。

第一节 主要乌骨鸡品种

我国幅员辽阔，地理环境条件差异较大，乌骨鸡在几百年的发展过程中形成了诸多类型群体，有白羽黑骨，黑羽黑骨，黑肉黑骨，白肉黑骨等。乌骨鸡羽毛的颜色也随着饲养方式变得更加多样，除了原本的白色外，发展到现在有黑色、蓝色、暗黄色、灰色以及棕色等。其中具有代表性的有泰和乌骨鸡、黑凤鸡、余干乌黑鸡、乌蒙乌骨鸡、小香乌骨鸡、雪峰乌骨鸡、金水乌骨鸡、江山白毛乌骨鸡、腾冲雪鸡等。现在，乌骨鸡的生产已遍布全国各地。

1. 泰和乌骨鸡

泰和乌骨鸡（见彩图1）原产于我国江西省泰和县，又名绒毛鸡、竹丝鸡、松毛鸡、纵冠鸡等，外貌十大特征齐全，遗传性能稳定，品质纯正，是目前国际上公认的乌骨鸡标准品种。该鸡具有特殊的营养滋补和药用价值，主治妇科病的“乌鸡白凤丸”即以该鸡全鸡配药而制成。近年来，该品种鸡养殖发展迅速，已遍及全国各地，在国外被作为玩赏型鸡分布也很广泛。

（1）外貌特征：泰和乌骨鸡具有丛冠、缨头、绿耳、胡须、丝毛、毛脚、五爪、乌皮、乌肉、乌骨十大特征，故称“十全”、“十锦”。

①丛冠：母鸡冠小，如桑葚状，色特黑；公鸡冠形特大，冠齿丛生，像一束怒放的奇花，又似一朵火焰，焰面出现许多“火峰”，色为紫红，也有大红的。

②缨头：头顶长有一丛丝毛，形成毛冠，母鸡尤为发达，形如“白绒球”，又似“凤头”。

③绿耳：耳叶呈现孔雀绿或湖蓝色，在性成熟期更是鲜艳夺目，光彩照人。成年后，色泽变浅，公鸡褪色较快。

④胡须：在鸡的下颌处，长有一撮浓密的绒毛，人们称为胡须。母鸡的胡须比公鸡发达，显得温顺而庄重。肉垂很小，或仅留痕迹，颜色与鸡冠一致。

⑤丝毛：由于扁羽的羽干部变细，羽支和羽小支变长，羽小支排列不整齐，且缺羽钩，故羽支与羽小支不能连接成片，使全身如披盖纤细绒毛，松散柔软，雪白光亮，只有主翼羽和尾羽末端的羽支和羽小支钩连成羽片。

⑥毛脚：胫部和第四趾着生有胫羽与趾羽。

⑦五爪：脚有5趾，通常由第一趾间第二趾的一侧多生一趾，也有个别从第一趾再多生一趾成为6趾的，其第一趾连同分生的多趾均不着地。

⑧乌皮：全身皮肤以及眼、睑、喙、胫、趾均呈乌色。

⑨乌肉：全身肌肉、内脏及腹内脂肪均呈黑色，但胸肌和腿

部肌肉颜色较浅。

⑩乌骨：骨膜漆黑发亮，骨质暗乌。

（2）生产性能：泰和乌骨鸡体型较小，成年公鸡体重1.3～1.5千克，成年母鸡体重1.0～1.25千克。雄鸡性成熟平均日龄为150～160天，雌鸡开产日龄平均为170～180天，年产蛋80～100枚，最高可达130～150枚，每枚蛋重40克左右。蛋壳呈浅白色，蛋形小而正常。母鸡就巢性强，在自然情况下，一般每产10～12枚蛋就巢1次，蛋孵化期为21天。

2. 黑凤鸡

黑凤鸡（见彩图2）又名黑羽药鸡，是我国独有的珍稀品种，此种鸡具有药用功能，它的抗病力、抗寒力、产蛋量、孵化率、成活率和生长速度都优于白羽乌骨鸡，且抱窝力强。

（1）外貌特征：黑凤鸡具有丝绒状细毛、乌皮、乌肉、乌骨、丛冠、缨头、绿耳、胡须、毛脚、五爪10项典型特征。

（2）生产性能：成年公鸡体重1.25～1.5千克，成年母鸡体重0.9～1.8千克。母鸡5月龄开产，年产蛋120枚左右，平均每枚蛋重约40克，蛋壳为棕褐色，少数为白色。母鸡就巢性强。

3. 余干乌黑鸡

余干乌黑鸡（见彩图3），因原产于江西省余干县而得名，属药、肉兼用的地方品种。

（1）外貌特征：余干乌黑鸡以全身乌黑而得名。乌黑色片状羽毛，喙、冠、皮、肉、骨、内脏、脚趾均为黑色。母鸡单冠，头清秀，眼有神，羽毛紧凑；公鸡色彩鲜艳，雄壮健俏，尾羽高翘，乌黑发亮，腿部肌肉发达，头高昂，单冠，冠齿一般6～7个，肉髯深而薄，体型呈菱形。

（2）生产性能：余干乌黑鸡体型小，成年雄鸡体重1.3～1.6千克，成年雌鸡体重0.9～1.1千克，雄鸡性成熟在170日龄，雌鸡开产日龄为180天，母鸡就巢性较强，年产蛋为150～160枚，每枚蛋重约43～52克，蛋壳呈粉红色，孵化期为21天。

4. 乌蒙乌骨鸡

乌蒙乌骨鸡（见彩图4）原产于云贵高原黔西北部的乌蒙山区，属药、肉兼用的地方品种。

（1）外貌特征：该鸡中等体型，单冠，平头，身体结构密实紧凑，胸肌发达，背宽平直，腰粗体壮，腿高爪大，奔走能力强。羽毛以黑褐色为主，麻黄色、白色也不少见。乌喙，乌胫，乌趾，乌皮，乌骨，乌肉。

（2）生产性能：成年公鸡体重1.87千克，成年母鸡体重1.51千克。母鸡开产日龄185～200天，年平均产蛋量100～130枚，每枚平均蛋重45克，蛋壳浅褐色。就巢性强，每年就巢4～5次，每次20天左右。

5. 小香乌骨鸡

小香乌骨鸡（见彩图5）原产于黔东南的黎平、从江、榕江3县及邻近地区，以小而肉香，皮、肉、骨皆乌而闻名。

（1）外貌特征：该鸡外貌清秀，羽毛紧密，单冠平头，飞行力强。喙、胫、爪乌黑色。母鸡全身羽毛多为麻黄色，兼有黑色和花色，公鸡多为赤红色，尾部发达呈墨绿色。

（2）生产性能：成年公鸡体重1.21千克，成年母鸡体重1.06千克。母鸡开产日龄150天，年平均产蛋80～100枚，每枚蛋重38.2克，蛋壳浅褐色，兼有白色。就巢性强，年均就巢3.5～4.5次。

6. 雪峰乌骨鸡

雪峰乌骨鸡（见彩图6）是湖南唯一、国内珍贵的肉蛋兼用型药、食两用乌骨鸡品种，也是宝贵的稀有珍禽，已列入国家地方畜禽遗传资源保护名录。

（1）外貌特征：雪峰乌骨鸡体型中等，身躯稍长，体质结实，乌皮、乌肉、乌骨、乌喙。羽毛富有光泽，紧贴于身体。毛色有全黑色、麻黄色及杂色3种。单冠呈紫色，耳叶为绿色，虹彩棕色。成年公鸡后尾上翘呈扇形。

（2）生产性能：6月龄公鸡平均体重1.5千克，母鸡为1.3千克。母鸡开产日龄为156～250天，公鸡开啼日龄平均为153天。母鸡500日龄平均产蛋量为95枚左右，平均每枚蛋重45克左右，蛋壳多为浅棕色，少数为白色。

7. 金水乌骨鸡

湖北省农业科学院家禽研究开发中心从1993年开始，以泰和乌骨鸡为主要育种素材，闭锁群内继代选育。经6年的系统选育，到1998年培育出具有十大特征、适应性好、遗传稳定的金水乌骨鸡。金水乌骨鸡有白丝毛系、白丝毛快长系、黑丝毛系3个品系。1998年通过湖北省科委鉴定。2002年7月通过湖北省畜禽品种审定委员会审定，正式命名为金水乌骨鸡。

（1）外貌特征：白丝毛系和白丝毛快长系具有十大特征，即紫冠、缨头、绿耳、胡子、五爪、毛脚、丝毛（白）、乌皮、乌肉、乌骨。黑丝毛系具有十大特征，即紫冠、缨头、绿耳、胡子、五爪、毛脚、丝毛（黑）、乌皮、乌肉、乌骨。

（2）生产性能：白丝毛系母鸡平均开产日龄170天，平均年产蛋180枚，平均每枚蛋重42克。白丝毛快长系母鸡平均开产日龄173天，平均年产蛋170枚，平均每枚蛋重43克。黑丝毛系平均开产日龄168天，平均年产蛋170枚，平均每枚蛋重41克。3个系蛋壳均为浅褐色。金水乌骨鸡白丝毛系整个产蛋期10%以下的母鸡就巢1次，4%以下的母鸡就巢2次，2%以下的母鸡就巢3次，85%的母鸡未出现明显的就巢行为，但有明显的停产期。

8. 江山白毛乌骨鸡

江山白毛乌骨鸡原产于浙江省江山县境内。

（1）外貌特征：该鸡全身羽毛洁白，小巧玲珑的体态，全身紧凑密实，大眼圆而凸。乌皮、乌肉、乌骨、乌喙、乌脚。孔雀绿色耳垂，单冠，绛红色。

（2）生产性能：成年公鸡均重1.6千克，成年母鸡重为1.5千克。平均开产日龄184天，母鸡500日龄平均产蛋量138枚，平均每枚蛋重56克，就巢率达73%。

9. 腾冲雪鸡

腾冲雪鸡原产于云南省腾冲县，因全身羽毛洁白似雪、肉质乌黑鲜美而得名。

（1）外貌特征：该鸡全身羽毛雪白无瑕；乌皮、乌肉、乌骨；中等体型，结实紧凑，背略长，宽且平，行动机敏，反应灵活。头小，单冠，公鸡鸡冠绛红色，母鸡鸡冠绛黑色。喙黑，耳绿。脚四趾、胫趾均为黑色。

（2）生产性能：成年公鸡平均体重1.84千克，成年母鸡平均体重1.57千克。公鸡4～5.5 月龄开啼，母鸡5～6 月龄产蛋，年产蛋100～15枚，每枚蛋重42 克，蛋壳浅棕白色，蛋形指数为1.299，母鸡抱性较强。

10. 矮小型黑羽乌骨鸡

矮小型黑羽乌骨鸡为贵州大学家禽研究室和贵州省品种改良站联合培育的乌骨鸡品种。

（1）外貌特征：该鸡全身羽毛黑色，带墨绿色光泽，公鸡的颈部、背部和鞍部常出现红色或红黄色羽毛。单冠、颈短、脚矮，胸腿肌肉丰满，骨骼较细，乌皮、乌骨、乌肉，肉质鲜美。

（2）生产性能：成年公鸡体重1.35～1.65千克，成年母鸡体重1.15～1.40千克，开产日龄170～185天，母鸡500日龄产蛋数

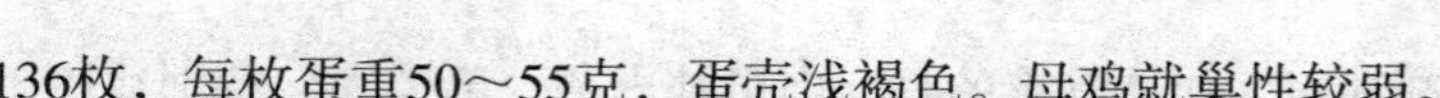

136枚，每枚蛋重50～55克，蛋壳浅褐色。母鸡就巢性较弱。

第二节　乌骨鸡的养殖优势

乌骨鸡肉质鲜嫩、富含人体必需的各种营养素，具有很高的药用、食补和观赏价值，是驰名中外的特种经济禽类。尤其是黑色食品，是世界营养食品和功能食品新的开发目标，具有十分广阔的市场前景和巨大的市场潜力。

1. 食用和滋补优势

乌骨鸡进补既可单用，也可与其他补药配合应用，做成食疗药膳。

现代科学检测证明，乌骨鸡内含有丰富的黑色素、蛋白质、B族维生素等18种氨基酸和18种微量元素，其中烟酸、维生素E、磷、铁、钾、钠的含量均高于普通鸡肉，胆固醇和脂肪含量却很低；乌骨鸡的血清总蛋白和球蛋白质含量均明显高于普通鸡；乌骨鸡肉中含氨基酸高于普通鸡，而且含铁元素也比普通鸡高很多，是营养价值极高的滋补品，是补虚劳、养身体的上好佳品。

乌骨鸡肉含有丰富的黑色胶体物质和黑色素，迎合黑色食品潮流，受到市场的欢迎。随着人们对乌骨鸡的研究、认识的深入和生活水平的提高，人们越来越重视乌骨鸡的滋补和食用作用。并不断地开发出各种乌骨鸡的食品和滋补保健食品，展现出巨大的市场前景，可带来可观的经济效益。

2. 乌骨鸡的药用优势

自古以来，乌骨鸡是我国传统的名贵中药材，其全身均可入药，骨、肉及内脏均有较高的药用价值，可以配制成多种成药和方剂利用。如乌骨鸡的骨、肉可补虚劳、治消渴，特别适用于产妇恢复身体；其肝具有补血益气、帮助消化的作用，对肝虚目暗、妇人胎漏以及贫血等症有效；血有祛风活血、通经活络的作用，可治疗小儿惊风、口面歪斜、痈疽疮癣等；胆有消炎解毒、止咳祛痰和清肝明目的作用，主治小儿百日咳、慢性支气管炎、小儿菌痢、耳后湿疮、痔疮、目赤多泪等；鸡内金具有消食化积、涩精缩尿等功效，可治疗消化不良、反胃呕吐、遗精遗尿等；脑可治小儿癫痫等；鸡嗉可治噎嗝、小便失禁、发育不良等。

目前，以乌骨鸡为原料开发研制的中成药和保健食品多达数十种，如乌鸡白凤丸、参茸白凤丸、乌鸡调经丸、乌鸡天麻酒、乌鸡饼干、乌鸡营养面等。

乌骨鸡蛋除营养丰富，可供食用外，其药用功效也十分明显。如蛋清有润肺利咽，清热解毒功效，可治目赤、咽痛、咳嗽、痈肿热痛等；蛋黄有滋阴润燥、养血熄风、杀虫解毒等，可治心烦不眠、虚劳、吐血、消化不良、腹泻等；蛋壳有降逆止痉作用，可治反胃、胀饱胃痛、小儿佝偻病等。

乌骨鸡除具有特殊的药食功效外，还是其他医药相关工业的重要原料，如鸡蛋可用来制造鞣酸蛋白等，提取卵磷脂和制造各种生物药品；胆汁可以提炼鸡胆盐作为生物试剂使用，卵巢可以制造卵巢粉和雌性激素。此外，鸡的羽绒也是纺织工业的原料，鸡粪可制作饲料和肥料循环利用。

3. 观赏优势

乌骨鸡中的泰和乌骨鸡和黑凤鸡体型娇小玲珑，外貌奇特俊俏，头小颈短，眼乌舌黑，紫冠绿耳，丛冠凤头，五爪毛脚，两颊生须，羽毛如丝，作为观赏鸡已遍及世界各地。

第三节　养殖乌骨鸡应做的准备工作

养殖乌骨鸡时，在批量生产或投资建场之前，必须做好必要的准备工作。

1. 环境条件的选择

饲养乌骨鸡，无论是圈养还是放养，都应尽量选择良好的环境条件。环境条件是否适宜于乌骨鸡的生长发育，这是决定乌骨鸡养殖成功与否以及生产效率高低的关键环节。乌骨鸡养殖场的场址选择要符合科学要求，禽舍的布局和建筑要合理，设备力求完善，舍内小气候要适宜于乌骨鸡的生理需要。

此外，乌骨鸡养殖要注意由小到大，逐步发展。在实践经验不足的情况下，开始时规模不宜太大，应先作一些小规模的养殖，待取得一定实践经验、对乌骨鸡饲养技术心中有数之后，逐步扩大规模。

乌骨鸡养殖前还要作好卫生防疫、生产管理计划的安排等方面的准备。

2. 资金

资金是创办养殖场的重要条件，资金的多少决定了养殖场的规模。建场前必须对养殖场、房舍、设备、种苗、饲料、水和电等方面所需要的投资作出估算。如果养殖场规模比较大，为确保有稳定的种苗来源，最好附设一个乌骨鸡种鸡场，乌骨鸡种鸡场的投资也要估算在内。此外，还要留足生产资金。

为了减少资金投入、少花钱多办事，在符合科学和技术要求的前提下，在建设饲养场、置办有关设施和选用饲料等方面，可以因地、因材制宜，尽量利用现有的条件和当地资源。

3. 销路

对于准备或刚开始经营乌骨鸡养殖的人来说，仅仅了解乌骨鸡的基本情况和养殖技术是远远不够的，更为重要的是，必须事先把产、供、销等各个环节的情况都摸清楚，然后通过综合分析，作出正确的决定。

4. 饲养技术

要想在乌骨鸡养殖实践中以相对较小的投入，获得较高的产出，就必须学习乌骨鸡养殖的有关知识，掌握先进的饲养管理技术和经验。在此基础上，还得在实践中不断学习，汲取他人成功的饲养管理技术和经验，以提高自己的饲养管理技术水平。同时注意总结，积累自己成功的饲养管理经验。

5. 掌握一种适于自己的孵化方法

养殖乌骨鸡经济效益的好坏，直接受孵化这一环节的影响。由于各自的经济条件不同，可以选择不同的孵化方式。从电褥子孵化法、火炕孵化法、桶孵化法等，直到机械孵化器孵化法各有各的优缺点，但无论哪一种方式，只要操作得当，都可以达到令人满意的效果。

第四节　提高乌骨鸡养殖效益的措施

1. 把好市场脉搏

广大养殖户应善于通过报刊、广播、网络等有效手段，及时掌握商品乌骨鸡、饲料、雏鸡价格波动情况，把握好每一个增收节支的机会，为更好地调整生产奠定基础。

2. 适度规模饲养

养殖户要根据自身的经济实力和抗风险能力，掌握好乌骨鸡饲养的适度饲养规模，要根据场区大小和资金实力，制订合理的饲养计划，既不能造成固定资产的闲置浪费，也不能贪求过大的

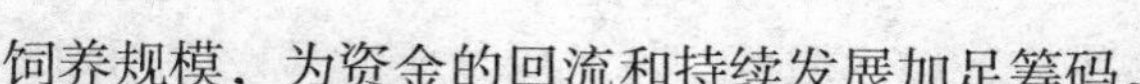

饲养规模，为资金的回流和持续发展加足筹码。

3. 提倡科学喂养

（1）要在力所能及的条件下，尽量改善饲养条件，以获得更好的生产效益。

（2）集中育雏，将雏鸡饲养与成鸡饲养分开，实行全进全出制。

（3）饲料运用应规范、科学，应选用质量过关且价格合理的饲料，保证饲料卫生，谨防霉变、冰冻等。

（4）要不断引进先进生产技术，提高乌骨鸡的产出率。

4. 加强疫病控制

（1）把好鸡舍建设关，避免人鸡混居，尽量远离村庄，减少疫病的发生和传染。

（2）严格把好消毒关，建立定期消毒制度，既要保证鸡只饲养安全，也要保证消毒质量。

（3）把好科学防疫关，要结合实际，建立合理的防疫计划，增强鸡体的免疫力，降低发病率，提高成活率。

（4）把好无害化处理关，要严格按照防疫要求，对染疫或疑似染疫鸡只进行火化、深埋等无害化处理，避免疫情传播。

5. 注重技术合作与革新，提高技术含量

随着市场竞争日趋激烈，只有技术领先才能立于不败之地。乌骨鸡养殖者应注意利用书刊、上网、参加产品交易会和技术交流会等，不断学习采用新技术、新工艺，并在养殖实践中加以发展创新，尽量与同行、专家保持密切联系，加强技术信息交流，不断地进行技术升级改造。

6. 实施产业化经营，规避市场风险

有条件的地区和养殖场户，可以尝试走乌骨鸡产业化开发的路子，不仅仅局限于卖商品乌骨鸡、蛋，而是要从孵化育雏、销售种鸡、生产资料供应、技术服务、特色餐饮旅游开发等不同环节进行专业化分工和协作，以利于延伸产业化链条，实现挖潜增效，分摊市场风险。

第二章 养殖场舍及其设备

乌骨鸡的饲养分为全程圈养和育成期后放养两种方式，养殖者可根据各自的条件选择养殖方式。圈养结合运动场地，鸡群的活动面积大，鸡能接受到阳光直接照射，并在土壤中补充某些微量元素和沙粒等。放养使乌骨鸡回归自然，放养环境中的昆虫和青草能够使其找到足够的食物，从而节省饲料，放养的乌骨鸡毛色更亮、肉质更好。

养殖方式确定以后，还要根据养殖方式选择相应的养殖设备，以方便生产。

第一节　孵化场舍及所需设备

如果养殖者始终以购买形式获得雏鸡可不用购买孵化设备，若想购买种鸡后将来自行孵化则需要考虑孵化环节。

自行孵化主要应考虑的因素有养殖的规模、场地空间的大小、物质条件、经济实力和人员的素质等，进行综合考虑。一般来说，养殖规模比较大的养殖场，经济实力比较强，供电条件好的，应首先考虑用机械孵化器来孵化。而规模比较小、经济条件有限的，可以采用抱窝母鸡孵化、电褥子孵化、火炕孵化等方式。

一、孵化场舍建筑

自行孵化无论采用何种方式进行孵化，都需要有一定的孵化场所。

规模较小的孵化需要的孵化场所也较小，可根据各自条件进行选择。规模较大的孵化场所应包括种蛋贮存室、孵化室、出雏室、雏鸡分级存放室以及日常管理所必需的房室。根据流程要求及服务项目来确定孵化场的布局，安排好其他各室的位置和面积，既能减少运输距离和人员在各室的往来，又有利于防疫工作和提高建筑物的利用率。

1. 孵化厅

根据种蛋来源及数量，可养殖乌骨鸡数量、孵化批次、孵化间隔、每批孵化量确定孵化方式、孵化室、出雏室及其他各室的面积。孵化室和出雏室的面积，还应根据孵化器类型、尺寸、台数和留有足够的操作面积来确定。

（1）孵化厅、场空间：若采用机器孵化，孵化场用房的墙壁，地面和天花板，应选用防火、防潮和便于冲洗的材料，孵化场各室（尤其是孵化室和出雏室）最好为无柱结构，以便更合理安装孵化设备和操作。门高2.4米左右，宽1.2～1.5米，以利种蛋和蛋架车等的运输。地面至天花板高3.4～3.8米。孵化室与出雏室之间应设缓冲间，既便于孵化操作，又利于防疫。

孵化厅的地面要求坚实、耐冲洗，可采用水泥或地板块等地面。孵化设备前2～3米处应开设排水沟，上盖铁栅栏（横栅条，以便车轮垂直通过）与地面保持平整。

（2）孵化厅的温度与湿度：环境温度应保持在22～27℃，环境相对湿度应保持在60%～80%。

（3）孵化厅的通风：孵化厅应有很好的通风设施，目的是将孵化机中排出的废气排出室外，避免废气的重复使用。为向孵化厅补充足够的新鲜空气，在自然通风量不足的情况下，应安装进气风机通风。

（4）孵化厅的供水：加湿、冷却的用水必须是清洁的软水，禁用镁、钙含量较高的硬水。供水系统接头（阀门）一般应设置在孵化机后面或其他方便处。

（5）孵化厅的供电：要有充足的供电保证，并按说明书安装孵化设备；每台机器应与电源单独连接，安装保险，总电源各相线的负载应基本保持平衡；经常停电的地区要安装备用发电机，供停电使用。一定要安装避雷装置，避雷地线要埋入地下1.5～2米深。

2. 种蛋库

种蛋库用于存放种蛋，要求有良好的通风条件以及良好的保温和隔热降温性能。种蛋库内要防止蚊、蝇、鼠和鸟的进入。种蛋库的室内面积以足够在种蛋高峰期放置蛋盘，并操作方便为度。

二、孵化所需设备

规模比较大的孵化从种蛋进入到雏鸡发送，需要各种配套设备，设备的种类和数量随着孵化规模的大小等而定，其中最重要的设备为孵化器，目前多为模糊电脑孵化器，其他一些孵化器也相继并存。总之，只要孵化器工作稳定性好，密闭性能好，装满种蛋后温差小，检修和清洗等方便，控温系统灵敏，省电就可。

1. 孵化机类型

孵化机的类型多种多样。按供热方式可分为电热式、水电热式、水热式等；按箱体结构可分为箱式（有拼装式和整装式2种）和巷道式；按放种蛋层次可分为平面式和立体式；按通风方式可分为自然通风式和强力通风式。

孵化机类型的选择主要应根据生产条件来决定，在电源充足稳定的地区以选择电热箱式或巷道式孵化机为最理想。拼装式、箱式孵化机安装拆卸方便；整装箱式孵化机箱体牢固，保温性能较好；巷道式孵化机孵化量大，多为大型孵化厂采用。

2. 孵化机型

（1）孵化机的容量：应根据孵化的规模来选择孵化机的型号和规格，当前国内外孵化机制造厂商均有系列产品。每台孵化机的容蛋量从数千枚到数万枚，巷道式孵化机可达到6万枚以上。

（2）孵化机的结构及性能：从综合孵化设备现状来看，国内外生产的孵化器的结构基本大同小异，箱体一般都选用彩塑钢或玻璃钢板为里外板，中间用泡沫夹层保温，再用专用铝型材组合连接，箱体内部采用大直径混流式风扇对孵化设备内的温度、湿度进行搅拌，装蛋架均用角铁焊接固定后，利用涡轮蜗杆型减速机驱动传动，翻蛋动作缓慢平稳无颤抖，配选鸡蛋的专用蛋盘，装蛋后一层一层地放入装蛋铁架，根据操作人员设定的技术参数，使孵化设备具备自动恒温、自动控湿，自动翻蛋与合理通风换气的全套自动功能，保证了受精禽蛋的孵化出雏率。

目前，优良的孵化设备当数模糊电脑控制系统，它的主要特点是温度、湿度、风门联控，减少了温度场的波动，合理的负压进气、正压排气方式，使进风口形成负压，吸入新鲜空气，经加热后均匀搅拌吹入孵化蛋区，最后由出气口排出。孵化厅环境温度偏高时，冷却系统会自动打开，实施风冷，风门也会自动开到最大，加快空气的交换。全新的加热控制方式，能根据环境温度、机器散热和胚胎发育周期自动调节加热功率，既节能又控温精确。控温系统有两套，第一套系统工作时，第二套系统监视第一套系统，一旦出现超温现象时，第二套系统自动切断加热信号，并发出声光报警，提高了设备的可靠性。第二套控温系统能独立控制加温工作。该系统还特增加了加热补偿功能，最大限度地保证了温度的稳定。加热、加湿、冷却、翻蛋、风门、风机均有指示灯进行工作状态指示；高低温、高低湿、风门故障、翻蛋故障、风扇断带停转、电源停电、缺相、电流过载等均可以不同的声讯报警；面板设计简单明了，操作使用方便。

（3）孵化机自控系统：有模拟分立元件控制系统、集成电路控制系统和电脑控制系统3种。集成电路控制系统可预设温度和湿度，并能自动跟踪设定数据。电脑控制系统可单机编制多套孵化程序，也可建立中心控制系统，一个中心控制系统可控制数十台以上的孵化单机。孵化机可以数字显示温度、湿度、翻蛋次数和孵化天数，并设有超高、低温报警系统，还能自动切断电源。

（4）孵化机技术指标：孵化机技术指标的精度不应低于一定的标准。温度显示精度0.1～0.01℃，控温精度0.2～0.1℃，箱内温度场标准差0.2～0.1℃，湿度显示精度2%～1%RH，控湿精度3%～2%RH。

（5）出雏器：与孵化机相同。如采用分批入孵，分批出雏制，一般出雏机的容蛋量按1/4～1/3与孵化机配套。

3. 挑选

养殖场和专业户在选购孵化器时，应考虑以下几个方面：

（1）孵化率的高低是衡量设备好坏的最主要指标，也是许多孵化场不惜重金更换先进孵化设备的主要原因。机内的温度场应该均匀，没有温度死角，否则会降低出雏率；控温精度，汉显智能要好于模糊电脑，模糊电脑要好于集成电路电脑。

（2）机器使用成本，如电费及维修保养费用等。

（3）售后服务好。一是服务的速度快；二是服务的长期性。应尽可能选择规模较大、能提供长期服务的厂家。

（4）使用寿命长。使用寿命主要取决于材料的材质、用料的厚薄及电器元件的质量，选购时应详细加比较。

另外，产品类型也是选择孵化机时应特别注意的问题。

4. 孵化配套设备

（1）发电机：用于停电时发电。

（2）水处理设备：孵化场用水量大，水质要求高，水中含矿物质等沉淀物易堵塞加湿器，须要有过滤或软化水的设备。

（3）运输设备：用于孵化场内运输蛋箱、雏鸡盒、蛋盘、种蛋和雏鸡。

（4）照蛋器：是用来检查种蛋受精与否及鸡胚发育进度的用具。目前生产的手持式照蛋器，采用轻便式的电吹风机外壳改装而成。灯光照射方向与手把垂直，控制开关在手把上。操作方便，工作效率高。

（5）冲洗消毒设备：一般采用高压水枪清洗地面、墙壁及设备。目前有多种型号的国产冲洗设备，如喷射式清洗机很适于孵化场的冲洗作业。它可转换成3种不同压力的水柱："硬雾"用于冲洗地面、墙壁、出雏盘和架车式蛋盘车、出雏车及其他车辆；"中雾"用于冲洗孵化器外壳、出雏盘和孵化蛋盘；"软雾"冲洗入孵器和出雏器内部。

（6）鸡蛋孵化专用蛋盘和蛋车。

（7）其他设备：移盘设备、连续注射器等。

第二节　圈养的场址选择与所需设备

一、圈养的场址选择

圈养鸡场的场址应选在地势干燥的地方，按普通鸡的选址要求，根据养殖乌骨鸡的数量，建造鸡舍。

1. 自然环境

乌骨鸡喜欢安静，比其他家禽对环境的噪音反应敏感，因此，圈养乌骨鸡场应建在僻静的地方，如远离噪声比较大的工厂、居民区、公路和铁路干线等。

为了预防乌骨鸡发病，圈养场址最好选择在没有养过牲畜和家禽的新地，与河流、市场、屠宰厂、家禽仓库等易于传播疫病的地方尽可能隔离得远一些。

2. 地势

圈养鸡场宜建在地势高、干燥、平缓，向阳背风，利于排水的地方。平原地区建场，圈养场址应选择在比周围地段稍高的地方，以利排水。地下水位要低，以低于建筑场地基深度0.5米以下为宜。在靠近河流、湖泊的地区，所选场地应比当地水文资料中最高水位高1～2米，以防涨水时被水淹没。山区建场应选在稍平缓的坡上，坡面向阳，建筑区坡度宜在2.5%以内，坡度大则施工中需大量填挖土方，从而增加工程投资，在建成投产后也会给场内运输和管理工作造成不便。山区建场还要注意地质构成情况，避免建在断层、滑坡、塌方的地段；也要避开坡底、谷地和风口，以免受山洪和暴风雪的袭击。

3. 场地面积

在选择圈养场地时，确定场地面积的大小，要符合生产规模。圈养场地面积太大，租地费用高，浪费土地；圈养场地太小，无法实现生产规模，也会带来鸡舍密集、防疫不便等不利影响。场地的面积应包含生产区和生活区。在确定大型种鸡场的面积时可参照表2–1的数据。

表2–1　饲养量与所需圈养场地面积

饲养量（万只）	场地面积（亩）
1	60～75
2	105～120
3	120～150

4. 土质

选择沙壤和壤土性质的土地作为圈养鸡场的建筑地点较为适宜。因为沙壤土既有一定数量的大孔隙，又有多量的毛细管孔隙，所以透气性和透水性良好，持水性小，雨后不会泥泞，易保持适当的干燥，可防止病原菌、寄生虫卵、蚊蝇等的生存和繁殖。同时，由于透气性好，有利于土壤本身的净化。这类土壤的导热性小，热容量较大，土温比较稳定，故对乌骨鸡的健康、卫生防疫、绿化种植等都比较适宜。又由于其抗压性较好，膨胀性小，也适于做鸡舍建筑的基础。当选择不到较理想的土地时，应在鸡舍的设计、施工、使用和其他日常管理上设法弥补土壤的缺陷。

5. 水源

圈养鸡场用水要考虑水量与水质的问题。其耗水包括饮水、日常消毒用水、生活及防火用水等。水源应是地下水，水质清洁。如有条件应提取水样，对水的物理、化学和生物污染程度等进行化验分析，经过检查符合饮水卫生。在确定圈养鸡只用水量时可参考表2–2的数据。

表2-2 圈养鸡数量与每天的需用水量

饲养鸡数（万只）	每天约需水量（立方米）
1	6～8
2	12～15
10	50～70

6. 排污

一个具有相当规模的鸡场，每天排出的污水和粪便数量是相当大的，建场前一定要考虑污水的排放和粪便集散的问题。鸡场污水的排水方式、污水去向、距其他人畜饮水源的距离远近和纳污能力，是相当重要的。鸡场的污水和粪便处理最好能结合农田灌溉和养殖业的综合利用，以免造成公害。

7. 电力

鸡场的孵化、育雏、成鸡的饲养管理、机械通风、照明及日常生活都离不开电。因此，必须有稳定、可靠的电源。如供电不稳定的地方，则需自备发电机，以保证生产和生活的正常进行。电力安装容量每只鸡为3～4.5瓦。

8. 交通

商品经济必然存在流通和交换，鸡场原料的购进和产品的销售都离不开交通。交通便利是必不可少的条件，且有利于减少运输费用和产品的途中损耗。

二、圈养的场地规划

圈养鸡场主要分为场前区、生产区及隔离区等。场地规划时，主要考虑人、鸡卫生防疫和工作方便，根据场地地势和当地全年主风向，顺序安排各区。对圈养鸡场进行总平面布置时，主要考虑卫生防疫和工艺流程两大因素。场前区中的生活区应设在全场的上风向和地势较高地段，然后是生产技术管理区。生产区设在这些区的下风向和较低处，但应高于隔离区，并在其上风向。

1. 孵化室

孵化室宜建在靠近圈养场前区的入口处，大型养殖场最好单设孵化场，宜设在养殖场专用道路的入口处；小型养殖场也应在孵化室周围设围墙或隔离绿化带。

2. 场前区

场前区包括技术办公室、饲料加工及饲料库、车库、杂品库、更衣消毒室、配电房、宿舍、食堂等，是担负鸡场经营管理和对外联系的场区，应设在与外界联系方便的位置。大门前设车辆消毒池，并设门卫。

鸡场的供销运输与外界联系频繁，容易传播疾病，故场外运输应严格与场内运输分开。负责场外运输的车辆严禁进入生产区，其车棚、车库也应设在场前区。

场前区、生产区应加以隔离。外来人员最好限于在场前区活动，不得随意进入生产区。

3. 养殖舍

各类养殖舍的排列一般采取横向成排（东西）、纵向呈列（南北）的行列式，即各鸡舍应平行整齐呈梳状排列，不能相交。鸡舍群的排列要根据场地形状、鸡舍的数量和每幢鸡舍的长度，酌情布置为单列、双列或多列式。生产区最好按方形或近似方形布置，应尽量避免狭长形布置，以避免饲料、粪污运输距离加大，饲养管理工作联系不便，道路、管线加长，建场投资增加。

鸡舍群按标准的行列式排列与地形地势、气候条件、鸡舍朝向选择等发生矛盾时，也可将鸡舍左右错开、上下错开排列，但要注意平行的原则，避免各鸡舍相互交错。当鸡舍长轴必须与夏季主风向垂直时，上风向鸡舍与下风向鸡舍应左右错开呈“品”字形排列，这就等于加大了鸡舍间距，有利于鸡舍的通风；若鸡舍长轴与夏季主风方向所成角度较小时，左右列应前后错开，即顺气流方向逐列后错一定距离，也有利于通风。

在我国，鸡舍的朝向选择以南向为主，可向东或向西偏45°，以南向偏东45°的朝向最佳。这种朝向需要注意遮光，如加长屋檐、窗面涂暗等减少光照强度。如同时考虑地形、主风向以及其他条件，可以作一些朝向上的调整，向东或向西偏转15°配置，南方地区从防暑考虑，以向东偏转为好；北方地区朝向偏转的自由度可稍大些。

鸡舍间距的确定主要从日照、通风、防疫、防火和节约用地等方面考虑，根据具体的地理位置、气候、地形地势等因素确定。鸡舍间距不小于鸡舍高度的3～5倍时，可以基本满足日照、通风、卫生防疫、防火等的要求。一般密闭式鸡舍间距为10～15米；开放式鸡舍间距约为鸡舍高度的5倍。

4. 饲料加工、储藏库

饲料加工储藏库应接近鸡舍，交通方便，但又要与鸡舍有一定的距离，以利于鸡舍的卫生防疫。

5. 隔离区

隔离区包括病死鸡隔离、剖检、化验、处理等房舍和设施、粪便污水处理及贮存设施等，是养鸡场病鸡、粪便等污物集中之处，是卫生防疫和环境保护工作的重点，该区应设在全场的下风向和地势最低处，且与其他两区的卫生间距不小于50米。

6. 贮粪场

贮粪场应考虑鸡粪既便于由鸡舍运出，又便于运到场外。

7. 鸡场的道路

生产区的道路应将净道和污道分开，以利卫生防疫。净道用于生产联系和运送饲料、产品；污道用于运送粪便污物、病畜和死鸡。场外的道路不能与生产区的道路直接相通。场前区与隔离区应分别设有与场外相通的道路。

8. 鸡场的排水设施

排水设施是为排出场区雨、雪水，保持场地干燥的卫生设置。一般可在道路一侧或两侧设明沟，沟壁、沟底可砌砖、石，也可将土夯实做成梯形或三角形断面，再结合绿化护坡，以防塌陷。如果鸡场场地本身坡度较大，也可以采取地面自由排水，但不宜与舍内排水系统的管沟通用。隔离区要有单独的下水道将污水排至场外的污水处理设施。

三、圈养场舍建筑及设备

（一）圈养场舍建筑

1. 圈养鸡舍建筑

圈养鸡舍布局的原则是种鸡舍应放在防疫上的最优位置，育雏、育成鸡舍又优于成年鸡舍的位置，而且育雏、育成鸡舍与成年鸡舍的间距要大于本群鸡舍的间距，并设沟、渠、墙或绿化带等隔离障，以确保育雏、育成鸡群的防疫安全。

（1）育雏舍：无论采取何种方式养鸡都要设置育雏舍，因为无论种鸡和商品乌骨鸡都要经过育雏阶段。可以说，育雏的好坏是养鸡生产的关键之一。

雏鸡与脱温后的育成鸡、种鸡的生理状态差异较大，对环境条件的要求也不同，故房舍结构的要求也有所不同。育雏舍的基本要求如下：

①与其他舍室距离合理：育雏舍应与孵化室相距在100米以上，距离大些更好。在有条件时，最好另设分场，专门孵化及饲养幼雏，以防交叉感染。

②保温性能良好：保温是育雏的关键措施。1周龄内的雏鸡舍内温度需要控制在26℃左右，保温设施下温度需达34～36℃。为了达到这个温度要求，育雏舍要求保温性好，门窗关闭严密，舍内空间尽可能小，为此可装修隔热层。

③利于干燥和通风：雏鸡生长发育快，饲养密度大，呼吸的空气量和散发的水分都较大，如不能解决好育雏舍的通风和排湿，就易造成舍内空气混浊和潮湿，病原微生物大量繁殖，诱发疫病。

④利于清洁和有效消毒：雏鸡的生理机能不完善，抵抗力较弱，易受到病原微生物的侵害引起疫病和死亡，造成生产的重大损失。为了有效地提高雏鸡育成率、减少疫病发生与流行的重要技术措施，育雏舍必须实行"全进全出"制，在每批鸡群育雏结束后，对育雏舍内外环境和工具进行彻底的清洁与消毒，所以雏鸡舍最好采用混凝土地面或地板块。

（2）育成鸡舍：一段式和两段式养鸡的不用设置育成舍。三段式养鸡的育成鸡舍建筑的基本要求类似育雏舍，但保暖要求没有育雏舍那样严格。随着乌骨鸡的生长，代谢量增大，对鸡舍的通风换气和空气新鲜的要求提高了。单坡式或双坡式育成鸡舍可在顶棚上适当开出气口，并设置拉门，通过调节出气口的大小来调节空气的流量，使污浊气体经出气口排出室外。室内四周要设窗户，以增加采光。正面窗户宜多，侧面和后面窗户宜少。

由于育成阶段的乌骨鸡自我调节温度的能力逐渐增强，在气候温和的地方，育成鸡舍的建造可以从简。例如修建成三面墙壁用砖砌、南面围网或栅栏带顶棚的鸡舍。

（3）种鸡舍：无论是两段式还是三段式养鸡都要设置种鸡舍，用于饲养后备鸡或种鸡。种鸡的生产目的就是最大限度地提供合格种蛋，最终提供合格的商品鸡苗。为此，要力求达到种鸡产蛋量高，种蛋合格率高，受精率和孵化率高，种鸡死亡和淘汰率低。所以，种鸡舍的建设应围绕着能否创造高的生产技术水平而进行。

对种鸡的饲养方式，有的鸡场采用种鸡舍设运动场，让种鸡群到运动场运动、晒太阳和沙浴等；有的鸡场采用网床上平养种鸡，按种鸡生理特性控制生活环境和提供全价饲料。实践证明，两种饲养方式，只要饲养管理适当，都可以达到较高的生产水平。

①种鸡活动的场所应平整：一方面利于种鸡站立平稳交配成功率高；另一方面减少种鸡因脚部损伤而造成淘汰或引发脚部感染。

②种鸡舍的周围环境应尽可能安静，减少应激因素的发生：乌骨鸡生性胆小，稍有应激就会造成种鸡群骚动，造成产蛋量下降、畸形蛋增加。

③种鸡舍采光性能好：光照对种鸡的性成熟和产蛋率的高低有直接的关系。所以种鸡舍应做到自然光照充足，人工光照适度、分布均匀，光照时数稳定并有规律性。

④通风和降温条件良好：种鸡体型较大，产热多，特别是高产蛋率阶段，耐热能力下降，如通风和降温条件不好，在高热低气压条件下，很容易造成大批量种鸡中暑死亡。

⑤为便于管理和提高种蛋受精率，可将鸡舍分成若干个栏。

（4）育肥舍：育肥舍是用于选出不作为种鸡而作为肉用或药用饲养的乌骨鸡。育肥鸡舍与育成鸡舍相似，鸡舍要求有一定的保温、防暑和通风的性能，特别是要求夏季炎热气候的防暑，此外要考虑饲养规模。

育肥舍的投资除较大型的鸡场外，一般的小型鸡场或专业户都应以投资少、实用为原则。家庭养鸡也可利用现有的房屋改造

饲养育肥乌骨鸡，只要注意清洁卫生和防疫，同样可以取得良好的效果。

（5）饲料仓库：饲料仓库应能防潮、防鼠、防鸟、通风和隔热条件良好。饲料仓库多采用砖木结构，架空水泥地面，或用三层油毡铺地隔潮后再铺以水泥。库存量大的仓库应有排风装置。窗口、通风口用铁丝网围栏，以防鼠、鸟。仓库檐高5米以上，进深9米以上，其大门要保证车辆出入方便。原料、加工料和成品料应分开贮存。

2. 鸡舍各部结构要求

家庭养殖乌骨鸡或专业养殖乌骨鸡，鸡舍形式和结构各异，既要经济实用，因地制宜就地取材，又要符合乌骨鸡的生长发育和繁殖的需要。

（1）鸡舍跨度、长度和高度：鸡舍的跨度视鸡舍屋顶的形式、鸡舍类型和饲养方式而定。一般跨度为开放式鸡舍6～10米，密闭式鸡舍12～15米。

鸡舍的长度，按养鸡多少而定。一般跨度6～10米的鸡舍，长度一般在30～60米；跨度较大的鸡舍如12米，长度一般在70～80米。

鸡舍高度应根据饲养方式、清粪方法、跨度与气候条件来决定。跨度不大、平养、气候不太热的地区，鸡舍不必太高，一般从地面到屋檐口的高度为2.5米左右；而跨度大、夏季气温高的地区，又是多层笼养时，可增高到3米左右。

（2）屋顶的式样：屋顶形式有多种，常用的有单坡式和双坡式。要求屋顶材料保温性能好、隔热，并易于排水，推荐使用彩钢保温板或石棉瓦+泡沫板+塑料布，有利于冬季保温，夏季隔热。

（3）地基与地面：地基应深厚、结实。地面要用水泥浇筑或用红砖砌成，防止鼠类打洞，要求地面平整，同时要有一定的落差，并向鸡舍外留有排水口，这样冲洗比较方便，粪水容易排出室外。

（4）墙壁：隔热性能好，能防御外界风雨侵袭。多用砖或石头垒砌，墙外面用水泥抹缝，墙内面用水泥或白灰挂面，厚度为1厘米，以便防潮和利于冲刷。

（5）门、窗：门一般设在鸡舍的南面或侧面。一般单扇门高2米，宽1米；两扇门高2米，宽1.6米左右。

开放式鸡舍的窗户应设在前后墙上，前窗应宽大，离地面可较低，以便于采光。后窗应小，约为前窗面积的2/3，离地面可较高，以利夏季通风。密闭鸡舍不设窗户，只设应急窗和通风进出气孔。

（6）操作间与过道：操作间是饲养员进行操作和存放工具的地方。鸡舍的长度若不超过40米，操作间可设在鸡舍的一端，若鸡舍长度超过40米，则应设在鸡舍中央。

平养鸡舍若采用落地平养，可不留走道，鸡舍的长度和跨度视饲养量多少而确定。平养鸡舍跨度比较小时，可采用单列单过道，过道一般设在鸡舍的一侧，宽度1～1.2米；跨度大于9米时，可采用双列单过道，过道设在中间，宽度1.5～1.8米，便于采用小车喂料。

（二）圈养所需设备

1. 养殖设备

（1）笼育雏：如果育雏舍面积有限且育雏数量较多，可采用立体笼养方式。立体育雏是将雏鸡饲养在分层的育雏笼内，育雏笼一般四层，采用层叠式，热源既可用电热丝、热水管、电灯泡等，也可以采用热风炉或地下烟道等设施来提高室温。

设计时按6周龄时每平方米养30只计算，笼体总高1.5米左右，笼架脚高30厘米，每个单笼的笼长为70～100厘米，笼高30

厘米，笼深40～50厘米。底网孔径为1厘米×1厘米圆形网眼的塑料网片，两层间有一承粪板，侧网与顶网的孔径为2.5厘米×2.5厘米。笼门设在前面，笼门间隙可调范围为2～3厘米。食槽、水槽置于笼外，一侧为食槽，另一侧为水槽。生产中一般两层中间笼先育雏，随着日龄增长再分至上下两层。

育雏笼的热源既可直接提高室温来供温，也可用热水管或电热丝供温。这种育雏方式可有效地利用育雏室的空间，增加育雏数量，充分利用热源，但设备投资费用较多。

（2）网床：采用网床养殖者，根据鸡舍的大小，一般每栋鸡舍靠房舍两边摆放2个网床，网床离地面1～1.2米，中间留1～1.2米的过道。网上平养一般都用手工操作，有条件的可配备自动供水、给料、清粪等机械设备。

网上平养设备一般由竹板、塑料绳（市场有售）或铁丝搭建。

竹竿（板）网上平养网床的搭建（图2-1）是选用2厘米左右粗的圆竹竿（板）平排钉在木条上，竹竿间距2厘米左右（条板的宽为2.5～5厘米，间隙为2.5厘米），制成竹竿（板）网床，然后在架床上面铺塑料网，鸡群就可生活在竹竿（板）网床上。

图2-1 竹竿（板）网床

用塑料绳搭建（图2-2）时，采用6号塑料绳者绳间距4厘米、8号塑料绳绳间距5厘米，地锚深1米，用紧线器锁紧。

图2-2　塑料绳网床

（左：搭好的网床；右：地锚部分）

塑料网片宽度有2、2.5、3米等规格，长度可根据养殖房舍长度选择，网眼可直接采用直径是1.25厘米圆形网眼的，这样能保证鸡在最小的时候也能在网床上站稳，不会掉下去，也不会刮伤鸡爪，并且省去了以前在育雏时采用大直径网眼上增加小直径网片的麻烦。网床外缘要建40～50厘米高的围栏，防止鸡从网床上掉下来或者跑掉。

无论是竹竿（板）网上平养网床还是塑料绳网上平养网床，架床上面铺设的塑料网都要经常检查，做到无漏洞、无破损，鸡群能正常地生活在网床上。

（3）育雏箱：箱育雏就是在育雏室内用木箱或纸箱加电灯供热保温的方法育雏。育雏箱长100厘米、宽50厘米、高50厘米，上部开2个通风孔。将雏鸡置于垫有稻草或旧棉絮的育雏箱中，60瓦的灯泡挂在离雏鸡40～50厘米的高度（根据灯泡大小、气温高低、幼雏日龄灵活调整其高度）供热保温。如果室温在

20℃以上，挂1盏60瓦的灯泡供热即可；如果室温在20℃以下，则要挂2盏60瓦的灯泡供热。雏鸡吃食和饮水时，用手将其捉出，喂饮完后再捉回育雏箱内。如果室温过高，需打开育雏箱的顶盖。若是夏季不论白天晚上育雏箱都要盖上一层蚊帐布，以防蚊虫叮咬；如不打开箱顶盖，其上的通风孔也应盖上一层蚊帐布。如果室内温度过低，通过在育雏箱上加盖单被来调节箱内温度，但要注意通风换气。4～5日龄后，当室外气温在18℃以上且无风时，可适当让雏鸡到室外活动。箱内垫料要注意更换，以保持箱内干燥。

箱育雏设备简单，但保温不稳定，需要精心看护，效率较低，仅适于小规模培育幼雏。

（4）垫料：采用地面平养育雏要用垫料，垫料的选择要求是干燥清洁，吸湿性好，无毒，无刺激，无霉变，质地柔软。常用的垫料有稻壳、铡碎的稻草及干杂草、秸秆碎段（10厘米左右）、锯末等。

2. 加温保温设备

禽类的幼雏自我调节温度的能力都比较差，人工育雏，不论采用何种方式，都要求较高而且稳定的温度，不论是哪个季节，都要十分注意育雏舍的保温。

供暖设备主要有红外线灯、热风炉、烟道供温、煤炉供温、热水供温等，通过电热、水暖、气暖、煤炉或火炕加热等方式来达到加温保暖的目的。采用电热、水暖、气暖，干净卫生，但成本较高。用煤炉加热比较脏，容易发生煤气中毒。火炕耗燃料和劳动力比较多，但温度比较平稳。因此，养殖者应当因地制宜的选用经济实惠的供暖设备和方式，以保证达到所需温度。

（1）红外线灯：温暖地区可用红外线灯供热1盏250瓦红外线灯泡可供100～250只雏鸡保温。随着鸡日龄的增加和季节的变化，应逐渐提高灯泡高度或逐渐减少灯泡数量，以逐渐降低温度。炎热的夏季离地面40～50厘米，寒冷的冬季离地面约35厘米。

此方法的优点是舍内清洁，垫料干燥，但耗电多，灯泡易损，供电不稳定的地区不宜采用，若与火炉或地下烟道供热结合使用效果较好。

（2）热风炉（图2-3）：热风炉是集中式采暖的一种，近年来采用比较多，多安装在鸡舍内，蒸汽或预热后的空气，通过管道输送到舍内各处。鸡舍采用热风炉采暖，应根据饲养规模确定不同型号，如210兆焦热风炉的供暖面积可达500平方米，420兆焦热风炉供暖面积可达800～1000平方米。

图2-3　热风炉

（3）烟道供温：烟道供温有地上水平烟道和地下烟道2种。

地上水平烟道是在育雏室墙外建1个炉灶，根据育雏室面积的大小在室内用砖砌成一个或两个烟道，一端与炉灶相通。烟道排列形式因房舍而定。烟道另一端穿出对侧墙后，沿墙外侧建1个较高的烟囱，烟囱应高出鸡舍1～2米，通过烟道对地面和育雏室空间加温。

地下烟道与地上水平烟道相比差异不大，只不过室内烟道建在地下，与地面齐平。烟道供温应注意烟道不能漏气，以防煤气中毒。烟道供温时室内空气新鲜，粪便干燥，可减少疾病感染，适用于广大农户养鸡和中小型鸡场。

（4）煤炉供温（图2–4）：煤炉是我国广大农村，特别是北方常用的供暖方式。可用铸铁或铁皮火炉，燃料用煤块、煤球或煤饼均可，用管道将煤烟排出舍外，以免舍内有害气体积聚。保温良好的房舍，每20～30平方米设1个煤炉即可。

图2–4　煤炉

此方法适合于各种育雏方式，但若管理不善，舍内空气中烟雾、粉尘较多，在冬季容易诱发呼吸道疾病。因此，应注意适当通风，防止煤气中毒。

（5）热水供温：利用锅炉和供热管道将热水送到鸡舍的散热器中，然后提高舍内温度。

此方法温度稳定，舍内卫生，但一次投入大，运行成本高，适用于大型鸡场。

3. 食盘和食槽

雏鸡最初2～3天内采用开食盘（图2–5），第3天后改用塑料料桶（图2–6），料桶由上小下大的圆形盛料桶和中央锥形的圆盘状料盘及栅格等组成，可通过吊索调节高度或直接放在网床上，每个桶可供50余只鸡自由采食用。采用饲槽的长度一般为1～1.5米，每只鸡占有5厘米左右的槽位。

图2–5　开食盘

图2–6　料桶

需要注意的是，料桶容量小，供料次数和供料点多，可刺激食欲，有利于鸡的采食和增重；料桶容量大，可以减少喂料次数和对鸡群的干扰，但由于供料点少，造成采食不均匀，将会影响鸡群的整齐度。无论何种食盘和食槽都必须干净、卫生。

4. 饮水设备

供乌骨鸡饮水的设备，其形式多种多样，只要是清洁卫生、便于清洗的用具均可用作乌骨鸡饮水设备。目前，生产中常使用的饮水器主要有塔形真空饮水器、吊式自动饮水器、乳头式饮水器等。

（1）塔形真空饮水器（图2–7）：塔形真空饮水器多由尖顶圆桶和直径比圆桶略大的底盘构成。

圆桶顶部和侧壁不漏气，基部离底盘高2.5厘米处开有1～2个小圆孔。利用真空原理使盘内保持一定的水位直至桶内水用完为止。这种饮水器构造简单、使用方便、清洗消毒容易。

塔形真空饮水器的容量1～3升，盘的直径为160～220毫米，槽深25～30毫米，可供鸡只数量70～100只。

图2–7　塔形真空饮水器

（2）吊式自动饮水器（图2–8）：吊式自动饮水器具有节约饮水、调节灵活、清洁卫生的优点，但投资较大，水箱、限压阀、过滤器等部件必须配好，并严格管理，否则容易漏水。吊式自动饮水器饮水盘直径260毫米，饮水盘高度53毫米，饮水盘容水量为1千克，每个饮水器可供50～80只鸡用，饮水器的高度应根据鸡的不同周龄的体高进行调整。

（3）乳头式饮水器（图2–9）：乳头式饮水器清洁卫生，节约饮水，不要清洗，节省劳力。但是使用这种饮水设备需要一定的水压，投资大。近几年来，乳头饮水器有了很大的改进，由原来的2层密封发展为3层密封，乳头漏水现象大为减少，有利于鸡舍内地面的干燥，使舍内环境得到很大改善。

图2-8　吊式自动饮水器

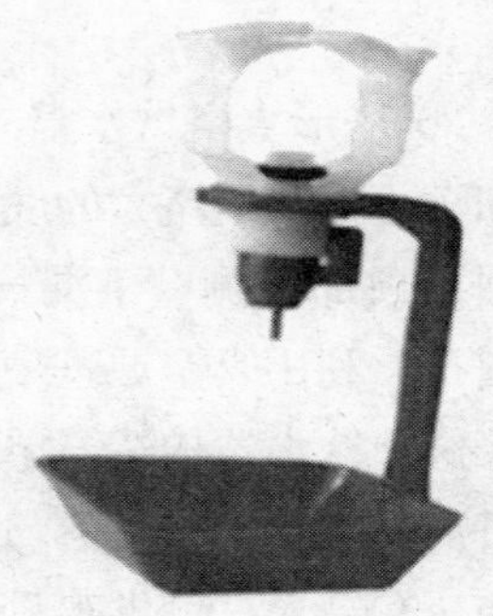

图2-9　乳头式饮水器

（4）长条饮水器：长条饮水器即长条形水槽，断面一般呈“V”、“U”字形，其大小可随着乌骨鸡的饲养阶段（即日龄）而异。一般为5厘米×5厘米，可用镀锌铁皮和无毒塑料管制成，农家也可用竹子为材料制成。用塑料管或竹子为材料，截成长约20～30厘米，一剖为二，将两头堵死不致漏水即可。利用镀锌铁皮做水槽，不仅要焊严，还要注意防锈、防腐。条形饮水器结构简单，供水可靠，但耗水量大。

5. 光照设备

市场上出售的照明用具有灯泡、日光灯、节能灯、调光灯、定时器和光照自动控制仪。每20平方米安装1个带灯罩的灯头，每个灯头准备40瓦和15瓦的灯泡各1个。1～6日龄用40瓦灯泡，7日龄后用15瓦灯泡。用日光灯和节能灯可节约用电量50%以上。

6. 通风换气设备

鸡舍通风可用自然通风和机械通风，机械通风需安装排气扇、换气扇等。

7. 清粪设备

人工清粪多用刮板或铁锹，工具简单，实际中应用比较多。

另外，也有利用水枪的冲力来清粪的，这种方法比较简单而且干净，但用水量大，且冲出舍外的鸡粪不便于作有机肥料使用，易造成对环境的污染。

8. 清洗消毒设施

鸡场入口处设有人员脚踏消毒池的消毒液应按时更换，防疫服、防疫帽、防疫鞋经常清洗。舍内地面、墙面、屋顶及空气的消毒工作按要求进行。

（1）人员的清洗、消毒设施：一般在鸡场入口处设有人员脚踏消毒池，外来人员和本场人员在进入场区前都应经过消毒池对鞋进行消毒。同时还要放洗手盆，里面放消毒水，出入鸡舍要消毒洗手，还应备有在鸡舍内穿戴的防疫服、防疫帽、防疫鞋。条件不具备者，可用穿旧的衣服等代替，清洗干净消毒后专门在鸡舍内穿用。

（2）车辆的清洗消毒设施：鸡场的入口处设置车辆消毒设施，主要包括车轮清洗消毒池和车身冲洗喷淋机。

（3）场内清洗、消毒设施：舍内地面、墙面、屋顶及空气的消毒多用喷雾消毒、熏蒸消毒和火焰喷灯消毒。

喷雾消毒采用的喷雾器有背式、手提式、固定式和车式高压消毒器，熏蒸消毒采用熏蒸盆，熏蒸盆最好采用陶瓷盆，切忌用塑料盆，以防火灾发生。火焰喷灯常用来消毒金属笼、食槽、饮水槽。消毒时在某一点不要停留时间过长，以免将物品烧坏。

9. 断喙工具或鸡眼镜

为了防止各种啄癖的发生和减少饲料浪费，可对种鸡采取断喙或戴眼镜方式。断喙专用工具市售的有电热脚踏式和电热电动式断喙器（图2-10），此外还有电热断喙剪、电烙铁等。

图2-10　电热电动式断喙器

鸡眼镜（图2-11）是近几年在生产中应用的新技术，分为有栓和无栓2种。鸡戴上眼镜后，不能正常平视，只能斜视和看下方，能有效防止饲养在一起的种鸡相互打架、相互啄毛，能大大降低死亡率，减少饲料浪费。

采用给鸡戴眼镜的，眼镜大小要合适。

图2-11　鸡眼镜

10. 饲料加工设备

现代化、高效益的养殖生产，大多采用配合饲料。因此，各养鸡场必须备有饲料加工设备，对不同饲料原料，在喂饲之前进行一定的粉碎、混合。

（1）饲料粉碎机：饲料在加工全价配合料之前，都应粉碎。粉碎的目的，主要是提高鸡对饲料的消化吸收率，同时也便于将各种饲料混合均匀和加工成多种饲料（如粉状等）。在选择粉碎机时，要求机器通用性好（能粉碎多种原料），成品粒度均匀，结构简单，使用、维修方便，作业时噪声和粉尘应符合规定标准。

目前生产中应用最普遍的多为锤片式粉碎机，这种粉碎机主要是利用高速旋转的锤片来击碎饲料。工作时，物料从喂料斗进入粉碎室，受到高速旋转的锤片打击和齿板撞击，使物料逐渐粉碎成小碎粒，通过筛孔的饲料细粒经吸料管吸入风机，转而送入集料筒。

（2）饲料混合机：配合饲料厂或大型养殖场的饲料加工车间，饲料混合机是不可缺少的重要设备之一。饲料混合机按工序大致可分为批量混合机和连续混合机2种。批量混合机常用的是立式混合机或卧式混合机，连续混合机常用的是桨叶式连续混合机。生产实践表明，立式混合机动力消耗较少，装卸方便，但生产效率较低，搅拌时间较长，适用于小型饲料加工厂。卧式混合机的优点是混合效率高，质量好，卸料迅速，其缺点是动力消耗大，一般适用于大型饲料厂。桨叶式连续混合机结构简单，造价较低，适合于较大规模的专业户养鸡场使用。

11. 其他用具

（1）围网：围网可采取塑料网、尼龙网等，网眼的大小以既能阻挡乌骨鸡只钻出或飞出；又能防止野兽的侵入为宜。

（2）护板：用木板、厚纸或席子制成。保温伞周围护板用于防止雏乌骨鸡远离热源而受凉。护板高45～50厘米，与保温伞边缘距离70～90厘米，随着日龄的增加可逐渐拆除。

（3）幼雏转运箱：可用纸箱或塑料筐代替，一般高度不低于25厘米，如果一个箱的面积较大，可分隔成若干小方块。也可以用木板自己制作，一般长40厘米，宽30厘米，高25厘米。在转运箱的四周钻通风孔，以增加箱内的空气流通。

（4）集蛋用具：蛋箱、蛋盒或蛋筐。

另外，还要配置注射器、称重器、铁锹、扫帚、粪车、秤、喂料器、喂料车、普通温度计、干湿球湿度计等。

第三节　放养的场址选择与所需设备

一、放养的场址选择

雏鸡脱温后采用放养的方式养殖育成鸡或种鸡（图2-12），对放养的场址也有一定的要求。

图2-12　乌骨鸡的放养

1. 位置

（1）林地：林地分布范围比较广，树的品种多，有幼龄、成龄的宽叶林、针叶林、乔木、灌木等。夏天宜安排在乔木林、宽叶林、常绿林、成龄树园中；冬天则安排在落叶、幼龄树林为好，以刚刚栽下的1～3年的各种经济林为好。

林地放养乌骨鸡，必须选择林隙合适、林冠较稀疏、冠层较高（4～5米以上）、郁闭度在0.5～0.6的林地，透光和通气性能较好，而且林地杂草和昆虫较丰富，有利于乌骨鸡的生长和发育。郁闭度大于0.8或小于0.3，均不利于乌骨鸡生长。

（2）山地、草坡：山地、草坡应选择远离住宅区、工矿区和主干道路，环境僻静的地方。最好是灌木林、荆棘林和阔叶林，没有或很少农田等。其坡度以低于30°最佳，丘陵山地更适宜。土质以沙壤为佳，若是黏质土壤，在散养区应设立一块沙地。附近要有小溪、池塘等清洁水源。

（3）园地：适宜养殖的园地有竹园、果园、茶园、桑园等，要求远离人口密集区，地势平坦干燥，避风向阳，环境安静，易预防敌害和传染病，树龄以3～5年生为佳。

（4）大田选择：大田最好选择地势高燥、避风向阳、环境安静、饮水方便、无污染、无兽害的。大田空气流通、空间大，鸡的运动量大，防疫能力增强，很少生病；害虫都被鸡吃光，作物也不用喷药防虫了，而且鸡粪增强了土地肥力，促进作物增产。大田散养一般选择高秆作物的地块。

（5）其他：如还可利用河滩、荒坡等自然环境散养。

2. 水源

放养时每只成年乌骨鸡每天的饮水量平均为300 毫升，在气候温和的季节里，鸡的饮水量通常为采食饲料量的2～3倍，寒冷季节约为采食饲料量的1.5倍，炎热季节饮水量显著增加，可达采食饲料量的4～6倍。因此，鸡场必须要有可靠、充足的水源，并且位置适宜，水质良好，便于取用和防护。最理想的水源是深层地下水，一是无污染，二是相对“冬暖夏凉”。地面水源包括江水、河水、塘水等，其水量随着气候和季节变化较大，有机物含量多，水质不稳定，多受污染，最好经过处理后再使用。

3. 环境条件

过夜场址位置的确定要远离工厂、铁路、公路干线及航运河道。尽量减少噪声干扰，使鸡群长期处于比较安静的环境中。鸡的饲料、产品以及其他生产物质等需要大量的运输能力，因此，要求交通方便，路基必须坚固，路面平坦，排水性能好。

电源是否充足、稳定，也是鸡场必须考虑的条件之一。为便于防疫，新建鸡场应避开村庄和其他鸡场。

二、放养的场地规划

根据场地的大小、生长草的多少、放养乌骨鸡数量的多少用网进行区域划分，每个小区面积以1000平方米为宜，以便于管理。放养时采取定期轮牧的饲养方式，等一片放养地的草食得差不多后再赶到另一片放养地，做到乌骨鸡一经放养就日日有可食的草、虫或树叶等。为了保证放养乌骨鸡有充足的牧草，可预先在放养地种植一些可供鸡食用的牧草，如苜蓿、黑麦草等。

乌骨鸡放养的主要目的是让乌骨鸡在外界环境中采食虫草和其他可食物，每过一段时间后，放养地的虫草会被乌骨鸡食完，因此应预先将放养地根据放养乌骨鸡的数量和放养时间的长短及放养季节划分成多片放养区域，用围栏分区域围起来轮换放养。一片放养1～2周后，赶到另一个围栏内放养，让已采食过的放养小片区域休养生息，恢复植被后再放养，使鸡只在整个放养期都有可食的虫草等物。

这里必须强调的是，鸡是采食能力很强的动物，大规模、高密度的鸡群需要充分的食物供应，否则会对放养殖场所的生态环

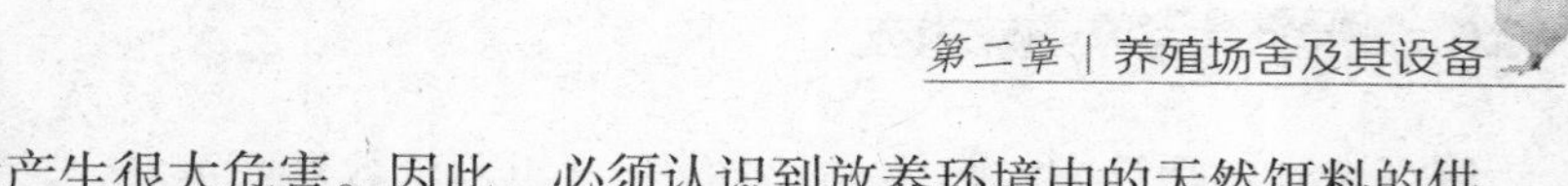

境产生很大危害。因此，必须认识到放养环境中的天然饵料的供应是相对有限的，及时注意加强饲料投放，采取合理的饲养密度和轮牧措施。否则，不仅影响鸡群的正常生长发育，而且会对放养环境中的植被、作物、树木产生很大破坏。

三、放养场舍建筑及设备

（一）放养场舍建筑

脱温后的乌骨鸡，生理机能逐渐完善，对温度和外界环境的适应能力也逐渐增强，这时就可以把育成鸡转到放养地育成舍进行饲养。

为了避免再建成年鸡过夜舍，育成舍的面积可按将来成年鸡的数量设计，设计时要留有余地，舍内分段利用。育成舍或产蛋舍无论建成何种形式，棚内都必须设置照明设施。

1. 育成舍（成年鸡过夜舍）

脱温后育成鸡生活能力逐渐增强，所以最基本要求是夏季能通风防热，北方的冬季能防寒保暖，室内要保持干燥。要求因地制宜，建永久式、简易式均可，最好建经济实用型的。这一时期是幼雏长骨架、长肌肉、脱旧羽换新羽且机体各个器官发育成熟的时期，鸡群需要相对多的活动和锻炼，以便将来适应放养。因此育成舍应用围栏或围网圈有锻炼运动场（兼作喂料场），运动场的面积，应为鸡舍面积的2～3倍。

（1）简易棚舍：在放养区找一背风向阳的平地，用油毡、帆布及茅草等借势搭成坐北朝南的简易鸡舍，可直接搭成金字塔形，南边敞门，另外三边可着地，也可四周砌墙，其方法不拘一格。要求随着鸡龄增长及所需面积的增加，可以灵活扩展，棚舍能保温、能挡风。只要不漏雨、不积水即可。或者用竹、木搭成“人”字形框架，两边滴水檐高1米，顶盖茅草，四周用竹片间围，做到冬暖夏凉，鸡舍的大小、长度以养鸡数量而定。

（2）砖混型：在放养区边缘找一背风向阳的平地搭建鸡舍（不宜建在昼夜温差太大的山顶和通风不良、排水不便的低洼地），鸡舍的走向应以坐北朝南为主，利于采光和保温，大小、长度视养鸡数量而定，四面用砖垒成1米高的二四墙，墙根部不要留通气孔，以防鼠或其他小动物钻入鸡舍吃鸡蛋或惊鸡。四面墙可全部为窗户或用固定上的木杆或砖垛当柱子，空的部分用木栅、帆布、竹子或塑料布围起来，可大大降低建设成本，南边留门便于鸡群晚上归舍和人员进出。

鸡舍的建筑高度2.5～3米，长度和跨度可根据地势的情况及将来放养鸡晚上休息的占地空间来确定。鸡舍的顶部呈拱形或人字形，顶架最好架成钢管结构或硬质的木板，便于有力支撑上覆物防止风吹，顶上覆盖物从下向上依次铺设双层的塑料布，油毛毡，稻草垫子，最外层石棉网或竹篱笆压实同时用铁丝在篱笆外面纵横拉紧，以固定顶棚。这样的建筑保暖隔热，既挡风又防雨，冬暖夏凉，且造价低。室内地面用灰土压实或素土夯实，地面上可以铺上垫料，如稻壳、锯末、秸秆等，也可以铺粗沙土，厚度要稍高于棚外周围的地势。

（3）塑料大棚鸡舍：塑料大棚鸡舍就是利用塑料薄膜的良好透光性和密闭性建造鸡舍，将太阳能辐射和鸡体自身散发的热量保存下来，从而提高了棚舍内温度。它能人为创造适应鸡正常生长发育的小气候，减少鸡舍不合理的热能消耗，降低鸡的维持需要，从而使更多的养分供给生产。塑料大棚鸡舍的左、右侧和后侧为墙壁，前坡是用竹条、木杆或钢筋做成的弧形拱架，外覆塑料薄膜，搭成三面为围墙、一面为塑料薄膜的起脊式鸡舍。墙壁建成夹层，可增强防寒、保温能力，内径为10厘米左右，建墙所需的原料可以是土或砖、石。后坡可用油毡纸、稻草、秫秸、

泥土等按常规建造，外面再铺1层稻壳等。一般来讲，鸡舍的后墙高1.2～1.5米，脊高为2.2～2.5米，跨度为6米，脊到后墙的垂直距离为4米。塑料薄膜与地面、墙的接触处，要用泥土压实，防止贼风进入。在薄膜上每隔50厘米，用绳将薄膜捆牢，防止大风将薄膜刮掉。棚舍内地面可用砖垫起30～40厘米。棚舍的南部要设置排水沟，及时排出薄膜表面滴落的水。棚舍的北墙每隔3米设置1个1米×0.8米的窗口，在冬季时封严，夏季时可打开。门应设在棚舍的东侧，向外开。

2. 生活区

值班室、仓库、饲料室建在鸡舍旁，方便看管和工作，但要求地势高燥，通风，出水畅通，交通方便。

（二）放养所需设备

1. 食槽

放养乌骨鸡要保持较高的产蛋水平和补料密不可分，所以要在放养鸡鸡舍外墙边防雨的地方设置补料料桶或食槽，其规格可按鸡大小而定，大鸡用大槽，育成鸡用中等槽。成年鸡使用的槽长一般多在1.5～2米。槽上口25厘米，两壁呈直角，壁高15厘米，槽口两边镶1.5厘米的槽檐，防止鸡蹲上休息。圆木棒与食槽之间留有10厘米左右的空隙，方便鸡头伸进采食。

2. 饮水设备

饮水设备可以采用水槽、水盆或自动饮水设备。在鸡舍周围放置，保证鸡能不费力气就可以饮到清洁的水。放养期也不要把饮水设备放到鸡舍内，要放到鸡舍外靠墙边的地方或遮雨棚下。注意每天最好刷洗水槽，清除水槽内的鸡粪和其他杂物，让鸡只饮到干净清洁卫生的水。

3. 栖架或架床

鸡有登高栖息的习性，因此鸡舍内必须设栖架或架床。

栖架由数根栖木组成，栖木可用直径3厘米的圆木，也可用横断面为2.5厘米×4厘米的半圆木，以利鸡趾抓住栖木，但不能用铁网或竹架（竹架的弹性很大，鸡又喜欢扎堆生活，时间一长，竹架就被会鸡压得变形）。栖架四角钉木桩或用砖砌，木桩高度为50～70厘米，最里边一根栖木距墙为30厘米，每根栖木之间的距离应不少于30厘米。栖木与地面平行钉在木桩上，整个栖架应前低后高，以便清扫，长度根据鸡舍大小而定。栖架应定期洗涤消毒，防止形成“粪钉”，影响鸡栖息或造成趾痛。

也可搭建简易栖架，首先用较粗的树枝或木棒栽2个斜桩，然后顺斜桩上搭横木，横木数量及斜桩长度根据鸡多少而定，最下一根横木距地面不要过近，以避免野兽危害。

架床可根据网床的形式进行搭建。

4. 围网

除山地、林地不必设围网外，园地、大田等放养场地四周要进行围网圈定，围网的面积可以根据鸡只的多少和区域内树木、植被的情况确定。围网可采取塑料网、尼龙网、木栏等，设置的网眼大小和网的高度，以既能阻挡鸡只钻出或飞出，又能防止野兽的侵入为宜。围栏每隔2～3米打一根桩柱，将尼龙网捆在桩柱上，靠地面的网边用泥土压实。所圈围场地的面积，以鸡舍为中心半径距离一般不要超过80～100米。鸡可在栏内自由采食，以免跑丢造成损失。运动场是鸡获取自然食物的场所，应有茂盛的果木、树林或花草，也可以人工种植一些花、草，草可以供鸡只采食，树木可以供鸡只在炎热的夏季遮荫，有利于防止热应激。

5. 照明系统和补光设施

为了确保放养的种鸡能够高产，应给予与圈养一样的光照程序和光照强度。因此，鸡舍内应根据放养舍建筑面积的大小和成鸡的光照强度配置照明系统，设置一定数量的灯泡。

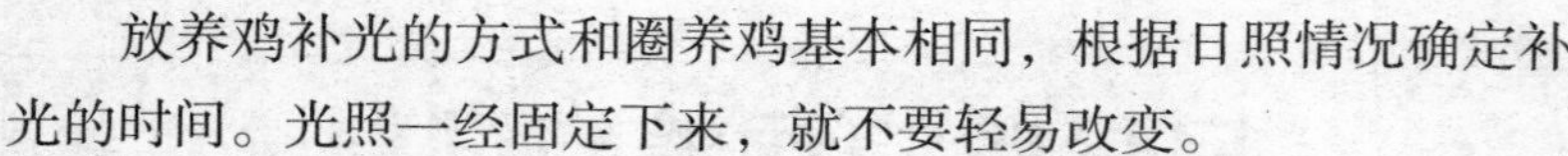

放养鸡补光的方式和圈养鸡基本相同，根据日照情况确定补光的时间。光照一经固定下来，就不要轻易改变。

6. 遮阴避雨和通风设施

鸡的体温比较高，在放养状态下能够主动寻找凉快的树阴下避暑，而且可以通过沙浴降温，因此鸡舍内不需要降温设备。由于鸡舍采用三面围墙的敞棚状，舍内外的空气交换充分，也没有必要安装风机或风扇。

雨季放养鸡的避雨十分重要，在围栏区内选择地势高燥的地方搭设数个避雨棚，以防突然而来的雷雨。如不搭建避雨棚，饲养员可以根据天气的情况通过吹哨把鸡唤回鸡舍。

7. 产蛋箱（窝）

产蛋箱的结构、放置及配置的数量，对于种蛋的清洁度、破损率及集蛋所需的劳动量都有很大的影响。产蛋箱的一般要求是集蛋方便，母鸡进出容易，结构简单，易于清洁，坚固耐用。产蛋箱以宽度在30厘米、高度30厘米、深度35厘米为宜。其结构形式多样。产蛋箱的配备数量应占产蛋母鸡的25%，即每100只产蛋母鸡要有25只产蛋箱。产蛋箱应放置在鸡舍离门近的一头或两头。母鸡数量多可以使用双层产蛋箱。

8. 捕捉网

捕捉网是用铁丝制成一个圆圈，上面用线绳结成一个浅网，后面连接上一个木柄，适于捕捉鸡只。

第三章 乌骨鸡的营养与饲料

饲料是养殖业的基础，乌骨鸡要生长、发育都要从饲料中获取各种营养素。乌骨鸡采食饲料后，经过消化道消化吸收将营养素转化成骨骼、羽毛、肌肉、脂肪、蛋等。

第一节　乌骨鸡的常用饲料种类

饲料通常可以分为能量饲料、蛋白质饲料、青绿饲料、矿物质饲料及饲料添加剂等。

1. 能量饲料

能量饲料包括谷物饲料和块根、块茎饲料，富含淀粉与少量蛋白质、脂肪，其他营养素含量较少，因此它含能量高，粗纤维含量少，易于消化吸收。

（1）谷实类：主要有玉米、高粱、粟、碎米、大麦、燕麦等。

（2）糠麸类：主要是米糠、玉米糠、麸皮、黄面粉（又称次粉）等。

（3）块根和瓜类：主要有马铃薯、甜菜、南瓜、甘薯等。

（4）糟渣类：主要包括粉渣、糖渣、玉米淀粉渣、酒糟、醋糟、豆腐渣、酱油渣等。

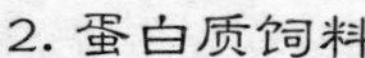

2. 蛋白质饲料

蛋白质饲料是乌骨鸡日粮配合的重要组成部分。蛋白质饲料主要分为植物性蛋白质饲料和动物性蛋白质饲料2大类。

（1）植物性蛋白质饲料：主要有豆饼（粕）、花生饼、葵花饼、芝麻饼、菜籽饼、棉籽饼等。

（2）动物性蛋白质饲料：主要有鱼粉、肉骨粉、蚕蛹粉、血粉、羽毛粉等。

3. 青绿饲料

青绿饲料是指水分含量为60%以上的青绿饲料、树叶类及非淀粉质的块根、块茎、瓜果类。青绿饲料富含胡萝卜素和B族维生素，并含有一些微量元素，适口性好，对乌骨鸡的生长、产蛋及维持健康均有良好作用。

常见的青绿饲料有白菜、大头菜、野菜（如苦荬菜、鹅食菜、蒲公英等）、苜蓿草、洋槐叶、胡萝卜、牧草等。

4. 粗饲料

榆树叶粉、紫穗槐叶粉、洋槐叶粉、桑叶粉、松针叶粉、苜蓿草粉等叶粉中含有一定量的蛋白质和较高的维生素，尤其是胡萝卜素含量很高，对乌骨鸡的生长有明显的促进作用，并能增强乌骨鸡的抗病力，提高饲料的利用率。据报道，叶粉可直接饲喂或添加到混合饲料中喂鸡，能提高蛋黄的色泽，产蛋率可提高13.8%，并能提高雏鸡的成活率，每只鸡在整个生长期内节省饲料1.25千克。饲喂时应周期性地饲用，连续饲喂15～20天，然后间断7～10天。

5. 矿物质饲料

矿物质饲料主要有食盐、骨粉、贝壳粉、蛋壳粉、木炭粉、磷酸氢钙等。矿物质占鸡体体重的比例仅为4%左右，却在乌骨鸡生长和生产中发挥重要作用。饲料中钙磷含量不足，就会使雏鸡骨骼发育不良，出现佝偻病，种鸡产薄蛋壳或软壳蛋等。矿物质的某些元素如锰、锌、铜等是酶、激素、维生素的组成部分。在乌骨鸡放养条件下，它会自己从土壤中采食到其生长发育所需的矿物质，一般不会缺乏。采用笼养等方式，鸡只无法自己觅食，饲料中的矿物质量又不足，所以配合饲料要添加矿物质补充物。

6. 饲料添加剂

饲料添加剂的作用主要是完善饲料营养价值，提高饲料利用率，促进乌骨鸡的生长和疾病防治，减少饲料在贮存期间的营养物质的损失，提高适口性，增加食欲，改进产品质量等，目前饲料添加剂的品种比较多，按使用性质可分为营养性和非营养性2类。

（1）营养性添加剂：营养性添加剂是指动物营养必需的那些具有生物活性的微量添加成分，主要用于平衡或强化日粮营养，包括有氨基酸添加剂、维生素添加剂和微量元素添加剂等。使用时应根据使用对象及具体情况，按产品说明书添加。

（2）非营养性添加剂：这类添加剂虽不含有鸡所需要的营养物质，但添加后对促进鸡的生长发育、提高产蛋率、增强抗病能力及饲料贮藏等大有益处。其种类包括抗生素添加剂、驱虫保健添加剂、抗氧化剂、防霉剂、中草药添加剂及激素、酶类制剂等。

①抗生素添加剂：抗生素具有抑菌作用，一些抗生素作为添加剂加入饲料后，可抑制鸡肠道内有害菌的活动，具有抗多种呼吸、消化系统疾病、提高饲料利用率、促进增重和产蛋的作用，尤其在鸡处于逆境时效果更为明显。常用的抗生素添加剂有青霉素、土霉素、金霉素、新霉素、泰乐霉素等，根据需要按说明书添加。使用抗生素添加剂时，要注意几种抗生素交替作用，以免

鸡肠道内有害微生物产生抗药性，降低防治效果。为避免抗药性和产品残留量过高，应间隔使用，并严格控制添加量，少用或慎用人畜共用的抗生素。

②驱虫保健添加剂：在鸡的寄生虫病中，球虫病发病率高，危害大，要特别注意预防。常用的抗球虫药有痢特灵、氨丙啉、盐霉素、莫能霉素、氯苯胍等，根据需要按说明书添加，使用时也应交替使用，以免产生抗药性。

③抗氧化剂：在饲料贮藏过程中，加入抗氧化剂可以减少维生素、脂肪等营养物质的氧化损失。常用的抗氧化剂有山道喹、丁基化羟基甲苯、丁基化羟基氧苯等。

（3）使用饲料添加剂的注意事项

①正确选择：目前饲料添加剂的种类很多，每种添加剂都有各自的用途和特点。因此，应充分了解它们的性能，然后结合饲养目的、饲养条件及健康状况等，选择使用。

②用量适当：用量少达不到目的，用量多既增加饲养成本还会中毒。用量多少应严格遵照生产厂家在包装上的使用说明。

③搅拌均匀程度与效果有直接相关：饲料中混合添加剂时，要必须搅拌均匀，否则即使是按规定的量添加，也往往起不到作用，甚至会出现中毒现象。若采用手工拌料，可采用三层次分级拌和法。具体做法是先确定用量，将所需添加剂加入少量的饲料中，拌和均匀，即为第一层次预混料；然后再把第一层次预混料掺到一定量（饲料总量的1/5～1/3）饲料上，再充分搅拌均匀，即为第二层次预混料；最后再把二层次预混料掺到剩余的饲料上，拌均即可。这种方法称为饲料三层次分级拌和法。由于添加剂的用量很少，只有多层次分级搅拌才能混均。

④混于干粉料中：饲料添加剂只能混于干饲料（粉料）中，短时间贮存待用才能发挥它的作用。不能混于加水的饲料和发酵

的饲料中，更不能与饲料一起加工或煮沸使用。

⑤贮存时间不宜过长：大部分添加剂不宜久放，特别是营养添加剂、特效添加剂，久放后容易受潮发霉变质或氧化还原而失去作用，如维生素添加剂、抗生素添加剂等。

第二节　饲料的加工调制

饲养乌骨鸡饲料有粉料、颗粒料和碎粒料3种。粉料，是喂幼雏的常用饲料，而颗粒料则需经过机械加工、采用饲料颗粒机的挤压成不同规格的粒料。把粒料再磨碎，成为碎粒料。乌骨鸡在1～3周内多采用粉料、碎粒料。到4周龄以后以颗粒料为主。喂颗粒料的优点是方便小鸡采食，吃料较快，节省采食时间，由于颗粒碎加工工艺采用高温蒸汽处理，对饲料起到灭菌、灭虫卵和提高饲料消化吸收的作用；还减少鸡舍内粉尘飞扬影响环境卫生；增加饲养密度等。但经过加工的饲料，会增加饲料成本。

1. 能量饲料的加工

能量饲料的营养价值和消化率一般都比较高，但是能量饲料籽实的种皮、壳、内部淀粉粒的结构等，都能影响其消化吸收，所以能量饲料也需经过一定的加工，以便充分发挥其营养物质的作用。常用的方法是粉碎，但粉碎不能太细，一般加工成直径2～3毫米的小颗粒为宜。

能量饲料粉碎后，与外界接触面积增大，容易吸潮和氧化，尤其是含脂肪较多的饲料，容易变质发苦，不宜长久保存。因此，能量饲料一次粉碎数量不宜太多。

2. 蛋白质饲料的加工

蛋白质饲料包括棉籽饼、菜籽饼、豆饼、花生饼（粕）、

亚麻仁等，蛋白质饲料由于粗纤维含量高，作为鸡饲料营养价值低，适口性差，需要进行加工处理。

（1）棉籽饼去毒：主要通过以下几种方法。

①硫酸亚铁石灰水混合液去毒法：100千克清水中放入新鲜生石灰2千克，充分搅匀，去除石灰残渣，在石灰浸出液中加入硫酸亚铁（绿矾）200克，然后投入经粉碎的棉籽饼100千克，浸泡3～4小时即可。

②硫酸亚铁去毒法：可在粉碎的棉籽饼中直接混入硫酸亚铁干粉，也可配成硫酸亚铁水溶液浸泡棉籽饼。取100千克棉籽饼粉碎，用300千克1%的硫酸亚铁水溶液浸泡，约24小时后，水分完全浸入棉籽饼中，便可用于喂鸡。

③尿素或碳酸氢铵去毒法：以1%尿素水溶液或2%的碳酸氢铵水溶液与棉籽饼混拌后堆沤。做法是将粉碎过的100千克棉籽饼与100千克尿素溶液或碳酸氢铵溶液放在大缸内充分拌匀，然后先在地面铺好薄膜，再把浸泡过的棉籽饼倒在薄膜上摊成20～30厘米厚的堆，堆周围用塑料膜严密覆盖。堆放24小时后，扒堆摊晒，晒干即可。

④加热去毒法：将粉碎过的棉籽饼放入锅内加水煮沸2～3小时，可部分去毒。此方法去毒不彻底，故在畜禽日粮中混入量不宜太多，以占日粮的5%～8%为佳。

⑤小苏打去毒法：以2%的小苏打水溶液在缸内浸泡粉碎后的棉籽饼24小时，取出后用清水冲洗2次，即可达到去毒的目的。

（2）菜籽饼去毒：主要有土埋法、硫酸亚铁法、硫酸钠法、浸泡煮沸法。

①土埋法：挖1立方米容积的坑（地势要求干燥、向阳），铺上草席，把粉碎的菜籽饼加水（饼水比为1∶1）浸泡后装入坑内，2个月后即可饲用。

②硫酸亚铁法：按粉碎饼重的1%称取硫酸亚铁，加水拌入菜籽饼中，然后在100℃下蒸30分钟，再放至鼓风干燥箱内烘干或晒干后即可饲用。

③硫酸钠法：将菜籽饼掰成小块，放入0.5%的硫酸钠水溶液中煮沸2小时左右，并不时翻动，熄火后添加清水冷却，滤去处理液，再用清水冲洗几遍即可饲用。

④浸泡煮沸法：将菜籽饼粉碎，把粉碎后的菜籽饼放入温水中浸泡10～14小时，倒掉浸泡液，添水煮沸1～2小时即可饲用。

（3）豆饼（粕）去毒法：一般采用加热法。将豆饼（粕）在温度110℃下热处理3分钟即可饲用。

（4）花生饼（粕）去毒法：一般采用加热法。在120℃左右，热处理3分钟即可饲用。

（5）亚麻仁饼去毒法：一般采用加热法。将亚麻仁饼用凉水浸泡后高温蒸煮1～2小时即可饲用。

（6）鱼粉的加工：鱼粉加工有干法、湿法、土法3种。

干法生产是原料经过蒸干、压榨、粉碎、成品包装去毒的过程。湿法生产是原料经过蒸煮、压榨、干燥、粉碎包装去毒的过程。干、湿法生产的鱼粉质量好，适用于大规模生产，但投资费用大。

土法生产有晒干法、烘干法、水煮法3种。晒干法是原料经盐渍、晒干、磨粉去毒的方法。生产的是咸鱼粉，未经高温消毒，不卫生。含盐量一般在25%左右；烘干法是原料经烘干、磨碎而去毒的方法，原料里可不加盐，成品鱼粉含盐量较低，质量比前一种略好；水煮法是原料经水煮、晒干或烘干、磨粉过程去毒的方法。此方法因原料经过高温消毒，质量较好。

3. 青绿饲料的加工

（1）切碎法：切碎法是青绿饲料最简单的加工方法，常用于养鸡少的农户。青绿饲料切碎后，有利于鸡吞咽和消化。

（2）干燥法：干燥的牧草及树叶经粉碎加工后，可供作配合鸡饲料的原料，以补充饲料中的粗纤维、维生素等营养。

青绿饲料收割期为禾本科植物由抽穗至开花，豆科从初花至盛花，树叶类在秋季，其干燥方法可分为自然干燥和人工干燥。

自然干燥是将收割后的牧草在原地暴晒5～7小时，当水分含量降至30%～40%时，再移至避光处风干，待水分降至16%～17%时，就可以上垛或打包贮存备用。堆放时，在堆垛中间要留有通气孔。我国北方地区，干草含水量可在17%限度内贮存，南方地区应不超过14%。树叶类青绿饲料的自然干燥，应放在通风好的地方阴干，要经常翻动，防止发热和日晒，以免影响产品质量。待含水量降到12%以下时，即可进行粉碎。粉碎后最好用尼龙袋或塑料袋密封包装贮藏。

人工干燥方法有高温干燥法和低温干燥法2种。高温干燥法在800～1100℃下经过3～5秒，使青绿饲料的含水量由60%～85%降至10%～12%；低温干燥法以45～50℃处理，经数小时使青绿饲料干燥。

青绿饲料的人工干燥，可以保证青绿饲料随时收割、随时干燥、随时加工成草粉，可减少霉烂，制成优质的干草或干草粉，能保存青绿饲料养分的90%～95%。而自然干燥只能保持青绿饲料养分的40%，且胡萝卜素损失殆尽。但人工干燥工艺要求高，技术性强，且需要一定的机械设备及费用等。

4. 颗粒料的加工

颗粒饲料是全价配合饲料加上黏合剂经颗粒机压制而成。颗粒大小各不相同，多种多样，能适应雏鸡、中鸡及青年鸡的需要。颗粒饲料的最大优点是进食营养全面，比例稳定，而且容易采食，采食量大，饲料浪费少。

雏鸡的前期饲料大部分采用2.5～3毫米孔径的模板制成颗粒，再用破碎机破碎，后期饲料采用2.5～3毫米孔径的模板制成颗粒后不再破碎。颗粒饲料的优点是适口性好，鸡采食量多，可避免挑食，保证了饲料的全价性；制造过程中经过加压、加温处理，破坏了部分有毒成分，起到了杀虫、灭菌作用，饲料比较卫生，有利于淀粉的糊化，提高了利用率。但颗粒饲料制作成本较高，在加热、加压时使一部分维生素和酶失去活性，宜酌情添加。制粒增加了水分，不利于保存。

第三节　配合饲料

鸡的生长需要各种各样的营养素，单纯一、两种饲料喂鸡是不可能满足其生理需要，所以要讲科学养鸡，就要根据乌骨鸡生活、生长过程，对营养物质的需求来选择若干饲料，换句话说就是根据饲养标准配制出来具有不同营养素比例的饲料，这种饲料各营养成分与比例都适宜乌骨鸡生理需要的，叫配合饲料。

一、日粮的配合原则

日粮就是每只鸡每天采食饲料的种类和数量。日粮中必须包含乌骨鸡维持自身生命和满足生长、繁殖的能量、粗蛋白质、维生素和各种矿物质的营养需要量。合理地配制日粮，既可达到满足乌骨鸡对各种营养素的需要，保证正常生长、发育、生产的目的，又可节省饲料及生产成本。饲料成本通常占饲养乌骨鸡总成本的60%～70%，在保证日粮营养满足的前提下，降低日粮的成本费用对生产经营具有重大的经济意义，所以日粮配合是饲养乌骨鸡中一个生产技术关键。

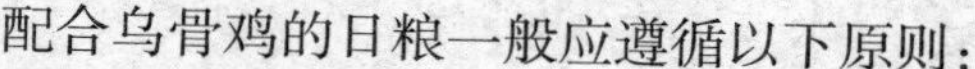

配合乌骨鸡的日粮一般应遵循以下原则：

（1）因地制宜选配饲料：要充分利用当地的饲料资源，利用本场生产的饲料，并选用优质、价廉的饲料，降低饲料成本。

（2）饲料要优质：要求新鲜、清洁，适口性强，符合鸡的消化生理特点。日粮中的粗纤维以不超过5%为宜，粗脂肪含量也不宜过多，不使用霉变饲料，对味道不好的饲料，要注意调味，以提高适口性。

（3）饲料尽量多样化：使营养全面，比例适当，配合饲料时要反复搅拌均匀，特别是微量元素和维生素添加剂饲料及抗生素，尤其需要拌匀。对肉蛋品质有不良影响的饲料要慎用。

（4）日粮要有一定的体积：体积过大，吃不进去，鸡得不到必需的营养；体积过小，鸡常有饥饿感，出现抢料现象，导致采食不均。

（5）饲料要有计划安排：切勿对配方作大变动，以免影响鸡群的生长与生产；而且一次不能配制过多，以免使用时间太长而变质。

二、饲料的配制方法

喂乌骨鸡饲料可以从以下3个方面来解决。

1. 购买饲料

可以从信誉比较好的厂家购买所需的雏鸡料、中鸡（青年鸡）料、育肥鸡料和种鸡料。

2. 自混饲料

从饲料公司门市部购买浓缩饲料，也叫料精（料精包装都注明使用对象、用量、生产日期等）。其余原料用自家的原料，料精的添加比例按说明书添加，经过5～6次混合搅拌，即成全价配合饲料。

3. 自家配制饲料

按乌骨鸡饲养标准和营养专家提供的各种饲料配方来进行，自配饲料时可参考以下配方。

（1）育雏期饲料参考配方

①玉米粉73.96%，麦麸3.8%，豆粕18.1%，鱼粉2%，磷酸钙1.14%，石粉0.73%，盐0.25%，蛋氨酸0.02%。

②玉米粉54.13%，高粱粉5%，麦麸4%，大麦5%，鱼粉10%，豆饼16%，槐叶粉3%，骨粉2.5%，食盐0.37%。

③玉米粉55%，小麦粉4%，谷粉3%，麸皮2.2%，豆粕27%，鱼粉6%，骨粉1%，贝壳粉1%，食盐0.3%，添加剂0.5%。

④玉米粉62.64%，麦麸3.9%，豆粕28%，鱼粉3%，磷酸钙1.46%，石粉0.65%，盐0.25%，蛋氨酸0.1%。

⑤玉米粉62%，麦麸1.6%，豆粕32.8%，鱼粉1%，磷酸钙1.7%，石粉0.5%，盐0.3%，蛋氨酸0.1%。

（2）育成期饲料参考配方

①玉米粉50%，小麦粉8%，谷粉6%，麸皮6%，豆粕22%，鱼粉5%，骨粉1%，贝壳粉1.2%，食盐0.3%，添加剂0.5%。

②玉米粉44%，小麦粉6%，谷粉9%，麸皮10%，豆粕13%，鱼粉6%，骨粉2.2%，贝壳粉3%，草粉6%，食盐0.3%，添加剂0.5%。

③玉米粉43%，小麦粉7%，谷粉9%，麸皮10%，豆粕14%，鱼粉5%，骨粉2.2%，贝壳粉3%，草粉6%，食盐0.3%，添加剂0.5%。

④玉米粉65.67%，麦麸6.5%，豆粕23.4%，鱼粉2%，磷酸钙1.35%，石粉0.75%，盐0.25%，蛋氨酸0.08%。

⑤玉米粉31%，碎米30%，豆饼25%，鱼粉10%，骨粉1.5%，贝壳粉0.5%，油脂1.8%，食盐0.2%。

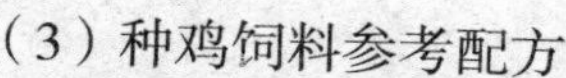

（3）种鸡饲料参考配方

①产蛋初期饲料参考配方

Ⅰ. 玉米粉55.4%，麸皮16%，米糠7%，豆饼15%，鱼粉3%，血粉1%，骨粉1%，贝壳粉1%，无机盐添加剂0.2%，食盐0.4%。

Ⅱ. 玉米粉70%，麸皮5.8%，花生饼14%，苜蓿草粉2%，鱼粉6%，骨粉1%，石粉1%，食盐0.2%。

Ⅲ. 玉米粉69.5%，麸皮6.25%，豆饼5%，棉籽饼5%，花生饼5%，苜蓿草粉6.5%，骨粉0.5%，磷酸氢钙1.9%，食盐0.35%。

Ⅳ. 玉米粉55.1%，麸皮21%，豆饼19%，血粉0.8%，骨粉2.5%，虾粉1%，无机盐添加剂0.2%，食盐0.4%。

Ⅴ. 玉米粉66%，豆饼18.3%，葵花仁饼10.9%，鱼粉3%，骨粉1.5%，食盐0.3%。

②产蛋中期饲料参考配方

Ⅰ. 玉米粉51%，小麦粉6%，谷粉14%，麸皮7%，豆粕9%，鱼粉4%，骨粉2%，贝壳粉1.2%，草粉5%，食盐0.3%，添加剂0.5%。

Ⅱ. 玉米粉38%，小麦粉10%，谷粉12%，麸皮10%，豆粕13%，鱼粉5%，骨粉2.2%，贝壳粉3%，草粉6%，食盐0.3%，添加剂0.5%。

Ⅲ. 玉米粉46%，小麦粉6%，谷粉13%，麸皮10%，豆粕12%，鱼粉5%，骨粉1.7%，贝壳粉1.5%，草粉4%，食盐0.3%，添加剂0.5%。

Ⅳ. 玉米粉52%，麸皮20%，豆饼15%，葵花子饼5%，鱼粉2%，贝壳粉5.7%，食盐0.3%。

Ⅴ. 玉米粉50%，麸皮21%，豆饼15%，鱼粉8%，贝壳粉

6%。

③休产期饲料参考配方

Ⅰ. 玉米粉20%，碎米30%，黄豆粉8%，花生麸14%，鱼粉8%，麦麸9%，米糠7%，矿粉1%，石膏粉2%，骨粉及生长素1%。另外，添加多种维生素0.012%和适量沙粒。

Ⅱ. 玉米粉32%，碎米27%，黄豆粉（炒熟）10%，花生麸12%，米糠2%，麦麸3%，鱼粉12%，石膏粉0.75%，矿粉0.24%，骨粉及生长素1%，多种维生素0.01%。另外，添加适量鱼肝油及维生素B水溶液。

（4）育肥期鸡饲料参考配方

①玉米粉56.5%，麸皮4%，豆饼18%，菜籽饼4%，棉籽饼4%，鱼粉12%，骨粉0.5%，贝壳粉1%。

②玉米粉55.5%，麸皮10%，豆饼27%，鱼粉5%，贝壳粉0.5%，骨粉1.5%，食盐0.5%。

③玉米粉59.5%，麸皮7%，豆饼14%，菜籽饼4%，棉籽饼4%，鱼粉10%，骨粉0.5%，贝壳粉1%。

④玉米粉74.5%，杂粮20%，鱼粉3%，贝壳粉0.5%，骨粉1.5%，食盐0.5%。

第四节　饲料的贮藏

1.玉米贮藏

玉米主要是散装贮藏，一般立筒仓都是散装。立筒仓虽然贮藏时间不长，但因玉米厚度高达几十米，水分应控制在14%以下，以防发热。不是立即使用的玉米，可以入低温库贮藏或通风贮藏。若是玉米粉，因其空隙小，透气性差，导热性不良，不易

贮藏。如水分含量稍高，则易结块、发霉、变苦。因此，刚粉碎的玉米应立即通风降温，装袋码垛不宜过高，最好码成“井”字垛，便于散热，及时检查，及时翻垛。一般应采用玉米籽实贮藏，需配料时再粉碎。

其他籽实类饲料贮藏与玉米相仿。

2. 饼粕贮藏

饼粕类由于本身缺乏细胞膜的保护，营养物质外露，很容易感染虫、菌。因此，保管时要特别注意防虫、防潮和防霉。入库前可使用磷化铝熏蒸，再用敌百虫灭虫消毒。仓底铺垫也要彻底做好，最好用砻糠作垫底材料。垫糠要干燥压实，厚度不少于20厘米，同时要严格控制水分，最好控制在5%左右。

3. 麦麸贮藏

麦麸破碎疏松，孔隙度较面粉大，吸潮性强，含脂量多（达5%），因而很容易酸败、霉变和生虫，特别是夏季高温潮湿季节更易霉变。贮藏麦麸在4个月以上，酸败就会加快。新磨出的麦麸应把温度降至10～15℃，再入库贮藏。在贮藏期要勤检查，防止结露、吸潮、生霉和生虫，一般贮藏期不宜超过3个月。

4. 米糠贮藏

米糠脂肪含量高，导热不良，吸湿性强，极容易发热酸败，贮藏时应避免踩压，入库时米糠要勤检查、勤翻、勤倒，注意通风降温。米糠贮藏稳定性比麦麸还差，不宜长期贮藏，要及时推陈贮新，避免损失。

5. 叶粉的贮存

叶粉要用塑料袋或麻袋包装，防止阳光中紫外线对叶绿素和维生素的破坏。另外，贮存场所应保持清洁、干燥、通风，以防吸湿结块。在良好的贮存条件下，针叶粉可保存2～6个月。

6. 配合饲料的贮藏

配合饲料的种类很多，包括全价饲料、预混饲料、浓缩饲料等。这些饲料因内容物不一致，贮藏特性也各不相同；因料型不同，贮藏性也有差异。

（1）全价颗粒饲料：因经蒸汽加压处理，能杀死绝大部分微生物和害虫，而且孔隙度大，含水量较少，淀粉膨化后把维生素包裹，因而贮藏性能极好，短期内只要防潮，贮藏不容易霉变，也不容易因受光的影响而使维生素破坏。

（2）浓缩饲料：蛋白质含量丰富，含各种维生素及微量元素。这种粉状饲料导热性差，易吸潮，有利于微生物和害虫繁殖，也容易导致维生素变热、氧化而失效。因此，浓缩饲料宜加入适量抗氧化剂，且不宜长时期贮藏，要不断推陈贮新。

（3）添加剂预混饲料：主要是由维生素和微量元素组成，有的添加了一些氨基酸、药物或一些载体。这类物质容易受光、热、水、气影响，要注意存放在低温、遮光、干燥的地方，最好加入一些抗氧化剂，贮藏期也不宜过久。维生素添加剂也要用小袋遮光密闭包装，在使用时，以维生素作添加剂再与微量元素混合，效价影响不会太大。

第四章 乌骨鸡的繁育技术

在养殖生产中繁殖是最关键的环节之一，繁殖是一个后代产生，使种族延续的过程。繁殖的成功，意味着种群数量的增长，繁殖数量越多，经济效益就会越大。如果不能正常繁殖，种群的数量不增或增加很少，会导致经济效益低或亏损。因此，饲养者应充分重视乌骨鸡繁殖这一环节。

第一节 引种

引种前要全面、多方位了解供种货源，掌握相关基本知识，要到有《种畜禽生产经营许可证》和《动物防疫条件合格证》的种鸡场或专业孵化场购买雏鸡、种鸡和种蛋，坚持比质、比价、比服务的原则，坚持就近购买的原则，把好质量关、价格关。在购买过程中要和孵化场或种鸡场签订订购合同，保证引种鸡的数量和质量，同时确定大致接雏日期。在接雏前1周内要确定具体的接雏日期，以便育雏舍提前预热和其他准备工作。

一、种鸡的引进

对于初养乌骨鸡的养殖户来说，如何挑选种鸡绝对是大家非常关心的问题。但并不是每个养殖场都能培育出优质、高产的种鸡，因为种鸡要经过3次严格的挑选，如果其养殖场本身养的不多，是不可能挑选出数量多的合格种鸡。

1. 成年乌骨鸡的选择

成年乌骨鸡应选择具有典型品种特性的鸡，身体健壮，站立时姿势平稳，走动时步伐自然，动作灵活。公鸡体躯大、雄壮，冠大，胸宽挺直，骨骼结实，啼声洪亮，好斗，交配能力强。母鸡肛门应大而湿润松软、经常呈半开状态，耻骨间距离大致可容纳3指以上，腹部大而柔软，换羽迟而快，胸肌发达，腿脚粗壮、有力，爪直。

体重符合品种特征，如泰和乌骨鸡成年公鸡体重1.3～1.5千克，成年母鸡体重1～1.25千克；余干乌黑鸡成年公鸡体重1.3～1.6千克，成年母鸡体重0.9～1.1千克；小香乌骨鸡成年公鸡体重1.21千克，母鸡1.06千克；中国黑凤鸡成年公鸡体重1.25～1.5千克，母鸡0.9～1.8千克等。成年乌骨鸡应选择1～2年的青年鸡，公母比例为1∶（10～15）。

2. 成年乌骨鸡的运输

买到种鸡后，需要运回自己的养殖场。

（1）运输前的准备

①选择运输方式：可采用运输的方式很多，如各种汽车、火车、轮船等都可以。具体的运输方式要根据路途的远近、人力、财力的情况、运输的季节和所需运送鸡群的数量等情况而定。原则是选用既安全、可靠，又运输费用低的方式。

②运输笼：运输乌骨鸡必须采用封闭式运笼，以减少人为干扰，避免损失。运笼长100厘米、宽60厘米、高50厘米，用3厘米×3厘米方木做成框架，六个面均用纤维板或纱网围装而成。其中箱的一个侧面的中央开一高28厘米、宽35厘米的拉门。笼内沿长的一面，在靠近笼门的一头用钉子固定一个长50厘米、宽10厘米、高7厘米的食槽。侧面和上盖每隔10厘米钻一直径2厘米的

孔，以利通风。然后用打包机在笼上横着捆上两条尼龙带（或铁丝），以加固运笼。

③饲料准备：应选用乌骨鸡原场的日常饲料，饲料要符合卫生要求，并要根据运输距离、时间和乌骨鸡数量备足饲料。一般每日每只需配合饲料65～75克。所备饲料数量最好留有余地，以备不测事件而致运输迟滞。

④人员：乌骨鸡运输的押运人员，要由身体健康，责任心强，有一定工作经验的人来承担。人数要根据运输规模确定。押运人员应携带检疫证、身份证、合格证和畜禽生产经营许可证以及有关的行车手续。

⑤其他用具：要根据饲养管理、维修和防寒、防暑等的需要，备好喂食工具（如食槽、水槽、小水桶、勺等）、绳子、钉子、钳子、小锤、纤维布、苫布、急救药品等。然后与铁路、机场等运输部门、检疫等部门取得联系，进行检疫和办理各种有关手续。

（2）装笼：装笼运输过程中，乌骨鸡的密度应根据乌骨鸡体型大小、气候、路途远近、运输时间等而定。长100厘米、宽60厘米、高40厘米的运笼，一般可容纳成年雄乌骨鸡12～13只，成年雌乌骨鸡10～11只。为尽量减少对乌骨鸡的干扰，应尽量缩短乌骨鸡在笼内的停留时间，因此尽可能的缩短装箱后到装车启运的时间。

（3）运输途中的饲养管理：乌骨鸡装笼后，最好立即装车启运。如需在装车启运前一天装笼，则装完后要喂食，每笼投放1棵白菜，以防乌骨鸡互相叼斗致伤、致死。在装车及运输途中应注意以下问题：

①装卸时要轻抬轻放，不要翻转运笼，以尽量使乌骨鸡保持安静，减少撞伤死亡。乌骨鸡运输的成败因素之一就是使乌

骨鸡保持安静而不受惊。除注意轻抬轻放运笼外，还要保持笼内黑暗。

②装车时每行笼间要保留3厘米距离，以便于通风换气和防止乌骨鸡中暑死亡。

③放笼层数，一般以4层笼为宜，最多不超过5层。放笼层数过多，则放笼过高，既不便于管理，还容易造成上层笼温度过高。

④喂食要定时定量。冬天或在北方早上8点和下午3点各喂饲料1次，夏天或在南方最好每天喂3次，中午喂食要稍稀些，以补充饮水。饲料要保持新鲜不变质，现喂现调制，调制方法是把饲料加入适量水，搅拌均匀，呈干粥样即可。

⑤注意通风换气。夏季运输或运往南方，因气温过高，要适当打开窗门以便通风降温；如汽车运输，夏季最好夜间行驶，中途休息时，尽量把车停在树阴下。冬季运输，要采取防寒、防风、保温措施。

⑥中转换车或在行李车内装笼时，要把2个笼门相对排列，以防跑鸡。汽车运输时，若所运乌骨鸡只数过少时，应在车上装些沙子或土，以减少颠簸。在运输途中要避免急刹车，以减少乌骨鸡互相挤压造成伤亡。冬季要用苫布盖好运笼，以防寒防感冒。夏季要带苫布防雨。装车之后要用绳子把笼捆扎牢固，防止掉笼和颠簸造成损失。

⑦押运人员要认真负责，不能远离乌骨鸡群，要经常检查乌骨鸡笼和笼门、车内温度、乌骨鸡的状态等。如发现坏笼要及时修理；笼门未关严则应关牢，严防跑鸡。如发现乌骨鸡对着门、窗缝时，要采取回避措施；发现乌骨鸡精神不好与异常情况，则要及时处理；如遇不良天气，要及时采取回避措施。

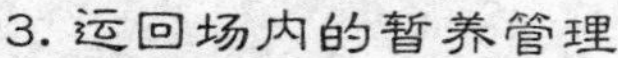

3. 运回场内的暂养管理

（1）设立隔离检疫场（区）：依照《国家动物检疫法》和《动物检疫管理办法》的具体规定，事先在场区的下风口处设立隔离检疫场（区）。新引进的乌骨鸡不宜直接放在场内饲养，应放在单辟的隔离场或隔离区内暂养观察半个月左右，确认健康无疾患时方可移入场内饲养。

（2）到场后先饮水，后少量喂食：乌骨鸡运抵场内后迅速从运输笼移入笼舍内，先要添加足量饮水，然后喂给少量饲料，饲料要逐渐增加，2～3天后再喂至常量，以免乌骨鸡因运输后饥饿而大量采食，造成消化不良。

（3）运输工具消毒处理：对所用运输工具，特别是运输器具要及时清理和消毒处理，以备再用。

二、雏鸡的引进

1. 选购雏鸡

雏鸡选得好与差，和养鸡生产是否进行顺利关系很大，在饲养管理条件和技术水平同等优越的情况下，质量好的鸡苗，4周龄死亡率在5%以下，质量差的鸡苗，4周龄死亡率达10%以上。故在购买鸡苗时，如何选择健壮的雏鸡，直接关系到乌骨鸡生产的经济效益。

由于种用乌骨鸡的健康、营养和遗传等先天因素的影响，以及孵化、长途运输与出壳时间过长等后天因素的影响，初生雏中常出现有弱雏、畸形雏和残雏等，对此需要淘汰外，选雏时还要注意以下方面：

（1）种乌骨鸡质量好：只有优质的种乌骨鸡才能繁育优质的雏鸡。因此，在可能的情况下应对种乌骨鸡群的情况做些调查了解。要求种乌骨鸡健康（尤其要进行白痢净化），喂饲全价饲料。

（2）该批次雏鸡的孵化效果好：要求雏鸡来自出壳时间正常、孵化率和健雏率都高的批次。孵化厂的卫生管理状况也应引起足够的重视。

（3）选健雏：健壮的雏乌骨鸡应该是两眼圆大、有神，活泼爱动，叫声响亮，对声响反应敏感。凡是闭目垂头、绒毛松乱或脏污、呆立一旁、反应迟钝者多是弱雏。

（4）雏鸡的身体状况良好：健雏无畸形，腹部大小适中、弹性良好，脐孔完全闭合、周围干净并被绒毛遮盖。弱雏则表现为腹部膨大或干硬、脐部愈合不良并有污物黏附，也有钉脐或脐炎表现。

健雏绒毛丰满，有光泽，干净无污染。健雏手握时，绒毛松软饱满，有挣扎力，触摸腹部大小适中、柔软有弹性。初生雏平均体重在30克左右，大小均匀一致。

2. 雌雄鉴别

因为乌骨鸡生产的需要，对初生雏鸡进行雌雄鉴别有非常重要的经济意义。首先可以节省饲料，其次可以节省鸡舍、设备、劳动力和各种饲养费用，同时还可以提高母雏的成活率、均匀度。初生雏鸡雌雄鉴别的方法，主要有肛门鉴别法、器械鉴别法、动作鉴别法等。

（1）肛门鉴别法：肛门鉴别法（图4–1）是利用翻开雏鸡肛门观察雏鸡生殖隆起的形态来鉴别雌雄的方法，这种方法的准确率可达96%～100%，使用相当广泛。雏鸡出壳后12小时左右是鉴别的最佳时间，因为这时公母雏生殖突起形态相差最为显著，雏鸡腹部充实，容易开张肛门，此时雏鸡也最容易抓握；过晚实行翻肛鉴别，生殖突起常起变化，区别有一定难度，并且肛门也不容易张开。鉴别时间最迟不要超过出壳后24小时。

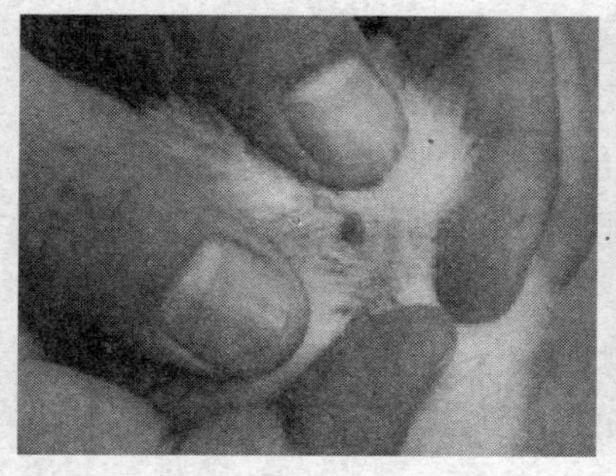
雄雏

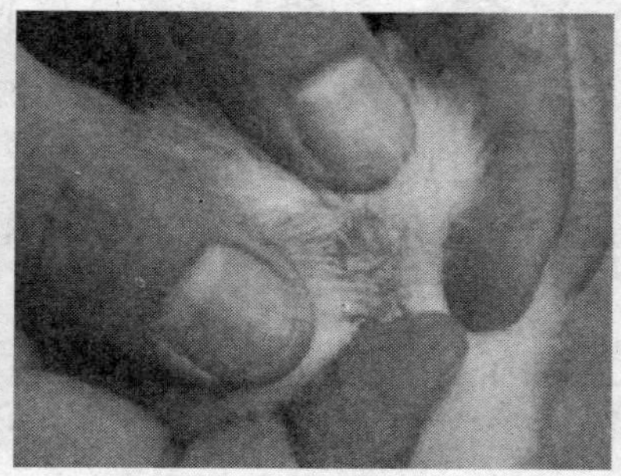
雌雏

图4–1　雏鸡肛门鉴别法

运用肛门鉴别法进行鉴别雏鸡雌雄的操作手法是由抓握雏鸡、排粪翻肛、鉴别放雏3个步骤组成。

①抓雏、握雏：雏鸡抓握的手法有2种，即夹握法和团握法。夹握法是将雏鸡抓起，然后使雏鸡头部向左侧迅速移至左手；雏鸡背部贴掌心，肛门向上，使雏鸡颈部夹在中指与无名指之间，双翅夹在食指与中指之间，无名指与小拇指弯曲，将鸡两爪夹在掌面；团握法是将左手朝鸡雏运动方向，掌心贴着雏鸡背部将其抓起，使雏鸡肛门朝上团握在手中。

②排粪、翻肛、鉴别：在鉴别雏鸡之前，必须将粪便排出。用左手大拇指轻压雏鸡腹部左侧髋骨下缘，使粪便排进粪缸内。粪便排出后，左手拇指（左手握雏）从排粪时的位置移至雏鸡肛门的左侧，左手食指弯曲贴在雏鸡的背侧；同时将右手食指放在肛门右侧，右手拇指放在雏鸡脐带处；位置摆放好后，右手拇指沿直线往上方顶推，右手食指往下方拉，并往肛门处收拢，3个手指在肛门处形成一个小三角形区域，3个手指凑拢一挤，雏鸡肛门即被翻开。看到其中有很小的粒状生殖突起就是雄雏；无突起者就是雌雏。

③翻肛操作注意事项：鉴别动作轻捷，速度要快。动作粗鲁容易造成损伤，影响雏鸡的发育，严重者会造成雏鸡的死亡。鉴别时间过长，雏鸡肛门容易被排出的粪便或渗出物掩盖无法辨认生殖隆起的状态；为了不使雏鸡因鉴别而染病，在进行鉴别前，每个鉴别人员必须穿工作服和鞋、戴帽子和口罩，并用新洁尔灭消毒液洗手消毒；鉴别雌雄是在灯光下进行的一种细微结构形态的快速观察。灯采用具有反光罩的灯具，灯泡采用40～60瓦乳白灯泡；鉴别盒中放置雏鸡的位置要固定而一致。例如，规定左边的格内放雌雏，右边的格内放雄雏，中间的格子是放置未鉴别的混合雏鸡；鉴别人员坐着的姿势要自然，使持续的鉴别不至于疲劳；若遇到肛门有粪便或渗出物排出时，则可用左手拇指或右手食指抹去，再行观察；若遇到一时难以分辨的生殖隆起时，则可用二拇指或右手食指触摸，并观察其弹性和充血程度，切勿多次触摸；若遇到不能准确判断时，先看清生殖隆起的形态特征，然后再进行解剖观察，以总结经验；注意不同品种间正常型和异常型的比例及生殖隆起的形状差异。

翻肛后，立即进行鉴别。鉴别后，根据鉴别的结果，将雌雄雏鸡分别放进鉴别盒中。

（2）器械鉴别法：器械鉴别法是利用专门的雏鸡雌雄鉴别器来鉴别雏鸡的雌雄。这种工具的前端是一个玻璃曲管，插入雏鸡直肠，通过直接观察该雏鸡是否具有卵巢或睾丸来鉴别雌或雄。这种方法对于操作熟练者来说，其准确度可达98%～100%。但是，这种方法鉴别速度较慢；且由于鉴别器的玻璃曲管需插入雏鸡直肠，使雏鸡容易受伤害和容易传播疫病，因而使应用受到了限制。

（3）动作鉴别法：总的来说，雄性要比雌性活泼，活动力强，悍勇好斗；雌雏比较温驯懦弱。因此，一般强雏多雄，弱雏多雌；眼暴有光为雄；柔弱温文为雌；动作锐敏为雄，动作迟缓为雌；举步大为雄，步调小为雌；鸣声粗浊多为雄，鸣声细悦多为雌。

3. 了解相关信息和承诺

为顺利地培育好雏鸡，应尽可能向孵化厂了解一些情况：

（1）鸡种生产性能、生活力。

（2）出雏时间和存放环境，如出雏后存放时间过长、温度过低、通风不良，会严重影响雏鸡质量。

（3）雏鸡接种疫苗情况。

（4）此批种蛋的受精率、孵化率、健雏率，这些指标越高雏鸡质量越好。

（5）种鸡的日龄、群体大小、种鸡的产蛋率，种鸡盛产期的后代体质等。

（6）种鸡的免疫程序，可推测雏鸡母源抗体水平。

（7）鸡场经常使用什么药品。

（8）有可能的话，再了解一下种鸡群曾发生过什么疾病。

如果可能，在购买雏鸡时，应要求种鸡场有以下的承诺：

（1）保证鸡种无掺杂作假。

（2）保证马立克疫苗是有效的，对每只鸡的免疫是确实的。

（3）保证5日龄内因细菌感染引起的死亡率在2%以下。

（4）保证因为鉴别误差混入的公雏在5%以下。

（5）对日常的饲养管理、疫病预防等给予免费的咨询服务等。

4. 雏鸡的运输

一般在出壳后8～12小时运到育雏舍最好。长途运输时，初生雏鸡待羽毛干后就可以迅速运出，在24～36小时运到较好，最迟不能超过48小时运到，以避免损失。超过48小时，初生雏鸡由于饥饿、脱水、强雏变成弱雏，会降低成活率。

（1）运输方式：雏鸡的运输方式依季节和路程远近而定。汽车或三轮车运输时间安排比较自由，又可直接送达养鸡场，中途不必倒车，是最方便的运输方式。

（2）携带证件：雏鸡运输的押运人员应携带检疫证、身份证、合格证和畜禽生产经营许可证以及有关的行车手续。

（3）准备好运雏用具：运雏用具包括交通工具、装雏箱及防雨、保温用品等。装雏工具最好采用专用雏鸡箱（目前一般孵化场都有供应），箱长50～60厘米，宽40～50厘米，高18厘米，箱子四周有直径2厘米左右的通气孔若干。箱内分4个小格，每个小格放25只雏鸡，每箱共放100只左右。没有专用雏鸡箱的，也可采用厚纸箱、木箱代用，但都要留有一定数量的通气孔。冬季和早春运雏要带防寒用品，如棉被、毛毯等。夏季运雏要带遮阳防雨用具。所有运雏用具或物品在装运雏鸡前，均要进行严格消毒。

（4）运输过程中注意保温与通气：养鸡者最好亲自押运雏鸡。

汽车运输时，车厢底板上面铺上消毒过的柔软垫草，每行雏箱之间，雏箱与车厢之间要留有空隙，最好用木条隔开，雏箱两层之间也要用木条(玉米秸、高粱秸、竹竿均可)隔开，以便通气。

冬季，早春运输雏鸡要用棉被，棉毯遮住雏箱，千万不能用塑料包盖，否则将雏鸡闷死、热死。夏季运输雏鸡要携带雨布，千万不能让雏鸡淋雨，淋雨后雏鸡感冒，会大量死亡，影响成活率。阴雨天运输雏鸡除带防雨设备外，还要准备棉被、棉毯，防止雏鸡着凉。夏季运输雏鸡最好在早、晚凉爽时进行，以防雏鸡中暑。

运输雏鸡的人员在出发前应准备好食品和饮用水，中途不能停留。远距离运输应有2个司机轮换开车，在汽车启动30分钟后，应检查车厢中心位置的雏鸡活动状态。如果雏鸡精神状态良好，每隔1～2 个小时检查1 次，检查间隔时间的长短应视实际情况而定。

另外，运输初生雏鸡时，行车要平稳。转弯、刹车时都不要过急，下坡时要减速，以免雏鸡堆压死亡。

经长途或长时间运输的雏鸡，到达饲养地后，先要供给饮水，因为这时雏鸡都有不同程度的脱水。

三、种蛋的引进

种蛋品质的好坏与孵化率的高低、初生雏鸡的品质及其以后的健康、生存力和生产性能都有着密切的关系。因此，种蛋必须根据具体情况进行严格认真的挑选。种蛋质量好，胚胎发育良好，生活能力强，孵化率高，雏鸡质量好；反之，种蛋品质低劣，孵化率低，雏鸡生长发育不良，难以饲养。

种蛋的选择，首先要考虑种蛋的来源，然后进行外观、听音、照蛋透视、剖视抽查等方法选择。

1. 种蛋来源

种蛋必须来自生产性能高而稳定、繁殖力强、无经蛋传播的疾病（如白痢、马立克病、支原体病等）、饲喂全价饲料和管理完善的种鸡群。

2. 外观选择

（1）外观选择：要看种蛋的清洁度、蛋重、蛋形、蛋壳颜色等。种蛋表面不应有粪便、破蛋液等污染物；蛋重要适中，符合品种标准，过大，孵化率下降；过小，雏鸡体重小，蛋重相差悬殊则出雏不整齐。一般以选择35～40克的乌骨鸡种蛋为宜；蛋形以椭圆形为最好，过长、过圆、腰凸、两头尖的蛋必须剔除；

蛋壳颜色应符合本品种要求。另外，钢皮蛋、沙皮蛋、皱纹蛋等均应剔除，不能作种蛋用。

（2）照蛋：在外观检测的基础上，采用照蛋器（在暗室内用黄灯泡即可）照蛋透视，去除各种死蛋、陈蛋。合格种蛋的标准为蛋壳厚薄一致，无裂痕，蛋黄颜色呈暗红色或暗黄色，并且位于蛋的中心位置。不合格蛋由于系带断裂而蛋黄上浮，卵黄膜破裂而阴影不规则，气室位于中间或小头，有血斑和肉斑的均为不合格种蛋。

3. 种蛋运输

种蛋运输应包装完善，以免震荡而遭破损。常采用专用蛋箱装运，箱内放2列5层压膜蛋托，每枚蛋托装蛋30枚，每箱装蛋300枚或360枚。装蛋时，钝端向上，盖好防雨设备。

如无专用蛋箱，也可用硬纸箱、木箱或竹筐装运。用硬纸箱、木箱或竹筐装蛋时，先把箱底底铺1层碎干草，然后1层蛋1层稻壳（或麦糠）分层摆放。摆放完毕后应轻摇一下箱，使蛋紧靠稻壳贴实，这样途中不容易破碎，然后加盖钉牢或用绳子捆紧。

装车时，应将蛋箱放在合适的地点，箱筐之间紧靠，周围不能潮湿、滴水或有严重气味。如用汽车、三轮车运输种蛋时，先在车板上铺上厚厚的垫草或垫上泡沫塑料，有缓冲震荡的作用。

在运输过程中应尽量避免阳光照晒，阳光会使种蛋受温而促使胚胎不正常发育。高温天气长途运输，也很容易导致胚胎不正常发育死亡，特别是气温超过30℃时。但气温低于5℃时，种蛋的胚胎虽不发育，也很易致死。在运输过程中，还要注意防止雨淋受潮，种蛋被雨淋后，蛋壳膜受破坏，细菌容易于侵入并且大量繁殖。要严防运输过分强烈震动，因为强烈震动可导致气室移位、蛋黄膜破裂、系带断裂等严重情况，造成孵化

率下降。

种蛋运输到目的地后，应尽快开箱码盘，如有被破蛋液污染的，可用软布擦干净，随即进行消毒、入孵，不宜再保存。有资料证明，种蛋经运输后尽快入孵可避免孵化率的进一步下降。

第二节　乌骨鸡的配种

乌骨鸡的配种方式分为自然交配和人工授精2种方式。

1. 自然交配方式

自然繁殖方式是在自然状态下，公鸡、母鸡在正常生理反应作用下，随机进行交配的一种方式。在大型饲养场中，粗放型放养中多见。公鸡、母鸡混合饲养，自发地进行交配、排卵、受精和产蛋这一繁殖过程。这种自然繁殖方式一定要注意公鸡、母鸡的比例，以保证整体受精率。公鸡、母鸡的数量比最好为1∶（8～10），种蛋受精率保持在95%左右，种乌骨鸡的年龄最好在1～2龄最佳，一般2龄鸡产蛋率最高，质量也最好，以后就会逐年减少。一般鸡龄超过3年以上所产的蛋不宜作为种蛋。在自然交配繁殖中，选择鸡群数量有下列几种方式：

（1）大群配种法：一般鸡群数量在100～1500只，公鸡、母鸡数量比按照1∶（8～10）进行分配。最好种公鸡选用青壮年公鸡，以保持精液品质和受精率。

（2）小群配种法：将1只公乌骨鸡和8～15只母乌骨鸡放于1个配种小间内，单独饲养，母乌骨鸡可以不记号，但公乌骨鸡必须带肩号或脚号，这种方法在管理上比较繁琐，但通过家系繁殖可较好地观察乌骨鸡的生产性能，尤其是公乌骨鸡的交配能力（种蛋受精率）。用此种方法繁殖乌骨鸡，进行家系间杂交，可以避免乌骨鸡的近亲繁殖。但使用此方法时，应密切注意公乌骨鸡是否确有射精能力。如无射精能力或发现种蛋无精，要立即更换新的种公鸡。

2. 人工授精方式

人工授精目前已成为促进养鸡业发展的一项新技术，它使受精率提高，种蛋和雏鸡成本降低。这一技术已成为家禽繁殖和育种工作的有力工具。

（1）人工授精种鸡的选择：人工授精所用种公鸡的数量和繁殖性能都有一些特殊要求，应按此要求选择种公鸡。根据公鸡的生长发育情况，在90日龄进行第一次选择，每10只母鸡选留1只公鸡，选择的种公鸡要完全符合本品种的体型外貌特征，发育良好，体态健壮，双亲生产性能高，健康无病。在120日龄进行第二次筛选，每20只母鸡选留1只公鸡。在180日龄进行第三次选择，结合对公鸡按摩调教进行，每30只母鸡选留1只公鸡，并留有10%～15%的后备种公鸡。选留下的种公鸡要求头高昂，鸣叫雄壮有力，腹部柔软，采精按摩时肛门能外翻，泄殖腔大而宽松，条件反射灵敏，交配器能勃起，并能射出良好的精液。

种母鸡无特殊要求，按育种或生产需要选择。要求健康无病，生长发育良好，泄殖腔宽松湿润，体型紧凑，生殖系统没有炎症。

（2）人工授精器具的准备

①器材准备：人工授精常用器材与用品有集精杯、0.05～0.5毫升滴管、0.05～0.5毫升刻度滴管、保温瓶或保温杯、5～10毫升刻度试管、10～20毫升注射器、12#针头、消毒盒或铝锅、100℃温度计、显微镜、载玻片、盖玻片、微量吸液器、瓷盘、瓷桶、弯剪、电炉、生理盐水、蒸馏水、试纸、酒精、药棉、试

管刷、纱布、脸盆、毛巾等。

②用具消毒：将集精杯、输精器等器具用水清洗干净，然后用纱布包好，放入消毒锅或消毒柜消毒20～30分钟，烘干备用。

（3）采精技术：采精的方法生产中最普遍采用的是按摩法，它安全可靠，简便，采出的精液干净。采用按摩采精法，1人保定公鸡，1人按摩与收集精液。采精员穿工作服，手指甲剪短磨光、清洗消毒；采精员和采精时间要相对固定；动作要迅速、轻柔，力度要适中；按摩频度由慢到快。

①采精方法

Ⅰ. 保定：通常2人操作，保定员用双手各握住公鸡一只腿，自然分开，大拇指扣住翅膀，使公鸡头部向后，尾部对向采精员，呈自然交配姿势。

Ⅱ. 按摩：采精员左手手心向下，拇指及其余4指分开，紧贴公鸡，沿腰背向尾部轻轻地按摩2～3次，引起公鸡性反射。

Ⅲ. 采精：当公鸡出现性反射时，采精员右手拇指与食指分开，中指与无名指夹住集精杯，轻轻按公鸡耻骨下缘两侧，并触摸抖动，当泄殖腔翻开时，左手将尾羽拨向背部，拇指与食指分开，轻轻挤压泄殖腔，公鸡即可射精，右手迅速将集精杯口置于泄殖腔下方承接精液。

②采精次数：公鸡的射精量、精子的浓度与采精次数有密切的关系。采精过频，影响精液的质量。如泰和乌骨鸡公鸡以每2天或3天采精1次为宜，这样精液质量高。

③采精量：一般1只公鸡1次采精量为0.5毫升。

④采精应注意的事项

Ⅰ. 公鸡的调教：采精前必须对公鸡进行调教训练。首先剪去泄殖腔周围的羽毛，以防污染精液，每天训练1～2次，经3～4天后即可采到精液。多次训练仍没有条件反射或采不到精液的公鸡应予以淘汰。

Ⅱ.公鸡的隔离：公鸡最好单笼饲养，以免相互斗殴，影响采精量，采精前2周将公鸡上笼，使其熟悉环境，以利采精。

Ⅲ.采精前要停食：公鸡当天采精前3～4小时要停食，防止饱食后采精时排粪，影响精液质量。

⑤固定采精员：采精的熟练程度、手势和压迫力的不同都影响采精量和品质，故最好固定采精员。

⑥用具消毒：采精用具应经过刷洗、消毒、晾干或烘干后使用。

⑦搞好精液的保存和使用：采集的精液应立即置于25～30℃的保温瓶内保存，精液最好在采精后30分钟内用完，否则活力将会大大降低。

（4）精液品质检查

①外观检查：精液为乳白色。精液颜色不一致或混有血、粪便等，或呈透明状，不能用于输精。

②精子活力检查：采精后20分钟，取同等量精液和生理盐水各1滴，置于载玻片上，混合均匀，放上盖玻片，在37℃条件下，用200～400倍显微镜检查，呈直线运动的才有授精能力，视其中比例的多少，评为0.1～1级，在实践中最好的为0.9级，故精子活力达0.8，受精率可达90%以上。呈漩涡翻滚状的为活力高、密度大的精液。如精子呈圆周运动或原地摆动的均无授精能力。

③密度检查：可采用精子密度估测法。在显微镜下，如见整个视野布满精子，精子间几乎无空隙，一般每毫升精液的精子在40亿以上，为浓稠的精液；如在视野中精子间距明显，每毫升精液的精子在20亿～40亿个，为中等密度的精液；如见精子间有很大的空隙，每毫升精液的精子在20亿个以下，为稀精液。

④酸碱度检查：精液的pH为6.2～7.4。

⑤畸形率的检查：取精液1滴滴于载玻片上，抹片，自然风干，后用98%的酒精固定1～2分钟，冲洗，再用0.5%甲紫染色3分钟，冲洗，晾干后在显微镜下检查，数出300～500个精子中有多少个畸形精子，换算成百分比即为畸形率。

（5）精液的稀释：多采用不经稀释的新鲜精液输精。如需稀释，可用生理盐水、葡萄糖生理盐水按1：1的比例稀释。

（6）精液的保存：短期保存可于采精后15分钟内稀释，在0～5℃条件下保存。如需要长久保存，则需要进行冷冻保存。

（7）输精技术

①输精操作

Ⅰ. 保定：一般输精由2人操作，助手左手握住母鸡腿部，右手按压腹部，施加一定压力，将泄殖腔翻开露出输卵管口，输卵管口在泄殖腔右侧上方，右侧为直肠开口，立即将母鸡泄殖腔朝向输精员，便可输精。

Ⅱ. 输精：当输卵管口翻出后，输精员即可输精，当输精器插入的一瞬间，便稍往后拉，助手即可解除对母鸡腹部的压力，这样就使精液有效地输到母鸡输卵管内，每输1只母鸡，都要用棉球擦拭输精器头。最好每输1只母鸡换1个输精器头，以免疾病相互感染。

②输精深度：一般以浅输精为宜，输精管插入输卵管口1～2厘米，即可收到很好的效果。

③输精时间：应在每天下午2～4点钟，母鸡产蛋之后输精。提前输精，输卵管内有蛋，阻碍精子运行，受精率明显下降。

④输精次数与输精量：母鸡在产蛋期，每周输精1次，就可获得较高的受精率，但一般以3～4天输精1次为好。输精后48小时即可收集种蛋。

精液的品质决定采精量和采精次数。新鲜未经稀释的精液，每次人工授精可用0.025～0.05毫升。正常种公鸡每毫升精液中含有40亿个精子，每次输入0.025毫升，有效精子数可达1亿，受精率可达95%以上。

⑤注意事项：输精宜在下午2～3点以后进行，输精前1～2小时应停水；输精针头输一次换一次；新采集的精液30分钟内用完，否则影响精子活力；输精周期为5～6天，时间间隔过长，影响授精效果；输精前应进行手部清洗消毒；每输完1只鸡后用消毒棉擦拭干净输精器；多只公鸡的精液混合后在半小时内输完；输精后产蛋的鸡应补输1次。

⑥器械的消毒：人工授精盒用完后立即进行洗刷、消毒后收存，用时保证全部器械清洁干燥。

第三节　鸡种蛋的保存与消毒

无论何种方式获得的种蛋，如不马上入孵，就应该放入蛋室（库）保存。种蛋的保存对种蛋的质量和孵化十分重要，如保存不当，会导致孵化率降低，甚至造成无法孵化的后果。

一、种蛋的存放要求

1. 种蛋保存的适宜温度

最适宜的温度应在10～15℃。保存时间短，可采用温度上限，保存时间长则应采用温度下限。由于鸡胚发育的临界温度为20℃，因此，种蛋保存的环境温度一般要低于20℃，最高不得超过23℃。还应注意的是，刚产出的种蛋降到保存温度应是一个渐进的过程，因为胚胎对温度大幅度变化非常敏感，逐渐降温才不

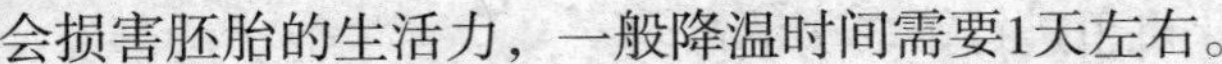

会损害胚胎的生活力，一般降温时间需要1天左右。

2. 种蛋保存的相对湿度

种蛋保存期间，蛋内水分通过气孔不断蒸发，其速度与贮存室内的相对湿度呈反比。为了尽量减少蛋内水分蒸发，必须提高贮存室的相对湿度，一般应以保持在70%～75%为宜。

3. 种蛋保存的时间

种蛋保存的时间对孵化率有较大的影响，种蛋在适当的环境中（如有空调设备的种蛋贮存室）保存2周以内，孵化率下降幅度小；保存期在2周以上，孵化率下降较显著；保存3周以上，孵化率则急剧下降。因此，一般要求种蛋保存1周以内为宜，最多不要超过2周。如无适宜的保存条件，可视气候情况掌握，天气凉爽（早春、春季、初秋），保存时间可相对长些，一般为10天左右；严冬酷暑，保存时间应相对短些，一般在5天以内为宜。保存1周以内的种蛋，大端朝上或平放都可以，也不需要翻蛋；若保存时间超过1周以上，应把蛋的小端朝上，每天翻蛋1次。

二、种蛋的消毒

鸡蛋产出后，蛋壳上附着的许多微生物即迅速繁殖，细菌可通过气孔进入蛋内，这对孵化率和雏鸡质量都有不利的影响，尤其是鸡白痢、支原体病、马立克病等，能通过蛋将疾病传给后代，其后果十分严重，所以必须对种蛋进行严格消毒。

种蛋消毒最好在鸡蛋刚产出后立即进行，但在生产实践中很难做到，切实可行的办法是在每次收集种蛋后，立刻在鸡舍里的消毒室消毒或立即送孵化室消毒，最好不要等全部集中到一起再消毒，更不能将种蛋放在鸡舍里过夜。

由于消毒过的种蛋仍会被细菌重新污染，因此，种蛋入孵后，仍应在孵化机里进行第二次消毒。

1. 消毒方法

（1）福尔马林熏蒸消毒法：此方法操作简便，消毒效果良好，成本低，在目前的养殖业中普遍使用。首先，对清洁度较差或外购的种蛋，用清水洗净。在室内温度20～26℃，60%～75%相对湿度的条件下，以每立方米空间42毫升福尔马林加21克高锰酸钾，密闭熏蒸20分钟，可消灭蛋壳上95%～98%的细菌和病原体。为了降低生产成本，可节省用药剂量，在蛋盘上遮盖塑料薄膜，缩小空间。

在使用熏蒸法消毒时应注意以下几点：

①容器的选择：福尔马林与高锰酸钾反应非常剧烈，大量产热，有许多烟雾和气泡产生，具有很强的腐蚀性。因此，选择容器应采用陶瓷器皿或玻璃器皿等抗腐蚀性强的容器，容器容积要大，足够进行反应。工作人员要特别注意做好自我防护措施，不要伤及皮肤和眼睛。

②正确配制消毒剂：要按正确顺序添加药品，先在容器中加入少量温水，再把称好的高锰酸钾放入容器中，最后加入福尔马林。

③严格掌握熏蒸时间和用药剂量，时间过长，用药过多，孵化率降低。

（2）过氧乙酸熏蒸消毒法：过氧乙酸是一种高效、快速、广谱消毒剂，尤其对细菌、真菌、病毒以及微生物孢子都有很高的杀灭效力，同时毒副作用小，大规模使用成本略高。消毒种蛋时，每立方米用16%的过氧乙酸40～60毫升，加高锰酸钾4～6克，熏蒸25分钟。但应注意的是，过氧乙酸遇热不稳定，浓度超过40%以上时，加热至50℃容易引起爆炸，故应在低温下保存；过氧乙酸腐蚀性很强，不要接触衣服、皮肤，消毒时用陶瓷盆或塘瓷盆；消毒时应现用现配，稀释液保存不超过3天。

（3）新洁尔灭消毒法：把种蛋平铺在板面上，用喷雾器把0.1%的新洁尔灭溶液（用5%浓度的新洁尔灭1份，加50倍水后均匀混合即可）喷洒在蛋的表面。或者用温度为40～45℃的0.1%新洁尔灭溶液，浸泡种蛋3分钟。新洁尔灭水溶液为碱性，不能与肥皂、碘、高锰酸钾和碱等配合使用。种蛋面晾干后即可入孵。

（4）有机氯溶液消毒法：将蛋浸入含有1.5%活性氯的漂白粉溶液内消毒3分钟（水温43℃）后取出晾干。

（5）高锰酸钾消毒法：将种蛋浸泡在0.2%～0.5%的高锰酸钾溶液中，溶液温度在40℃左右，约经1～2分钟后，捞出沥干即可入孵。

（6）碘消毒法：将种蛋浸泡在0.1%的碘溶液中进行浸泡消毒。即在1千克水中加入10克碘片和15克碘化钾，使之充分溶解，然后倒入9千克清水中，即成为0.1%的碘溶液。浸泡1分钟后，将种蛋捞出沥干装盘。经过多次浸泡种蛋的碘液，浓度逐渐降低，应增加新液或延长浸泡时间，以达到消毒的目的。

（7）呋喃西林溶液消毒法：将呋喃西林碾成粉后配成0.02%浓度的水溶液浸泡种蛋3分钟洗净晾干即可。

2. 种蛋消毒的注意事项

（1）用药量一定要准确，不能多也不能少。

（2）在一批种蛋消毒时，只须选用一种消毒药物。

（3）液体浸泡消毒，消毒液的更换是很重要的，也就是说，一盆配制好的消毒液，只能消毒有限的种蛋，但究竟能消毒几批蛋，目前尚没有一定的标准，可适当更换新药液。

第四节　种蛋的孵化

孵化是乌骨鸡繁殖最关键的一环。多年来，我国研制的孵化器、出雏器均达到国际领先水平，实现了全自动化、电脑化和模糊控制等。养殖规模较大的养殖场，经济实力较强，供电条件好的，应首先考虑用机械孵化器来孵化。而规模较小、经济条件有限或供电条件不好的，可以采用抱窝母鸡孵化、电褥子孵化、火炕孵化等方式。

一、种蛋孵化所需的外界条件

鸡胚胎母体外的发育，主要依靠外界条件，即温度、湿度、通风、转蛋等。

1. 温度

受精蛋发育成为1只雏鸡，除受精蛋的内部条件满足胚胎发育需要外，外界的孵化条件也是不可缺少的，孵化条件中尤以温度最为关键。由于长期自然选择，鸡胚在较大温度范围内有一定的适应能力，但当外界温度低于20℃时，鸡胚的发育停止。只有达到一定的温度条件，鸡胚发育才进行。温度过高或过低，短时间对胚胎影响不大，但鸡胚较长时间处于不正常温度时，极容易死亡，特别是温度超过40℃时，如孵化温度达到42℃以上，胚胎经2～3小时即死亡，如温度达到47℃时，5天龄的胚胎，在2小时内全部死亡，16天龄的胚胎，在半小时内全部死亡。

鸡胚发育所需的温度，在一定范围内是一个累积的过程，如果前期温度过高，可通过后期适当降温来保证鸡胚的正常发育，如前期温度过低，可适当提高后期的孵化温度，使鸡胚孵化正常，这就是孵化技术中“看胎施温”的基本原理，一般都应根据胚胎发育的不同状况调整孵化的温度。

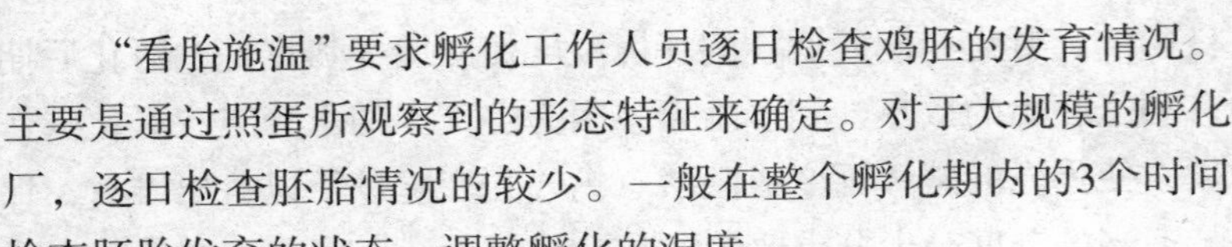

“看胎施温”要求孵化工作人员逐日检查鸡胚的发育情况。主要是通过照蛋所观察到的形态特征来确定。对于大规模的孵化厂，逐日检查胚胎情况的较少。一般在整个孵化期内的3个时间检查胚胎发育的状态，调整孵化的温度。

（1）在鸡胚第5日龄，照蛋明显见到眼点，血管的范围已经占据蛋表面的4/5，说明孵化温度适宜，如果第5天照蛋时，还看不太清楚鸡胚的眼点，血管范围仅占蛋表面的3／4，说明温度偏低。如果胚胎眼点在第4天已明显可见，第5天血管几乎布满整个蛋表面，说明温度偏高。

（2）孵化10～11天时照蛋，尿囊血管布满了除气室外的整个蛋的表面和背面，称为“合拢”，也是孵化给温正常的重要标志，温度偏高，第9天尿囊就合拢，若不采取降温措施，将缩短孵化期，可能在19～20天出雏，孵化率下降，弱雏增加。反之在第12天才合拢，说明温度偏低，后期需要适当增加温度。

（3）孵化至第17天，也是检查和预测孵化效果好坏的标志，正常发育时，由于鸡胚体增大，占据了蛋的小头位置，照蛋时看上去是不透亮的，俗称“封门”，如果第16天就已“封门”，应尽快将孵化温度降低，仍能保证正常出雏。如第17天还未“封门”，就需提高温度。

2. 湿度

孵化器内的相对湿度对三黄鸡胚胎发育很重要，虽然鸡胚发育对环境相对湿度的适应范围要比温度的适应范围广，但保持孵化器内最适宜的相对湿度，才能保证孵化率的正常和雏鸡品质的健壮。否则，长期湿度过低，蛋内水分蒸发过快，容易引起胚胎和壳膜粘连，雏鸡个体小于正常；若湿度过大，蛋内水分蒸发过慢，影响胚胎的羊水、尿囊液的排泄，雏鸡的个体比正常大。无论相对湿度低于或高于最适宜范围，都会对胚胎的发育造成不良影响。孵化初期，适宜的环境湿度使胚胎受热良好，孵化后期有利于胚胎的散热，利于出壳，因为空气中的水分与二氧化碳作用，使蛋壳的碳酸钙变成碳酸氢钙，壳变脆。所以，出雏时，保持适当的湿度是十分重要的。

整批入孵在同一孵化器时，孵化初期的最适宜相对湿度为60%～65%，孵化第10～18天，胚胎要排泄羊水和尿囊液，湿度应降低，调整为50%～55%，出雏期间，相对湿度在出雏高峰之前应达到70%～75%，如出雏时湿度过低，出壳的雏鸡会粘有蛋污或蛋壳，或绒毛胶粘连在一起，并发生一定程度的脱水，但是湿度过高，会出现脐部收缩不良，特别是出雏时高温、高湿，很容易造成胚胎的大量死亡。

如果分批入孵，同一孵化器内有不同胚龄的种蛋，湿度可控制在50%～60%，出雏期间为60%～70%。

孵化期间温度和湿度有一定的影响，温度高则要求湿度低，而温度低则要求湿度高，在孵化的最后2天，要求降低温度，增加湿度，才能保证孵化率和健雏率。

3. 通风

通风换气好坏直接影响孵化效果。孵化过程也是雏鸡胚胎代谢过程。胚胎发育需要充足的氧气，同时也要排出大量的二氧化碳。

若通风换气不良，二氧化碳过多，常导致胚胎死亡增多，或引起胚胎畸形及胎位不正等异常现象，降低孵化率和雏鸡质量。要提高孵化率和雏鸡质量，孵化过程中必须注意通风。据测定，1个鸡蛋孵化成雏鸡，胚胎共吸入氧气4000～4500立方厘米，排出二氧化碳为3000～5000立方厘米。通风量大小根据胚胎发育阶段而定。孵化初期，胚胎需要的氧气不多，利用卵黄中的氧气就能满足，通风量可以少些，此时机器通气孔少打开点即可。一般孵化的头7天，每天换气2次，每次3小时。孵化中后期，胚胎逐渐长大，代谢旺盛，需要氧气和排出的二氧化碳增多，通风量应加大。一般入孵7天以后，或者连续孵化，机内有各期胚胎，应打开进出气孔进行不停地通风换气，尤其当机内有破壳出雏的情况下，更应持续换气，否则，容易使小鸡闷死。孵化室内也要注意通风。

4. 转蛋

据观察，抱窝鸡24小时用爪、喙翻动胚蛋达96次之多，这是生物本能。从生理上讲，蛋黄含脂肪多，比重较轻，胚胎浮于上面，如果长时间不翻蛋，胚胎容易粘连。转蛋的主要目的在于改变胚胎方位，防止粘连，促进羊膜运动。孵化器中的转蛋装置是模仿抱窝鸡翻蛋而设计的。但转蛋次数比抱窝鸡大大减少，因抱窝鸡的转蛋目的还在于调节内外胚蛋的温度。

（1）转蛋的次数和时间：一般每天转蛋6～8次。实践中常结合记录温、湿度，每2小时转蛋1次。也有人主张每天不少于10次，第一周至第二周转蛋更为重要，尤其是第一周。有关试验的结果：孵化期间（1～18天）不转蛋，孵化率仅29%；第1～7天转蛋，孵化率为78%；第1～14天转蛋，孵化率95%；第1～18天转蛋，孵化率为92%。在孵化第16天停止转蛋并移盘是可行的。这是因为孵化第12天以后，鸡胚自温调节能力已很强，同时孵化第14天以后，胚胎全身已覆盖绒毛，不转蛋也不至于引起胚胎贴壳粘连。

（2）转蛋角度：鸡蛋转蛋角度以水平位置前俯后仰各45°为宜。

5. 晾蛋

晾蛋的目的是散热、调节温度。特别是在胚胎发育后期，代谢旺盛、产热多，必须向外及时排出过剩的热量，以防胚胎“自烧”引起死亡。晾蛋还能提高胚胎的生活力，增强雏鸡的耐寒性、适应性，提高健雏率。一般鸡蛋入孵7天后开始晾蛋，晾蛋的方法根据孵化的方式而定。机器孵化时，一般采用关断电源、开气门鼓风晾蛋，天热时可开启机门，以加速晾蛋的过程。采取其他方式孵化时，可利用增减覆盖物或结合翻蛋进行晾蛋。晾蛋时间的长短应根据孵化日期及季节而定。早期胚胎及寒冷季节不宜多晾，以防胚胎受凉；后期胚胎及热天应多晾。一般冬天每天晾蛋1次，春、秋每天2次，每次5～15分钟；夏季每天2～3次，每次15～30分钟。晾蛋时间长短还应根据蛋温来决定。一般可用眼皮来试温，即以蛋贴眼皮，感到微凉（约30～33℃）就应停止晾蛋。

二、鸡蛋的胚胎发育

正常的乌骨鸡孵化期为20.5～21天，在整个孵化期内给予适当的温度，湿度、通风和翻蛋等孵化条件，雏鸡应在20～21天内破壳而出，在这个时间内出壳的小鸡，健雏率高，育雏期成活率高，孵化期延长或缩短都会对孵化率和雏鸡造成不良影响。孵化温度高、胚胎发育过快，则孵化期缩短，孵出的雏鸡呈脱水状态，1周龄内死亡率很高。孵化温度低，则孵化期延长，雏鸡的卵黄吸收不良，“大肚脐”雏鸡比例高，对雏鸡的健壮也不利。因此，需要了解乌骨鸡胚胎发育不同时期的主要特征，按照胚胎发育的状况给予相应的孵化条件，使胚胎的孵化期在20.5～21天之间。

乌骨鸡胚胎发育的主要特征如下：

第1天：受精的卵细胞，在产出的过程中，在输卵管内停留了约24小时，胚胎已经开始发育，卵细胞已进行了多次分裂。至种蛋产出体外时，鸡胚已发育为内、外胚层的原肠期，剖视受精蛋，肉眼可见形似圆盘状的胚盘。经第1天的孵化，胚盘直径约0.7厘米，在胚盘的边缘出现许多红点，称为“血岛”。

第2天：胚盘直径1厘米，卵黄囊，羊膜、绒毛膜开始形成，胚胎的头部从胚盘分离出来，血岛合并形成血管。入孵25小时后，心脏开始形成，30～42小时，心脏已经跳动，可见到卵黄囊血管区，形似樱桃，俗称“樱桃珠”。

第3天：胚长0.55厘米，尿囊开始长出，胚的位置与蛋的长轴成垂直，开始形成前后肢芽，眼的色素开始沉着，照蛋可见胚和伸展的卵黄囊血管，形似1只蚊子，俗称“蚊虫珠”。

第4天：胚和血管迅速发育，卵黄囊血管包围达1/3，胚胎的头部明显增大，肉眼可见尿囊、羊膜腔的形成，照蛋时蛋黄不容易转动，胚胎和卵黄囊血管形似1只蜘蛛，俗称“小蜘蛛”。

第5天：胚胎进一步增大，胚长约1.0厘米，眼有大量的色素沉着，照蛋可见明显的黑色眼点，俗称“单珠”或“黑眼”。

第6天：可见胚胎有规律地运动，蛋黄增大，卵黄囊分布在蛋黄表面的1/2以上，由于躯干部增大和头部形似2个小珠，俗称“双珠”。

第7天：胚胎已形成鸡的特征，尿囊液大量增加，胚胎自身已有体温。照蛋时由于胚在羊水中，不容易看清，血管布满半个蛋表面。

第8天：胚长已达1.5厘米，颈、背、四肢出现羽毛乳头，照蛋时见胚在羊水中浮动，背面蛋的两边蛋黄不容易晃动，俗称“边口发硬”。

第9天：剖检已可见心、肝、胃、肾、肠等器官发育良好，尿囊几乎包围整个胚胎，照蛋时见卵黄两边容易晃动，尿囊血管伸展越过卵黄囊，俗称“串筋”。

第10天：胚已长达2.1厘米，尿囊血管已伸展到蛋的小头，并且合拢，整个蛋布满血管，称为“合拢”。

第11天：胚进一步增大，尿囊液达到最大量，背部出现绒毛，血管变粗。

第12天：胚长已达3.5厘米，身躯长出绒毛，胃、肠、肾等已有功能作用，开始用嘴吞食蛋白。

第13天：鸡胚的绒毛、蹠趾角质等皮肤系统进一步发育完善，照蛋时蛋的小头发亮部分已逐步减少。

第14天：胚胎全身覆有绒毛，头向气室，胚胎改变与蛋的长轴垂直的位置，改为与蛋的长轴相一致。

第15天：胚胎已发育形成了鸡体内外的器官。

第16天：胚长约6厘米，明显可见冠和肉髯，大部分蛋白进入了羊膜腔。

第17天：羊水、尿囊液开始减少，躯干增大，脚、翅、颈变长，眼、头相应显得较小，两腿紧抱头部，喙向气室，蛋白全部进入羊膜腔，照蛋在小头看不见发亮的部分，俗称“封门”。

第18天：羊水、尿囊液进一步减少，头弯曲在右翼下，眼开始睁开，肺脏血管几乎形成，但还未进行肺呼吸，胚胎转身，喙朝气室，照蛋见气室倾斜，俗称“斜口”。

第19天：卵黄囊收缩将大部分蛋黄吸入腹腔，喙进入气室开始肺呼吸，颈、翅突入气室，头埋右翼下，两腿弯曲朝头部，呈抱物姿态，以便于破壳时撑张，发育比较早的鸡胚先破壳，可闻雏鸡鸣叫声。19天又18小时后，大批雏鸡已啄壳。

第20～21天：尿囊完全枯干，将全部蛋黄吸入腹腔，雏鸡啄壳后，沿着蛋的横径逆时针方向间隙破壳，直至横径2/3周长的裂缝时，头和双脚用力蹬挣，破壳而出。

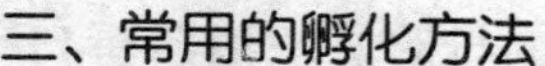

三、常用的孵化方法

孵化方法分自然孵化和人工孵化2种。自然孵化是利用母鸡的抱窝性孵化种蛋的方法；人工孵化是人为地创造适合鸡胚生长发育所需的各种孵化条件进行孵化的方法。但无论采取何种孵化方法，其孵化原理都是相同的，都要保证供给适宜的孵化温度、湿度，定期翻蛋、通风、晾蛋和照蛋。但是不同的孵化方法与孵化工艺，其工作量、劳动效率和孵化效果却不尽相同。自然孵化效率低，只适合少量生产使用。人工孵化中的电褥子孵化法、火炕孵化等孵化方式，虽然成本较低，但劳动量大，效率较低，不能满足规模化生产的要求。使用孵化器孵化鸡蛋，自动化程度也高，工作效率高，孵化率也相对较高，还节省了大量的劳动力资源，但需要投入的资金成本较高。养殖户可根据自己所具备的条件，选择一种适合的孵化方法。

（一）自然孵化法

自然孵化法是我国广大农村家庭养鸡一直沿用的方法，这种方法的优点是设备简单、管理方便、孵化效果好，雏鸡由于有母鸡抚育，成活率比较高。但缺点是孵量少、孵化时间不能按计划安排，因此，只限于饲养量不大的情况使用。

1. 抱窝鸡的选择

乌骨鸡抱窝性强，善于孵育小鸡，因此选择时要选择鸡体健康无病，大小适中的乌骨鸡。为了进一步试探母鸡的抱性，最好先在窝里放2枚蛋，试抱3～5天，如果母鸡不经常出窝，就是抱性强的表现。

2. 孵化前的准备

（1）选择种蛋：种蛋在入孵前应按种蛋的标准进行筛选，不合格的种蛋不要入孵。

（2）准备巢窝：一只中等体型的母鸡，一般孵蛋11～15枚，以鸡体抱住蛋不外露为原则。鸡窝用木箱、竹筐、硬纸箱等均可，里面应放入干燥、柔软的絮草。鸡窝最好放在安静、凉爽、比较暗的地方。入孵时，为使母鸡安静孵化，最好选择晚上将孵蛋母鸡放入孵化巢内，并要防止猫、鼠等的侵害。

（3）消毒入孵：将选好的种蛋用0.5%的高锰酸钾溶液浸泡2分钟消毒。

3. 孵化期管理

（1）就巢母鸡的饲养管理：首先对抱窝鸡进行驱虱，可用除虱灵抹在鸡翅下。以后每天中午或晚上提出母鸡喂食、饮水、排粪，每次20分钟。有些抱窝母鸡不愿离巢，应强制捉出，让其在室外吃食、饮水和排粪。窝中有被粪便污染的种蛋或被踩破的种蛋，应立即取出，将被污染的种蛋洗净后再放回。

（2）照蛋：孵化过程中分别于第7天和第18天各验蛋1次，将无精蛋、死胚蛋及时取出。

（3）出雏：出壳后应加强管理将出壳的雏鸡和壳随时取走。为使母鸡安静，雏鸡应放置在离母鸡比较远的保暖地方，待出雏完毕、雏鸡绒毛干后接种疫苗，然后将雏鸡放到母鸡腹下让母鸡带领。

（4）清扫：出雏结束立即清扫、消毒窝巢。

（二）人工孵化法

1. 电褥子孵化法

目前使用电褥子孵鸡比较为普遍，效果比较好。

（1）孵化设备及用具：用双人电褥子（规格为95厘米×150厘米）两条、垫草、火炕、棉被、温度计等。

（2）孵化操作方法：双人的电褥子一条铺在火炕上（停电时可烧炕供温），火炕与电褥子之间铺设2～3厘米厚的垫草，电褥子上面铺一层薄棉被，接通电源，预热到40℃。然后将种蛋大头向上码放在电褥子上边，四周用保温物围好，上边盖棉被，在蛋之间放1支温度计，即可开始孵化。另一条电褥子放在铺有垫草的摊床上备用。

孵化室的温度要求在27～30℃。蛋的温度要求：入孵1～3天38.5～40℃，4～10天38～39℃，11～19天37.5～38.5℃，20～21天38～39℃。

孵蛋的温度用开闭电褥子电源的方法来控制，每半小时检查1次。湿度用往地面洒水或在电褥上放小水盆等方法来调节，一般相对湿度为60%～75%。用2个电褥子可连续孵化，等第1批孵化到11天时移到摊床上的电褥子进行孵化，炕上的电褥子可以继续入孵新蛋。摊床上雏鸡出壳后，第二批蛋再移到摊床上的电褥子进行孵化。如此反复循环，每批可孵化400～500枚蛋。

在孵化过程中，每3～4小时翻蛋1次，同时对调边蛋和心蛋的位置。晾蛋从第13天开始，每天晾蛋1～2次，17天时加强通风晾蛋，第20天时停止翻蛋、晾蛋等待出雏。

2. 火炕孵化法

火炕孵化是农村传统的孵化方法之一。为了增加孵化量，提高房间的利用率，在一般住房内两侧砌造火炕，中间留有走道，炕上设两层出雏层。在房外设炉灶，火烟通过火炕底道由另一端烟筒排出，使炕面温度达到均匀平衡。炕上放麦秸、铺苇席。出雏层用木头作支架吊在房梁上，将秫秸平摊，上面铺棉絮，四面不靠墙。

（1）孵化设备及用具：主要包括孵化室、火炕、摊床、蛋盘等。

①孵化室：如果专门建造孵化室要规格化；顶棚距地面3.6米以上，以便于在炕上设摊床。

孵化室的大小视孵化规模而定，一般火炕面积为30平方米。1个孵化室里有2个火炕和摊床，每隔7天可上一批蛋；有3个火炕及摊床，可每隔5天入孵一批种蛋。孵化室保温性能要好，要有天窗、天棚。如果小规模孵化，可用普通住房代替。普通住房一间，用泥沙抹好，室内、棚顶糊严，挂上门帘，以防透风。整个孵化室只留一个小窗，以便调节室内空气。

②火炕：火炕是整个孵化过程中的热源。火炕用砖砌成，高0.5～0.6米，宽度应能对放2枚蛋盘，四周再留出0.2米宽的空间，以便盖被，长度根据生产规模而定。炕面四周用单砖砌成0.34米高的围子，以利保温和作为上摊操作的踏板。炕必须好烧，不漏烟、不冒烟。孵化量大应搭2个铺炕，南炕为热炕，北炕为温炕。

③摊床：摊床又叫棚架，设在炕的上方，约距炕上方1米左右，可根据情况设一层或二层，两层间隔0.6～1米。先在炕上方用木杆搭个棚架，其高度以孵化人员来往不碰头为宜，宽度比炕面窄些，长度根据孵化量而定。床面用秫秸铺平，再铺上稻草和棉被保温。也可用秫秸作床底，然后糊上纸，再铺上棉被和麻袋片。为防止种蛋或鸡雏滑落在地上，床面四周用秫秸秆或木板围成高10厘米的围子，摊床架要牢固，防止摇动。

④蛋盘：可用木板做成长方形盘，盘底钉上方孔铁丝网或纱布，孵化时，将种蛋平摆于蛋盘内，每盘装50～100枚蛋，每次可孵化5000～10000枚蛋。

此外，还要准备好灯、棉被、被单、火炉、温度计、手电、照蛋器等孵化用具。

（2）孵化操作方法

①试温：在入孵的前3～4天应烧炕试温，使室温达到25℃左右，用温度计测试一下火炕各处的温度是否均匀，并做好标记。

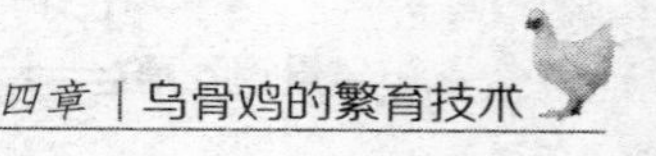

对温度高的地方要铺干沙和土进行调整，直到各处温度基本均衡为止。在试温时，要注意火炕达到所需要的温度时使用的燃料量，积累一些经验。一般炕温在停火后2小时达到高峰。因此，烧炕时切不可一直烧到所需的温度，否则，2小时以后要超温，影响孵化效果。

②入孵：按次序一盘一盘地将蛋盘平放在炕面上，上面用棉被盖好。装蛋之前，先用铁丝筛盛蛋，放入42～45℃的热水中洗烫7～8分钟，进行消毒预温。

1～2天温度为41.5～41℃，3～5天温度为39.5℃，6～11天温度为39℃，12天温度为38℃，13～14天温度为37.5℃，15～16天温度为38℃，17～21天温度为37.5℃。

室内的湿度靠炉火上的水壶溢气调节，相对湿度保持在60%～65%。入孵开始几个小时内，蛋面温度不宜升得太快，入孵后12小时以达到标准温度为宜。为了使炕温保持稳定，每隔4小时烧1次炕，定量加入燃料，以防炕温忽高忽低。入孵后每15～20分钟检查1次温度（测量蛋温的温度计放在蛋中间，炕的不同位置都要放温度计）。每天通风2～3次。为了不影响孵化温度，通风前要适当提高室内温度。

若2个炕流水作业，按先后时间，分别控制不同温床，先批入孵的炕温为38～39℃，转移到另一炕上，温度保持在37.5℃。初学孵化时，要靠温度表掌握温度，温度表分别放在炕面和种蛋上，有经验以后，可以不用温度计，靠感觉或把蛋置于眼皮上的感觉估量，可以相当准确。

③倒盘与翻蛋：种蛋上炕入孵后每小时倒1次盘，即上下、前后、左右各层蛋盘互换位置。在整个孵化期间，每天要揭开棉被翻蛋6～8次，翻蛋时把盘中间的蛋移到两边，把两边的移到中间。由于手工翻蛋时间较长，也就等于晾蛋了。

④照蛋：火炕孵化共照蛋2次。第1次在入孵后的第5天进行照蛋。照蛋前应稍升高炕温和室温（0.5～1℃）。第2次照蛋在11天进行。然后上摊。

⑤上摊孵化：炕孵12天后，转入摊床孵化，上摊前将孵化室内的温度升高到28～29℃，将蛋盘中的胚蛋取出放到摊床上，开始时可堆放2～3层，盖好棉被，待蛋温达到标准温度后，逐渐减少堆放层数。上摊后每15～20分钟检查1次蛋温，每2小时翻蛋1次。第18天后将种蛋大头向上立起，单层摆放，等待出雏。

（3）注意事项：火炕孵鸡成功与否，关键在于控制好温度。控制温度，一是通过烧炕；二是通过增减覆盖物。刚入孵，外界气温低时，炕应多烧一点，用棉被把种蛋盖严；入孵中后期，或外界气温高时，应少烧，同时减少覆盖物。在烧炕时，当炕温高了或继续升高时，应立即停火，并除掉灶内余火，同时掀起棉被。切记炕温不能超过60℃。

3. 塑料薄膜热水袋孵化法

塑料薄膜热水袋孵化法是近年来兴起的一种孵禽法。这种方法温度容易调节，孵化效果好，成本低，简单易行。

（1）孵化设备及用具：普通火炕，根据孵化量制作1～2个长方形木框（长165厘米、宽82.5厘米、高16.5厘米），棉被、棉毯、被单数条，温度计数个、塑料薄膜水袋（用无毒塑料薄膜制作，应长于长方形木框，其宽与木框相同）等。

（2）孵化法：把木框平放在炕上（炕要平、不漏烟、各处散热均匀），框底铺2层软纸，将塑料水袋平放在框内，框内四周与塑料薄膜热水袋之间塞上棉花及软布保温，然后往塑料薄膜热水袋中注入40℃温水（以后加的水始终要比蛋温高0.5～1℃），使水袋鼓起13厘米高。把种蛋平放在塑料薄膜热水袋上面，每个蛋盘装300～500枚种蛋。温度计分别放在蛋面上和插入种蛋之间，用棉被把种蛋盖严。种蛋的温度主要靠往水袋里加冷、热水来调节。整个孵化期内只注入1～2次热水即可。在必要情况下，也可以在开始入孵时，把炕烧温，这样能延长水袋中的水保温时间。每次注入热水前，先放出等量的水，使水袋中的水始终保持恒温。火炕可不必烧得太热。

从入孵到第14天，蛋面温度要保持在38～39℃（第1周为39～38.5℃，第2周为38.5～38℃），但不得超过40℃。第15天到出雏前2天，蛋面温度应保持在38～37.5℃，在临出雏前3～5天，用木棒把棉被支起来，使蛋面与棉被之间有个空隙，以便通风换气。整个孵化期间，室内温度要保持在24℃左右，室内湿度以人不感觉干燥为宜，若太干燥，可往地面洒水。

入孵1～15天，每昼夜翻蛋3～4次；第16～19天，每昼夜翻蛋4～6次。翻蛋时应注意互换位置，在孵化量大、蛋床多时，要把第1床种蛋逐个拣到第2床，第2床拣到第3床，第3床拣到第1床上。孵化量小时，可用双手将种蛋有次序地从水袋一端向另一端轻轻推去，使种蛋就地翻动一下。胚蛋发育到中、后期，自身热量逐渐增大，同时产生大量污浊气体，通过晾蛋和翻蛋可散发多余热量，排除污浊气体。胚蛋在低温刺激下，能促进胚胎发育，增强雏鸡适应外界环境的能力。前期晾蛋可结合翻蛋进行，每次约10分钟，后期每次15～20分钟。第19天时，将蛋大头向上摆放，等待出雏。

4. 机器孵化法

（1）孵化前的准备工作

①准备好所有用品：入孵前1周应把一切用品准备好，包括照蛋器、干湿温度计、消毒药品、马立克疫苗、装雏箱、注射器、清洗机、易损电器元件、电动机、皮带、各种记录表格、保暖或降温设备等。

②温度校正与试机：新孵化机安装后，或旧孵化机停用一段时间，再重新启动，都要认真校正检验各机件的性能，尽量将隐患消灭在入孵前。

（2）种蛋的预热：入孵前把种蛋放到不低于22～25℃的环境下4～9小时或12～18小时预热，能使胚胎发育从静止状态中逐渐苏醒过来，减少孵化器温度下降的幅度，除去蛋表凝水，可提高孵化率。在整机入孵时，温度从室温升至孵化规定温度需8～12小时，就等于预热了，不必再另外预热。

（3）码盘：码盘即种蛋的装盘，即把种蛋一枚一枚放到孵化器蛋盘上再放入机器内孵化。人工码盘的方法是：挑选合格的种蛋大头向上，小头向下一枚一枚的放在蛋盘上。若分批入孵，新装入的蛋与已孵化的蛋交错摆放，这样可相互调温，温度比较均匀。为了避免差错，同批种蛋用相同的颜色标记，或在孵化盘贴上胶布注明。种蛋码好后要对孵化机、出雏机、出雏盘及车间的空间进行全面消毒。

（4）入孵：入孵的时间应在下午4～5时，这样可在白天大量出雏，方便进行雏鸡的分级、性别鉴定、疫苗接种和装箱等工作。

（5）孵化管理

①温度、湿度调节：入孵前要根据不同的季节和前几次的孵化经验设定合理的孵化温度、湿度，设定好以后，旋钮不能随意扭动。刚入孵时，开门上蛋会引起热量散失，同时种蛋和孵化盘也要吸收热量，这样会造成孵化器温度暂时降低，经3～6个小时即可恢复正常。孵化开始后，要对机器的温度和湿度、门表温度和湿度进行观察记录。一般要求每隔半个小时观察1次，每隔2个小时记录1次，以便及时发现问题，尽快处理。有经验的孵化人员，要经常用手触摸胚蛋或将胚蛋放在眼皮上测温，实行“看胚

施温”。正常温度情况下，眼皮感温要求微温，温而不凉。

②通风换气：在不影响温度、湿度的情况下，通风换气越通畅越好。在恒温孵化时，孵化机的通气孔要打开一半以上，落盘后全部打开。变温孵化时，随着胚胎日龄的增加，需要的氧气量逐渐增多，所以要逐渐开大排气孔，尤其是孵化第14～15天以后，更要注意换气、散热。

③翻蛋：入孵后12个小时开始翻蛋，每2个小时翻蛋1次，1昼夜翻蛋12次。在出雏前3天移入出雏盘后停止翻蛋。孵化初期适当增加翻蛋次数，有利于种蛋受热均匀和胚胎正常发育。每次翻蛋的时间间隔要求相等，翻蛋角度以水平位置前俯后仰各45°为宜，翻蛋时动作要轻、稳、慢。

④照蛋：一个孵化期中，一般进行2～3次照蛋。3次照蛋的时间是：头照5天；二照10～11天；三照17天。

第一次照蛋：在入孵后5天进行，以及时剔出无精蛋、死胚蛋、弱胚蛋和破蛋。

活胚蛋可见明显的血管网，气室界限明显，胚胎活动，蛋转动胚胎也随着转动，剖检时可见到胚胎黑色的眼睛。受精蛋孵到第5天，若尚未出现“单珠”，说明早期施温不够；若提早半天或1天出现“单珠”，说明早期施温过高。若查出温度不够或过高，都应及时做适当调整。正常的发育情况是，在照蛋器透视下，胚蛋内明显地见到鲜红的血管网，以及1个活动的位于血管网中心的胚胎，头部有一黑色素沉积的眼珠。若系发育缓慢一点的弱胚，其血管网显得微弱而清淡。

没有受精的蛋，仍和鲜蛋一样，蛋黄悬在中间，蛋体透明，旋转种蛋时，可见扁形的蛋黄悠荡飘转，转速快。

弱胚蛋胚体小，黑色眼点不明显，血管纤细，有的看不到胚体和黑眼点，仅仅看到气室下缘有一定数量的纤细血管。

死胚蛋可见不规则的血环或几种血管贴在蛋壳上，形成血圈、血弧、血点或断裂的血管残痕，无放射形的血管。

第二次照蛋：一般在入孵后第10～11天进行，主要观察胚胎的发育程度，检出死胚。种蛋的小头有血管网，说明胚胎发育速度正好。死胚蛋的特点是气室界限模糊，胚胎黑团状，有时可见气室和蛋身下部发亮，无血管，或有残余的血丝或死亡的胚胎阴影。活胚则呈黑红色，可见到粗大的血管及胚胎活动。

第三次照蛋：三照在17天进行，目的是查明后期胚胎的发育情况。发育好的胚胎，体形更大，蛋内为胎儿所充满，但仍能见到血管。颈部和翅部突入气室。气室大而倾斜，边缘成为波浪状，毛边（俗称“闪毛”）;在照蛋器透视下，可以观察到胎儿的活动。死胎则血管模糊不清，靠近气室的部分颜色发黄，与气室界线不十分明显。

⑤落盘：孵化到第18～19天时，将入孵蛋移至出雏箱，等候出雏，这个过程称落盘。要防止在孵化蛋盘上出雏，以免被风扇打死或落入水盘溺死。

⑥出雏和捡雏：孵满20天便开始出雏。出雏时雏鸡呼吸旺盛，要特别注意换气。

捡雏分3次进行。第一次在出雏30%～40%时进行，第二次在出雏60%～70%时进行，第3次全部出雏完时进行。出雏末期，对少数难于出壳的雏鸡，如尿囊血管已经枯萎者，可人工助产破壳。在正常情况下，种蛋孵满21天，出雏即全部结束。每次捡出的雏鸡放在分隔的雏箱或雏篮内，然后置于22～25℃的暗室中，让雏鸡充分休息。

⑦清扫消毒：为保持孵化器的清洁卫生，必须在每次出雏结束后，对孵化器进行彻底清扫和消毒。在消毒前，先将孵化用具用水浸润，用刷子除掉脏物，再用消毒液消毒，最后用清水冲洗

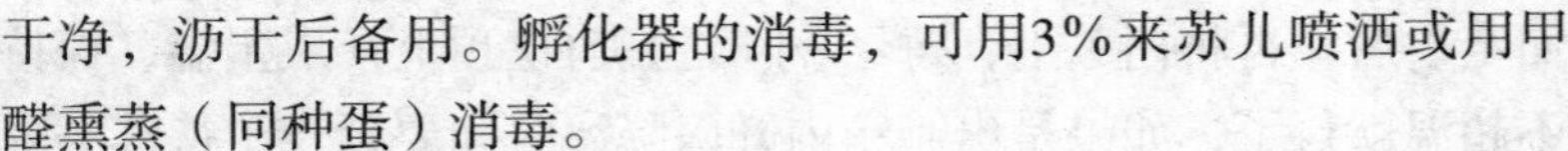

干净，沥干后备用。孵化器的消毒，可用3%来苏儿喷洒或用甲醛熏蒸（同种蛋）消毒。

⑧雏鸡出壳前后管理

Ⅰ.雏鸡出壳前:落盘时手工将种蛋从孵化蛋盘移到出雏盘内，操作中室温要保持在25℃左右，动作要快，在30～40分钟内完成每台孵化机的出蛋，时间太长不利胚胎发育。适当降低出雏盘的温度，温度控制在37℃左右。适当提高湿度，湿度控制在70%～80%。

Ⅱ.雏鸡出壳后:鸡孵化到20天大批破壳出雏，整批孵化的只要捡2次雏即可清盘；分批入孵的种蛋，由于出雏不整齐则每隔4～6小时捡1次。操作时应将脐带吸收不好、绒毛不干的雏鸡暂留出雏机内。提高出雏机的温度0.5～1℃，鸡到21.5天后再出雏作为弱雏处理。鸡苗出壳24小时内做马立克疫苗免疫，并在最短时间内将雏鸡运到育雏舍。

（6）孵化过程中停电的处理：要根据停电季节，停电时间长短，是规律性的停电还是偶尔停电，孵化机内鸡蛋的胚龄等情况，采取相应的措施。

①早春，气温低，室内若没有取暖设备，室温度仅5～10℃，这时孵化机的进、出气孔一般是全闭着的。如果停电时间在4小时之内，可以不必采取什么措施。如果停电时间较长，就应在室内增加取暖设备，迅速将室温提高到32℃。如果有临出壳的胚蛋，但数量不多，处理办法与上述相同。如果出雏箱内蛋数多，则要注意防止中心部位和顶上几层胚蛋超温，发觉蛋温烫眼时，可以调一调蛋盘。

②电孵机内的气温超过25℃，鸡蛋胚龄在10天以内的，停电时可不必采取什么措施，胚龄超过13天时，应先打开门，将机内温度降低一些，估计将顶上几层蛋温下降2～3℃（视胚龄大小

而定）后，再将门关上，每经2小时检查1次顶上几层蛋温，保持不超温就行了，如果是出雏箱内开门降温时间要延长，待其下降3℃以上后再将门关上，每经1小时检查1次顶上几层蛋温，发现有超温趋向时，调一下盘，特别注意防止中心部位的蛋温超高。

③室内气温超过30℃停电时，机内如果是早期的蛋，可以不采取措施，若是中、后期的蛋，一定要打开门（出、进气孔原先就已敞开），将机内温度降到35℃以下，然后酌情将门关起来（中期的蛋）或者门不关紧，尚留一条缝（后期的蛋），每1小时检查1次顶上几层的蛋温。若停电时间比较长，或者是停电时间不长，但几乎每天都有规律地暂短停电（如2～3小时），就得酌情每天或每2天调盘1次。

为了弥补由于停电所造成的温度偏低（特别是停电较多的地区），平时的孵化温度应比正常所用的温度标准高0.28℃左右。这样，尽管每天短期停电，也能保证鸡胚在第21天出雏。

（7）提高种蛋孵化率的关键

①运输管理：种蛋进行孵化时，需要长途运输，这对孵化率的影响非常大，如果措施不到位，常会增加破损，引起种蛋系带松弛、气室破裂等，从而导致种蛋孵化率降低。

种蛋运输应有专用种蛋箱，装箱时箱的四壁和上、下都要放置泡沫隔板，以减少运输途中的振荡。每箱一般可装3层托盘，每层托盘间也应有纸板或泡沫隔板，以降低托盘之间的相互碰撞。

种蛋运输过程中应避免日晒雨淋，夏、春季节应采用空调车，运蛋车应做到快速平稳行驶，严防强烈振动，种蛋装卸也应轻拿轻放，防止振荡导致卵黄膜破裂。种蛋长途运输应采用专用车，避免与其他货物混装。

②加强种蛋储存管理：种蛋产下时的温度高于40℃，而胚胎

发育的最佳温度为37～38℃，种蛋储存最好在“生理零度”的温度之下。

研究表明，种蛋保存的理想环境温度是13～16℃，高温对种蛋孵化率的影响很大，当储存温度高于23℃时，胚胎即开始缓慢发育，会导致出雏日期提前，胚胎死亡增多，影响孵化率，当储存温度低于0℃时，种蛋会因受冻而丧失孵化能力。保存湿度以接近蛋的湿度为宜，种蛋保存的相对湿度应控制在75%～80%。如果湿度过高，蛋的表面回潮，种蛋会很快发霉变质；湿度过低，种蛋会因水分蒸发而影响孵化率。

种蛋储存应有专用的储存室，要求室内保温隔热性能好，配备专用的空调和通风设备。并且应定期消毒和清洗，保存储存室可以提供最佳的种蛋储存条件。种蛋储存时间不能太长，夏季3天以内，其他季节5天以内，最多不超过7天。

③不要忽视装蛋环节：孵化前装蛋应再次挑蛋，在装蛋时一边装一边仔细挑选，把不合格的种蛋挑选出来。种蛋应清洁无污染；蛋形正常，呈椭圆形，过长、过圆等都不适宜使用；蛋的颜色和大小应符合品种要求，过小、过大都不应入孵；蛋壳表面致密、均匀、光滑、厚薄适中，钢皮蛋、沙壳蛋、畸形蛋、破壳蛋和裂蛋等都要及时剔除。装蛋时应轻拿、轻放，大头朝上。种蛋装上蛋架车后，不要立即推入孵化机中，应在20～25℃环境中预热4～5小时，以避免温度突然升高给胚胎造成应激，降低孵化率。

为避免污染和疾病传播，种蛋装上蛋架车后，应用新洁尔灭或百毒杀溶液进行喷雾消毒。

④控制好孵化的条件

Ⅰ. 温度：鸡胚对温度非常敏感，温度必须控制在一个非常窄的范围内。胚胎发育的最佳温度是37～38℃，若温度过高，胚胎代谢过于旺盛，产生的水分和热量过多，种蛋失去的水分过多，可导致死胚增多，孵化率和健苗率降低；温度过低，胚胎发育迟缓，延长孵化时间使胚胎不能正常发育，也会使孵化率和健苗率降低。

胚胎的发育环境是在蛋壳中，温度必须通过蛋壳传递给胚胎，而且胚胎在发育中会产生热量，当孵化开始时产热量为零，但在孵化后期，产热量则明显升高。因此，孵化温度的设定采取“前高、中平、后低”的方式。

Ⅱ. 湿度：胚胎发育初期，主要形成羊水和尿囊液，然后利用羊水和尿囊液进行发育。孵化初期，孵化机内的相对湿度应偏高，一般设定在60%～65%，孵化中期孵化机内的相对湿度应偏低，一般设定在50%～55%。

Ⅲ. 通风换气：孵化机采用风扇进行通风换气，一方面利用空气流动促进热传递，保持孵化机内的温度和湿度均匀一致；另一方面供给鸡胚发育所需要的氧气和排出二氧化碳及多余的热量。孵化机内的氧气浓度与空气中的氧气浓度达到一致时，孵化效果最理想。研究表明，氧气浓度若下降1%，则孵化率降低5%。

Ⅳ. 翻蛋：翻蛋可使种蛋受热均匀，防止内容物粘连蛋壳和促进鸡胚发育。在孵化阶段（0～18天）通常翻蛋频率以2小时1次为宜。对于孵化机的自动翻蛋系统，应经常检查其工作是否正常，发现问题要及时解决。

Ⅴ. 出雏：通常情况下，种蛋孵化到第18天时，应从孵化机中移出，进行照蛋，挑出全部坏蛋和死胚蛋，把活胚蛋装入出雏箱，置于车架上推入出雏机直到第21天。出雏阶段的温度控制在36～37℃；湿度控制在70%～75%，因为这样的湿度既可防止绒毛黏壳，又有助于空气中的二氧化碳在较大的湿度下使蛋壳中的碳酸钙变成碳酸氢钙，使蛋壳变脆，利于雏鸡破壳；同时，保持良好的通风，也可以保证出雏机内有足够的氧气。在第21天大批雏鸡捡出后，少量尚未出壳的胚蛋应合并后重新装入出雏机内，适当延长其发育时间。出雏阶段的管理工作非常重要，温度、湿度、通风等一旦出现问题，即使时间较短，也会引起雏鸡的大批死亡。

（8）孵化场的卫生管理

①孵化厅卫生标准：孵化室更衣室、淋浴间、办公室、走廊地面清洁无垃圾，墙壁及天花板无蜘蛛网、无灰尘绒毛，地面保持火碱溶液或其他消毒剂的新鲜度。顶棚无凝集水滴，地面清洁，无蛋壳等垃圾，无积水存在，值班组人员每次交班之前10分钟用消毒剂拖地一遍，接班人员监督检查。

孵化室、出雏室地沟、下水道内清洁，无蛋壳及绒毛存留，每周2次用2%火碱溶液消毒。

拣雏室内地面无蛋壳、绒毛存在，冲刷间干净整洁，浸泡池内无垃圾。发雏厅及接雏厅每次发放完雏鸡后，无蛋壳、鸡毛等垃圾存在，并用2%火碱溶液彻底消毒。

孵化间、出雏间、缓冲间内的物品摆放整齐有序，地面无垃圾，每周至少消毒2次。纸箱库内物品分类摆放，整齐有序，地面干净整洁。

夏季使用湿帘或水冷空调降温时，及时更换循环用水，保持水的清洁卫生，必要时加入消毒剂。

室内环境细菌检测达合格标准。

②孵化器、出雏器卫生标准：孵化器内外、机顶干净整洁，无灰尘、无绒毛。壁板及器件光洁无污染。底板无蛋壳、蛋黄、绒毛及灰尘。加湿盘内无铁锈、蛋壳等垃圾，加湿滚筒清洁无污物。风筒内无灰尘，风扇叶无灰尘、无绒毛，温、湿度探头上无

灰尘、无绒毛。

控制柜内清洁卫生，无绒毛、灰尘、杂物。电机（风扇电机、翻蛋电机、风门电机、冷却电机、加湿电机）上无灰尘、无绒毛、无油污。入孵前细菌检测达合格标准。

③孵化场区隔离生产管理办法：未经允许，任何外人严禁进入孵化室。允许进入孵化室的人员，必须经过洗澡更衣，换鞋，有专人引导，并且按照一定的行走路线入内。

孵化室人员，除平时休班外，严禁外出，休班回场必须洗澡消毒更衣，换鞋。维修人员进入孵化室，须洗澡更衣，换鞋后方可进入。严禁携带其他动物、禽鸟及其产品进入孵化室。

接雏车辆需经过火碱液、喷雾消毒后才能进入孵化场。接雏人员只能在接雏厅停留，严禁进入其他区域，由雏鸡发放员监督。

运送种蛋的车辆需经彻底的消毒后再进入孵化场。每次雏鸡发放结束后，全面打扫存放间、发雏室、接雏厅、客户接雏道路并用2%的火碱溶液全面喷洒消毒。

及时处理照蛋、毛蛋及蛋壳，不得在孵化厅、室存放过夜。

进入孵化厅的物品须经有效的消毒处理后方可带进。孵化室的备用工作服在每次使用后，立即消毒清洗。

外来人员离开孵化室后，其所经过的区域，用2%的火碱溶液喷雾消毒。定期清理孵化场周围的垃圾等杂物，每个月消毒1次。定期投放鼠药，减少鼠类对孵化场设备、种蛋的损害。

（三）孵化不良原因的分析

孵化不良的原因有先天性和后天性的2大类。每一类中，尚存在许多具体的因素。

1. 影响种蛋受精率的因素

种蛋受精率，高的应在90%以上，一般应在80%以上。若受

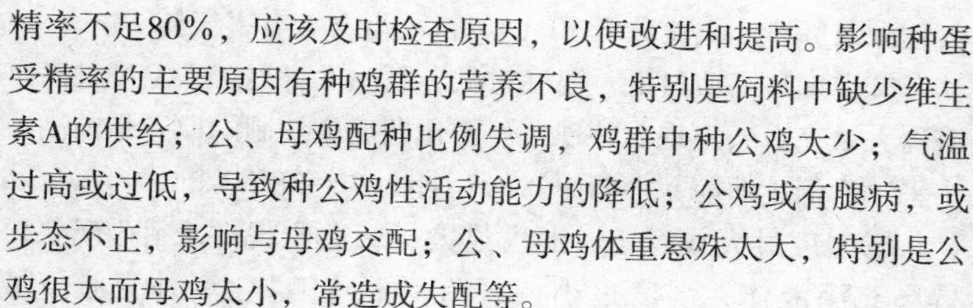

精率不足80%，应该及时检查原因，以便改进和提高。影响种蛋受精率的主要原因有种鸡群的营养不良，特别是饲料中缺少维生素A的供给；公、母鸡配种比例失调，鸡群中种公鸡太少；气温过高或过低，导致种公鸡性活动能力的降低；公鸡或有腿病，或步态不正，影响与母鸡交配；公、母鸡体重悬殊太大，特别是公鸡很大而母鸡太小，常造成失配等。

2. 孵化期胚胎死亡的原因

鸡蛋在孵化期常出现胚胎死亡现象，给养殖户造成损失。引起胚胎死亡的原因是多方面的。

（1）孵化前期（1～5天）

①种蛋被病菌污染：病菌主要是大肠杆菌、沙门杆菌等，或经母体侵入种蛋，或捡蛋时未妥善处理，被病菌直接感染，造成胚胎死亡。因此种蛋在产后1小时内和孵化前都要严格消毒。

②种蛋保存期过长：陈蛋胚胎在孵化开始的2～3天内死亡，剖检时可见胚盘表面有泡沫出现、气室大、系膜松弛，因此种蛋应在产后7天内孵化为宜。

③剧烈震动：运输中种蛋受到剧烈震动，致使系膜松弛、断裂、气室流动，造成胚胎死亡。因此，种蛋在转移时要做到轻、快、稳，运输过程中做好防震工作。

④种蛋缺乏维生素A：胚胎缺乏必需的营养成分导致死亡，在种鸡饲养时应保证日粮营养丰富、全面。

（2）孵化中期（6～13天）：胚胎中期死亡主要表现为胚位异常或畸形。主要是种蛋缺乏维生素D、维生素B_2所致。应该加强种鸡的饲养。

（3）孵化后期（14～16天）

①通风不良，缺氧窒息死亡：剖检可见脏器充血或瘀血，羊水中有血液。因此，必须保持孵化室内通风良好，空气清新，氧

气达到21%，二氧化碳低于0.04%，不得含有有害气体。

②温度过高或过低：温度过低，胚胎发育迟缓；温度过高，脏器大量充血，出现血肿现象。孵化期温度控制的原则是前高、中平、后低，即前、中期为38℃后期为37～38℃。

③湿度过大或过小：湿度过大，胚胎出现“水肿”现象，胃肠充满液体；湿度过小，胚胎“木乃伊”化，外壳膜、绒毛干燥。湿度控制原则是两头高、中间低，即前期湿度为65%～70%，中期为50%～55%，后期为65%～75%。

（4）出雏（17～18天）：出雏死亡表现为未啄壳或虽啄壳但未能出壳而导致死亡。原因是种蛋缺乏钙、磷；喙部畸形。

综合以上原因可知，前期鸡胚胎死亡主要是因为种蛋不好，或因内源性感染，中期主要是营养不良，后期主要是孵化条件不良所致。养殖户应对症下药，加强管理，积极预防，以取得最大的经济效益。

四、雏鸡的分级与存放

1. 强弱分级

雏鸡品质的健壮与否，对乌骨鸡饲养效益关系重大。健康良好的雏鸡是培育优良的后备种鸡、商品鸡成活率高和增重快的前提条件，许多饲养户都非常重视雏鸡的选择。

雏鸡经性别鉴定后（方法见前述），即可按体质强弱进行分级。

挑选雏鸡健雏与弱雏的方法主要通过看、摸、听。从羽毛、外貌、腹部、脐部、雏鸡活力与鸣叫声、体重等进行综合评判。

健雏精神活泼，眼大有神，绒毛整洁、光亮，腹部柔软，蛋黄吸收良好，两足站立结实，体重符合本品种标准，胫趾色素鲜浓。用手抓握，感到饱满有膘，温暖而有弹性，挣扎有力，鸣叫声响亮，雏鸡大小一致。

弱雏精神呆滞，眼小嗜睡，两足站立不稳，脐带愈合不良或带血，过小，绒毛蓬乱，肛门周围有时粘有黄白色稀粪。

除弱雏外，还有一些喙、眼、腿有残疾或畸形的雏鸡，蛋黄吸收不良，肛门周围粘着粪便的雏鸡及过于软弱的雏鸡，均不容易养活，还容易传染疾病，应及时、全部淘汰。

被选择出来的称为弱雏，如果弱雏也要饲养时，应把好次分群饲养，千万不要把强雏和弱雏混合饲养。因为混群饲养时，强欺弱，次鸡会因饮食不能满足而得病死亡。

2. 雏鸡存放

雏鸡存放室的温度较温暖，一般要求室温在24～28℃，通风良好并且无穿堂风。雏鸡盒的码放高度不能太高，一般不超过10层，并且盒与盒之间有缝隙，以利于空气流通。不要把雏鸡盒放在靠暖气、窗户处，更不能日晒、风吹、雨淋。雏鸡应当尽快运到鸡场，越早运到饲养场，饲养效果越好。

第五章 乌骨鸡的饲养管理

饲养乌骨鸡为了节省劳动力和减少鸡的应激，多采用分段式饲养，即采用一段式饲养方式（从1日龄直至出栏均在同一鸡舍内完成，只是根据养殖日龄适当调整养殖密度）、两段式饲养方式（即雏鸡在育雏舍内一直养到6周龄脱温后，转入种鸡舍或转入放养地进行饲养）、三段式饲养方式（生产区内有育雏、育成、育肥、种鸡舍）。养殖者可根据自己喜欢的方式进行选择。

第一节　育雏阶段的饲养管理

许多养殖户成功的实践证明，育雏效果的好坏，不仅直接影响雏鸡的生长发育和成活率，还关系着乌骨鸡的整个生长过程。因此，养好乌骨鸡必须根据雏鸡的生理特点和生活习性进行科学的饲养和精心的管理，既满足雏鸡生长发育所需要的各种营养物质，又要给雏鸡创造一个适宜的生活环境。

一、雏鸡的生理特点

育雏期（0～6周龄）是乌骨鸡比较特殊、难养的饲养阶段，乌骨鸡雏除具有体型较其他鸡小，反应比其他鸡迟钝，不知饥饱，怕惊吓外，也具有其他雏鸡的生理特点。因此，了解和掌握雏鸡的生理特点，对于科学育雏至关重要。

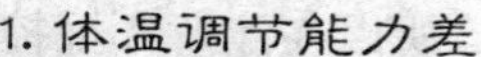

1. 体温调节能力差

雏鸡个体小，自身产热量少，绒毛稀短，抗寒能力差。刚出壳的雏鸡体温比成年鸡低2～3℃，为39℃左右，直到10日龄时才逐渐恒定，达到正常体温。体温调节能力到3周龄末才趋于完善，7～8周龄以后才具有适应外界环境温度变化的能力。因此，育雏期要有人工控温设施，以保证雏鸡正常生长发育所需的温度。

2. 消化能力弱

幼雏嗉囊和肌胃容积很小，贮存食物有限，消化机能尚未发育健全，消化能力差。因此，要求饲料养分充足，营养全面，容易消化，特别是蛋白质饲料要充足。饲喂要少吃多餐，增加饲喂次数。

3. 代谢旺盛，生长迅速

雏鸡1周龄时体重约为初生重的2倍，至6周龄时约为初生重的15倍，其前期生长发育迅速，因此在营养上要充分满足其需要。

雏鸡代谢旺盛，心跳快，每分钟脉搏可达150～200次，安静时单位体重耗氧量比家畜高1倍以上，所以在满足其营养需要的同时，又要保证良好的空气质量。

4. 胆小易惊，敏感性强

雏鸡胆小，缺乏自卫能力，喜欢群居，并且比较神经质，稍有外界的异常刺激，就有可能引起混乱炸群，影响正常的生长发育和抗病能力。所以育雏需要安静的环境，要防止各种异常声响、噪声以及新奇颜色入内，防止鼠、雀、害兽的入侵，同时在管理上要注意鸡群饲养密度的适宜性。

雏鸡不仅对环境变化很敏感，由于生长迅速对一些营养素的缺乏也很敏感，容易出现某些营养素的缺乏症，对一些药物和霉菌等有毒、有害的物质反应也十分敏感。所以在注意环境控制的同时，选择饲料原料和用药时也需要慎重。

5. 免疫力弱

雏鸡免疫机能比较差，约10日龄才开始产生自身抗体，产生的抗体较少，出壳后母源抗体也日渐衰减，3周龄左右母源抗体降至最低，故10～21日龄为危险期。雏鸡对各种疾病和不良环境的抵抗力弱，对饲料中各种营养物质缺乏或有毒药物的过量反应敏感。所以，要做好疫苗接种和药物防病工作，搞好环境净化，保证饲料营养全面，投药均匀适量。

6. 初期易脱水

刚出壳的雏鸡含水率在75%以上，如果在干燥的环境中存放时间过长，很容易在呼吸过程中失去许多水分造成脱水。育雏初期干燥的环境也会使雏鸡因呼吸失水过多而增加饮水量，影响消化机能。因此，在育雏初期注意湿度问题以提高育雏的成活率。

二、进雏前的准备

为了使雏鸡能正常地生长发育，必须做好各项进雏前的准备工作，创造最适宜的环境。

1. 确定育雏人员

育雏工作是一项细致艰苦、技术性很强的工作，一定要由工作认真负责，具有一定养鸡知识的人来担任。如果是新手，一定要进行技术培训。

2. 拟定育雏计划

根据本场的具体条件，制订育雏计划，每批进雏数应与育雏鸡舍、成鸡舍的容量大体一致。一般育雏舍和育成舍比例为1∶2，进雏数一般决定于当年新鸡的需要量，在这个基础上再加上育成期间死亡的淘汰数。

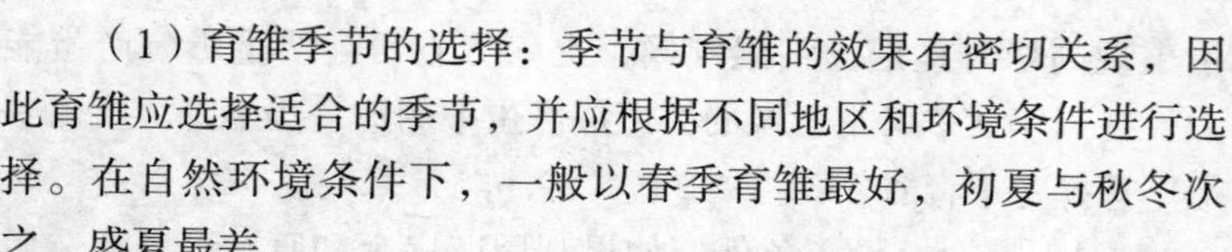

（1）育雏季节的选择：季节与育雏的效果有密切关系，因此育雏应选择适合的季节，并应根据不同地区和环境条件进行选择。在自然环境条件下，一般以春季育雏最好，初夏与秋冬次之，盛夏最差。

①春雏：指2～5月份孵出的鸡雏，尤其是3月份孵出的早春雏。春季气温适中，空气干燥，日照时间长，便于雏鸡活动，鸡的体质好，生长发育快，成活率高。同时，室外气温逐渐上升，天气较干燥，有利于雏鸡群降温、脱温，适合雏鸡的生长发育。特别是这一时期育的雏鸡，在7～8月份已经长成大雏，能有效抵御夏季的潮湿气候。更重要的是，在正常的饲养管理条件下，春雏到了9～10月份可全部开产，一直产到第二年夏季，第一个产蛋年度时间长，产蛋量高，蛋重大。在南方，种鸡的产蛋高峰期可避开夏、秋季炎热，种用价值和生产力最高。在北方，其产量高峰期处于最寒冷的季节，如鸡舍无保温设施，将严重影响种鸡的产蛋能力和受精率，曾发现种鸡受精率低于10%的现象，应引起养殖者的高度重视。

②夏雏：指6～8月份出壳的小鸡雏。夏季育雏保温容易，光照时间长，但气温高，雨水多，湿度大，雏鸡容易患病，成活率低。如饲养管理条件差，鸡生长发育受阻，体质差，当年不开产蛋，产蛋持续期短，产蛋少。

③秋雏：指9～11月份孵出的雏鸡，这个时期气候温和，空气干燥，是育雏比较有利的季节，光照时间较短，性成熟较迟，育成阶段要注意调节控制种鸡的性成熟日龄，适时开产蛋。秋雏应在次年气温达到最高的日期之前出现产蛋高峰期。

④冬雏：指12～2月份（次年）孵出的雏鸡，这时天气寒冷，保温时间长，缺乏阳光和充足运动，生长发育受到一定的影响，雏鸡育成期长，生产成本高，雏鸡育成率低，当种鸡群的产

蛋出现高峰时正遇上高温气候，在南方省份会严重影响产蛋能力，在当年秋季又常会换羽，造成产蛋率的进一步下降。所以一般不选择冬季育雏。

（2）房舍、设备条件：如果利用旧房舍和原有设备改造后使用的，主要计算改造后房舍设备的每批育雏量有多少。如果是标准房舍和新购设备，则计算平均每育成1只雏鸡的房舍建筑费及设备购置费，再根据可能用于房舍设备的资金额，确定每批育雏的只数及房舍设备的规模。

无论是初次育雏的育雏室，还是循环育雏的育雏室，在进雏鸡10～15天前都要对育雏室的门窗、屋顶、墙壁、地面等进行检查和维修，堵塞门窗缝隙、鼠洞，特别注意防止贼风吹入。根据育雏方式检修育雏的网床或育雏笼有无破损等。

养鸡全程中必须保证水线供水正常，不漏水、不堵塞、无污染。如果管线漏水，就会导致舍内湿度增加，在高温情况下鸡粪混杂着饲料迅速发酵产生氨气，过高浓度的氨气会损伤雏鸡呼吸道黏膜，呼吸道黏膜是抵御外邪入侵的第一道屏障，一旦损毁，雏鸡就完全暴露在充满病原的环境中，最终导致感染。因此，在进鸡前彻底清理水线，擦拭水杯，检查漏水情况。

（3）可靠的饲料来源：根据育雏的饲料配方、耗料量的标准以及能够提供的各种优质饲料的数量，算出可养育的只数及购买这些饲料所需要的费用。

（4）资金预计：将房舍及饲料费用合计，并加上适当的周转资金，算出所需要的总投资金，再看实际筹措的资金与此是否相符。

（5）其他因素：要考虑必须依赖的其他物质条件及社会因素如何，如水源是否充足，水质有无问题，特别是电力和燃料的来源是否有保证，育雏必需的饲料、疫苗、常用物资等的供应渠

道及产品销售渠道的通畅程度与可靠性等。

最后将这5个方面的因素综合分析，确定每一批育雏的只数规模，这个规模大小应建立在可靠的基础上，也就是要求上述几个因素应该都有充分保证，同时应该结合市场的需求，收购价格和利润率的大小来确定。每一批的育雏只数规模确定后，再根据1年宜于养几批，决定全年育雏的总量。

其次，需要选择适宜的育雏季节和育雏方式，因为选择得当，可以减少费用开支而增加收益。实际上育雏季节与方式的选择，在确定育雏规模和数量时就应结合一起考虑。

3. 育雏用品的准备

在接雏前要根据选择的育雏方式准备好相应的设备。

（1）育雏设备：根据选择的是笼育雏还是网床育雏方式准备，检修好育雏笼、网床。

地面平养应在鸡舍熏蒸消毒前铺好经过消毒的5～6厘米厚垫料（每平方米约5千克）。育雏开始的3天内，可铺上一层吸水性好的报纸或棉布等，防止雏鸡误食垫料（特别是锯末）。

在潮湿地区养殖雏鸡，最好采用添加式铺设垫料，早、中期每3天要翻1次垫料，并适当加铺一层垫料。到了夏季“返潮”严重，鸡大，垫料容易污染时，不可翻起垫料，要用平锹铲除垫料表层，铺上一层新垫料，效果最好。

除此之外，还可以使用组合垫料，如把麦秸与稻草、稻壳与木花混合使用，也可以把原来的垫料表面覆盖一些其他种类的垫料。但使用垫料时要注意垫料的pH，当pH为8时，氨气产生达到最高，可用化学和物理方法处理垫料，以降低pH，防止氨气产生。

（2）加温设备：无论采用什么热源，都必须事先检修好，进雏前经过试温，确保无任何故障。如有专门通风、清粪装置及控制系统，也都要事先检修。

（3）照明灯：照明用的灯泡按要求配置好。

（4）饲料准备：在进雏前2～3天要准备好开食饲料和3天后饲喂的全价饲料。开食所用的饲料，各地都不一样，北方地区习惯用小米或玉米碎粒，南方各地则用碎大米，而很多鸡场已趋向于用粉状饲料作为开食饲料。

1日龄每只采食3～4克的量准备，2日龄每只每天能吃6～7克的饲料，按4日龄开始每天增加2克的量准备好1星期的饲料，育雏的前6周内，每只雏鸡约消耗1.2～1.5千克饲料，因此要备好充足的全价饲料，最好用小颗粒料（鸡花料）。

（5）饲喂用具：按30～50只雏鸡配1个水盘和1个料盘。3天后的饮水器数量，要求每100只雏鸡至少需要2个2升的真空饮水器，50只鸡1个料桶。

（6）燃料：均要按计划的需要量提前备足。

（7）药品及添加剂：为了预防雏鸡发生疾病，应用药物预防也是增强机体抵抗力和防治疾病的有效措施（具体要购买的药物见本书第六章第一节）。

（8）疫苗：根据乌骨鸡的推荐免疫程序事先准备好常用疫苗（具体要购买的疫苗见本书第六章第一节），及抗应激药物（如电解质液和电解多种维生素）等。

（9）记录本：准备好育雏记录本及记录表，记录出雏日期、存养数、日耗料量、鸡只死亡数、用药及疫苗接种情况，以及体重称测和发育情况等。

（10）其他：准备好连续注射器、滴管、刺种针、断喙器等。

4. 育雏舍消毒

进雏前7天对育雏室进行消毒，凡进入育雏室的喂食、饮水等饲养用具也应同步消毒。

（1）清扫：首先清扫屋顶、四周墙壁以及设备内外的灰尘等脏物。若是循环生产，每一批雏鸡出场以后，应对鸡舍进行彻底的清扫，将粪便、垫草、剩料分别清理出去，对地面、墙壁、棚顶、用具等的灰尘要打扫干净。

（2）冲洗：冲洗是大量减少病原微生物的有效措施，在鸡舍打扫以后，都应进行全面的冲洗。不仅冲洗地面，而且要冲洗墙壁、笼具、网床、围网等。如地面粘有粪块，结合冲洗时应将其铲除。最好使用高压水枪冲洗，如没有条件应多洗冲一两遍。

待地面冲洗干净并晾干后，用百毒杀等药水按说明要求比例稀释，喷洒顶棚、墙壁、门窗，地面用2%～3%氢氧化钠溶液喷洒，1～2小时后冲洗干净。笼具最好用火焰消毒器消毒。

（3）周围环境：在消毒鸡舍的同时，将鸡舍周围道路杂草，遗漏的鸡粪、鸡毛、垃圾全部清除，然后冲洗道路，喷洒2%～3%的氢氧化钠溶液。

（4）熏蒸消毒：在进鸡前7天，育雏的所有用具用消毒药水浸泡半天，清洗干净后将水盘和料盘以及育雏所用的各种工具放入舍内，然后将鸡舍门窗、进风口、出气孔、下水道口等全部封闭，并检查有无漏气处；在舍温25℃，空气相对湿度75%的条件下进行熏蒸消毒。

目前，鸡舍熏蒸消毒的常用药物有2种：一是用福尔马林消毒，按每立方米空间用高锰酸钾21克、福尔马林42毫升熏蒸消毒，或福尔马林30毫升加等量水喷洒消毒，密闭熏蒸24～48小时，消毒效果比较好（陶瓷盆在棚舍中间走道，每隔10米放1个；瓷盆内先放入高锰酸钾，然后倒入甲醛；从离门最远端依次开始，速度要快，出门后立即把门封严；如湿度不够，可向地面和墙壁喷水）。二是用主要原料为二氯异氰尿酸钠的烟熏，利用二氯异氰尿酸钠在高温下产生二氧化氯和新生态氧，利用二氧化氯的强氧化能力，将菌体蛋白质氧化，从而达到杀死细菌、病毒、芽孢等病原微生物的作用。如果离进鸡还有一段时间，可以一直封闭鸡舍到进鸡前3天左右。空舍2～3周后在进鸡前约3天再进行1次熏蒸消毒。

熏蒸完成后门前消毒池放上消毒液。

5. 育雏舍的试温和预热

进雏前2～3天必须对鸡舍进行升温，尤其是秋、冬季节（只有当墙壁、地面的温度也升到一定程度之后，舍内才能维持稳定的温度）。采用育雏伞供暖时，1日龄时伞下的温度控制在35～36℃，育雏伞边缘区域的温度控制在30～32℃，育雏室的温度要求25℃。采用整室供暖（暖气、煤炉或地炕），1日龄的室温要求保持在34～35℃。

如果进雏后，舍内温度仍不太稳定，可以先让雏鸡仍在运雏盒中休息，待温度稳定后再放出。随着雏鸡的逐渐长大，羽毛逐渐丰满，保温能力逐渐加强，对温度的要求也逐渐降低，但不要采取突然降温的方法。

三、接雏

进雏前1天，用干湿温度计试温，并记录舍内昼夜温度变化情况。试温时温度计放置的位置：育雏笼应放在最上层和第三层之间，平面育雏应放置在距雏鸡背部相平的位置，带保温箱的育雏笼在保温箱内和运动场上都应放置温度计测试。

按要求预温应达到33～35℃，垫料温度在25℃以上，空气相对湿度为65%～70%。

准备工作全都符合要求后即可接雏。

雏鸡到场后，为防止雏鸡受凉或受热，应第一时间将雏鸡盒（箱）卸下搬入育雏舍内，然后以立体笼养按每平方米60只，网床平养按每平方米40只的密度进行强弱、公母分笼（可将四层笼的雏鸡集中放在温度较高又便于观察的中间两层。上笼时先捉壮雏，剩下的弱雏另笼单养）或分群（切不可怕麻烦把大小不一、强弱不均的雏鸡混在一起养，网上平养可先分出部分小区域饲养，每群可掌握在250～300只），再把所有的装雏盒（箱）随运雏搬出舍外。对一次性的纸盒要烧掉，对重复使用的塑料盒（箱）等应清除箱底的垫料并将其烧毁，下次使用前再对运雏盒（箱）进行彻底清洗和消毒。

四、育雏期的饲养管理

无论是采用全程圈养饲养方式还是育成期后放养饲养方式，育雏都必须在舍内完成。育雏的饲养管理目标是对出壳至6周龄的雏鸡在进行严格选择的基础上，通过对温度、湿度、饲养密度、光照和通风等控制，使雏鸡群体生长整齐度在80%以上，生长发育正常，死亡率不超过2%。因此，6周龄以前雏鸡管理的好坏是整批鸡盈利与否的关键环节之一。

1. 雏鸡饮水与开食

雏鸡接运到育雏室，休息1～2小时后，先给予饮水，然后再开食。饮水有利于雏鸡肠道的蠕动，吸收残留卵黄，排出胎粪和增进食欲。

（1）初饮：初生雏鸡接入育雏室后，第一次饮水称为初饮。雏鸡在高温条件下，很容易造成脱水。因此，初饮应尽快进行。

根据确认的大约到雏时间，在进雏前2小时将饮水器装满20℃左右的温开水，水中加入4%～5%的葡萄糖或白糖，并在水中加入“雏雏健”，用量为每500只雏鸡加半瓶盖雏雏健（雏雏健每盖可兑水10千克）。若无“雏雏健”需要用维生素B_1+维生素B_2+维生素E+维生素AD_3+维生素C+电解多种维生素+抗菌药（氟派酸、恩诺、乳酸环丙及阿莫西林），以预防雏鸡白痢、脐带炎、大肠杆菌、支原体等垂直传播的疾病以及阻断病原体在雏群内的传播，减少雏鸡因运输、防疫、转群等造成的应激，增强抗病抗应激能力，促进雏鸡生长。对运输距离较远或存放时间太长的雏鸡，饮水中还需加适量的补液盐。添水量以每只鸡6毫升计算，将饮水器均匀地分布在育雏器内。饮水器放置的位置应处于鸡只活动范围不超过1.5米的地方均匀摆放，每只鸡至少占有2.5厘米水位，饮水器高度要适当，以水盘与鸡背等高为宜，要随鸡生长的体高而调整水盘的高度，防止鸡脚进水盘弄脏水或弄湿垫料及绒毛，甚至淹死。

饮水的配制一次不能太多，要少给勤换。因为雏鸡舍内温度高，水内有糖分与维生素，时间过长容易发酵产酸与失效。对于刚到育雏舍不会饮水的雏鸡，应进行人工调教，即手握住鸡头部，将鸡嘴插入水盘强迫饮1～2次，这样雏鸡以后便自己知道饮水了。若使用乳头饮水器时，最初可在吊杯内加一些水，诱鸡饮水。如果雏鸡脱水严重，可连续饮3天白糖水或葡萄糖水。

（2）开食：雏鸡第一次喂食称为开食，开食时间一般掌握在初饮后2～3小时的白天进行，开食在浅盘或硬纸上进行。开食不是越早越好，过早开食胃肠软弱，有损于消化器官。但是，开食过晚有损体力，影响正常生长发育。当有60%～90%雏鸡随意走动，有啄食行为时，应进行开食。

①开食饲料：开食的饲料要求新鲜，颗粒大小适中，易于啄食，营养丰富易消化，常用的是半熟小米拌熟蛋黄（按18只雏鸡每日拌1个）、非常细碎的黄玉米颗粒、小米或雏鸡配合饲料等。

②开食方法：将配制好的开食饲料撒在料盆内，任其自由采食。整个开食时间宜短，一般在20分钟内完成。

③诱食方法：刚开食时，雏鸡可能不会吃食，需要诱导。先用手轻碰鸡嘴，吸引其注意力，然后引向开食料，或打开雏鸡嘴，直接将开食料塞进鸡嘴内。第二次喂料，应将被污染饲料扫清干净。

④饲喂量：开食时少给勤添，每2小时喂1次料。第一次喂料为每只鸡20分钟吃完0.5克为度，以后逐渐增加。

⑤开食观察

Ⅰ. 采食量：凡是开食正常的雏鸡，第1天平均每只最多吃2～3克。

Ⅱ. 声音：开食良好的鸡，走进育雏室即可听到轻快的叫声，声音短而不大，清脆悦耳，且有间歇；开食不好的鸡，有烦躁的叫声，声音大而叫声不停。

Ⅲ. 休息：开食正常，雏鸡很安静，很少站着休息，更没有扎堆的现象。

⑥开食注意事项：在混合料或饮水中放入呋喃唑酮等药物，能大大减少白痢病的发生；如果在料中或水中再加入抗生素（氟派酸、恩诺、乳酸环丙或阿莫西林中的1种），大群发病的可能性更小，粪便也正常。但开食不好、消化不良的雏鸡仍然会出现类似白痢病的粪便，所以在开食时应特别注意以下几点：

Ⅰ. 挑出体弱雏鸡：雏鸡运到育雏舍，经休息后，要进行清点将体质弱的雏鸡挑出。因为雏鸡数量多，个体之间发育不平衡，为了使鸡群发育均匀，要对个体小、体质差、不会吃料的雏鸡另群饲养，以便加强饲养，使每只雏鸡均能开食和饮水，促其生长。

Ⅱ. 开食不可过饱：开食时要求雏鸡自己找到采食的食盘和饮水器，会吃料能饮水，但不能过饱，尤其是经过长时间运输的雏鸡，此时又饥又渴，如任其暴食暴饮，会造成消化不良，严重时可导致大批死亡。

Ⅲ. 因抢水打湿羽毛的雏鸡要捡出，以36℃温度烘干，减少死亡。

Ⅳ. 随时清除开食盘中的赃物。

2. 雏鸡的日常管理

（1）饲养密度：合理的饲养密度是保证鸡群健康，生长发育良好的重要条件，因为密度与育雏舍内的空气、湿度、卫生以及恶癖的发生都有直接关系，雏鸡饲养密度大时，育雏舍内空气污浊，氨味大；湿度高，卫生环境差，吃食拥挤；抢水抢料，饥饱不均，残次雏鸡增多，恶癖严重，容易发病。雏鸡饲养密度小时，对雏鸡生长发育有利，但不利设备的充分利用和劳动力的合理使用，所以雏鸡饲养密度也不是愈小愈好。雏乌骨鸡适宜的饲养密度参见表5-1。

表5-1　雏乌骨鸡适宜的饲养密度

只/平方米

周龄	地面平养	网平面饲养	立体笼养
1～2	30	40	60
3～4	25	30	40
5～6	20	25	30

密度的大小还受品种、季节、鸡舍结构和饲养方式等因素的影响。一般情况下，小型品种（泰和乌骨鸡、黑凤鸡、矮小型乌骨鸡）要比中型品种（余干乌骨鸡、乌蒙乌骨鸡、小香乌骨鸡、雪峰乌骨鸡等）的饲养密度高一些，每平方米可多饲养3～5只。冬天和早春天气寒冷，气候干燥，饲养密度可比夏季和初秋大一些。鸡舍结构特别是通风条件差时，饲养密度应适当降低。强弱雏分群饲养时，弱雏体质差，经不起拥挤，饲养密度宜小一些。

（2）合理饲喂：开食3天后，应逐步改用雏鸡配合饲料进行正常饲喂，并在料桶中盛上饲料，料的细度为1～1.5 毫米。料桶要安放在灯光下，使雏鸡能看到饲料。料桶和饮水器应当分开放置，但二者不宜相距 1 米以上。料桶和饮水器的安置数量必须足够，以保证同一群雏乌骨鸡饮食均匀，达到生长发育均匀一致。

①喂料量：开食3天后，实行自由采食。饲喂时要掌握“少喂勤添八成饱”的原则，每次喂食应在20～30分钟内吃完，以免幼雏贪吃，引起消化不良，食欲减退。从第2周开始要做到每天下午料槽内的饲料必须吃完，不留残料，以免雏鸡挑食，造成营养缺乏或不平衡。一般1～2周龄前每天喂料6次（即上午2次，下午2次，上半夜1次，下半夜1次），每只日喂量5～12克；2周龄后每天喂料5次（减少下半夜喂料），每只日喂量20～30克；6周龄时每天喂3～4次，每只日喂量不低于45克。投料时要注意喂料量，以当次吃完为准。

第二周开始，每周略加些不溶性河沙（沙粒洗干净后用0.05%的高锰酸钾浸泡消毒、晒干），每100只鸡每周喂200克，一次性喂完，不要超量，切忌天天喂给，否则常招致硬嗉症。

为了充分利用自然资源，提高养鸡的经济效益，小型鸡场和广大农户可使用青饲料喂鸡（大型鸡场一般不喂青料）。给雏鸡第一次喂青饲料（即“开青”）的时间是在出壳后的第4天，开青用的饲料是切碎的青菜或嫩草等，饲喂量约占饲料总量的10%左右，不宜过多，以免引起拉稀或雏鸡营养失调。随着雏鸡日龄的增长，可逐步加大喂量到占饲料总量的20%～30%。

②注意事项

Ⅰ. 雏鸡每日的采食量（即饲料需要量）因日龄、气温、健康状况和饲料的适口性等而异，一般的情况下每只雏鸡每日的采食量在一定生长阶段内是相对稳定的。

Ⅱ. 投饲料时要注意喂料量，以当次吃完为准，最好不留料底，以免饲料受污染。

Ⅲ. 乌骨鸡对发霉饲料敏感，大量存放饲料或加工颗粒饲料时，应加入高效饲料以防霉剂。

Ⅳ. 为保证营养需要，可添加适量的熟鸡蛋、鱼肝油和复合维生素B溶液等。

Ⅴ. 对于采食未饱的个体，可捉出另行饲喂。

Ⅵ. 如果乌骨鸡的采食量突然下降，则应及时查明原因，并采取相应的措施。

（3）提供充足的饮水：初饮后，无论何时都不应该断水（饮水免疫前的短暂停水除外），而且要保证饮水的清洁，尽量饮用自来水或清洁的井水，避免饮用河水，以免水源污染而致病。饮水器要刷洗干净，每天换水2次。供水系统应经常检查，去除污垢。饮水器的大小及距地面的高度应随着雏鸡日龄的增加而逐渐调整。

（4）温度：雏乌骨鸡比其他鸡苗小，尤其在温度方面，只要一疏忽，就很容易发病，引起感冒生病，因此，适宜的温度是育好雏乌骨鸡的首要条件。平面育雏时的育雏温度参见表5-2。

表5-2　雏乌骨鸡对育雏温度的要求

（℃）

周龄	育雏器的温度	育雏室内的温度
1	36～34	26
2	34～32	26～24
3	32～28	24～21
4	28～26	21～18
5	26～24	18～16
6	25～23	16

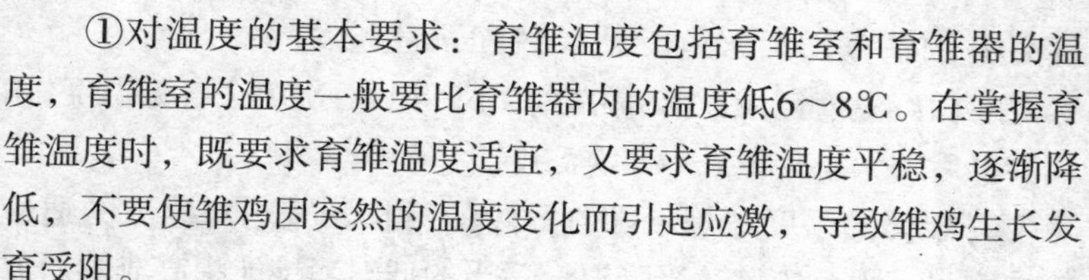

①对温度的基本要求：育雏温度包括育雏室和育雏器的温度，育雏室的温度一般要比育雏器内的温度低6～8℃。在掌握育雏温度时，既要求育雏温度适宜，又要求育雏温度平稳，逐渐降低，不要使雏鸡因突然的温度变化而引起应激，导致雏鸡生长发育受阻。

②温度的测定：测温时温度计的放置位置和试温时一样，育雏笼应放在最上层和第三层之间；平面育雏应放置在距雏鸡背部相平的位置；带保温箱的育雏笼保温箱内和运动场上都要测试。

育雏重在保温，所以该阶段一定不要使雏鸡受凉，鸡舍的两端温度一定要够。应该调整好加热系统，使舍内的昼夜温差以及鸡舍不同部位的温差波动不能太大，鸡舍漏风处一定要封好；如果在寒冷季节，需要关注墙边，墙边的温度往往要和目标温度相差7～8℃，所以最好墙边铺设塑料布将鸡隔开。

衡量育雏温度是否合适，除了观察温度计外，更主要的是观察鸡群精神状态和活动表现。温度适宜时，雏鸡在育雏室内分布均匀，活泼好动，食欲旺盛，睡眠安静，睡姿伸展舒适，饮水适度，粪便正常；当温度过高时，雏鸡远离热源，伸颈张嘴呼吸，饮水量增加，初期惊叫不安，精神懒散，食欲下降，饮水量增大，腹泻，两翅下垂；温度过低时，雏鸡聚集成堆，不思饮食，行动迟缓，颈羽收缩直立，夜间睡眠不安，相互挤压，时间稍长会造成大批压死现象。

③温度控制的稳定性和灵活性：弱雏要求温度高，强雏要求温度；夜间高，白天低；大风降温和雨天时要求高，正常晴天要求低；冬、春育雏时要求高，夏、秋时要求低；小群育雏密度小的要求高，大群育雏密度大的要求低。育雏期间要组织专人值班，特别在后半夜，气温最低时，因人困乏，顾不上照看热源而造成雏鸡受凉、压死的现象。同时要注意温度的改变要逐步进行，严防育雏温

度突然变化，诱发呼吸道疾病，影响正常生长发育。

④做好温度记录：前3周应每2小时记录1次鸡舍各处温度，4周龄以后每天至少记录3～5次温度。

⑤雏鸡的温度锻炼：随着日龄的增长，雏鸡对温度的适应能力增强，因此应该适当降温。适当的低温锻炼能提高雏鸡对温度的适应能力。不注意及时降温或长时间在高温环境中培育的鸡群，常有畏寒表现，也容易患呼吸道疾病。秋天的雏鸡即将面临严寒的冬天，尤其需要注意及时降温，培育鸡群对低温的适应能力。

降温的速度应该根据鸡群的体质和生长发育的状况，根据季节气温变化的趋势而定，大致每天降低0.5℃，也可每周降3℃左右，直到逐渐降至室温为止。

供暖时间的长短应该依季节变化和雏群状况而定。正月进的雏鸡供暖时间应该长一些，当育雏温度降至白天最低温度时，就可以停止白天的供暖，当夜间的育雏温度降至夜间的最低温度时，才可以停止夜间的供暖。在昼夜温差较大的地区，白天停止供热后，夜间仍需继续供热1～2周。

（5）湿度：湿度的高低，对雏鸡的健康和生长有比较大的影响，但影响程度不及温度的变化，因为一般情况下，湿度不会过高或过低。只有在极端情况下或多种因素共同作用时，才可能对雏鸡造成较大危害。

①湿度的要求：育雏舍的湿度要通过湿度计来测量，比较理想的湿度是1～10日龄相对湿度70%左右，10日龄以后相对湿度控制在60%～65%即可。

②相对湿度的测定：测定相对湿度是采用干湿球湿度计，如测定鸡舍内相对湿度，应将干湿球湿度计悬挂在舍内距地面40～50厘米高度的空气流通处。

有经验的饲养员还可通过自身的感觉和观察雏鸡表现来判定湿度是否适宜。湿度适宜时，人进入育雏室有湿热感，不感觉鼻干口燥，雏鸡的脚爪润泽、细嫩，精神状态良好。如果人进入育雏室感觉鼻干口燥、鸡群大量饮水，鸡群骚动，说明育雏室内湿度偏低。反之，舍内用具、墙壁上有一层露珠，室内到处都感到湿漉漉的，说明湿度过高。

③舍内湿度的调节：生产中，由于饲养方式不同、季节不同、鸡龄不同，舍内湿度差异较大。为了满足雏鸡的生理需要，要对舍内湿度经常进行调节。

Ⅰ. 增加舍内湿度的办法：一般在育雏前期，需要增加舍内湿度。如果是网上平养育雏，则可以在水泥地面上洒水增加湿度；若垫厚料平养育雏，则可以向墙壁上面喷水或在火炉上放一个水盆蒸发水汽，以达到补湿的目的。

Ⅱ. 降低舍内湿度的办法：降低舍内湿度的办法主要有升高舍内温度，增加通风量；加强平养的垫料管理，保持垫料干燥；冬季房舍保温性能要好，房顶加厚，如在房顶加盖一层稻草等；加强饮水器的管理，减少饮水器内的水外溢；适当限制饮水。

（6）光照：光照的目的主要是给予足够的采食时间。目前，大多数鸡场都采取在头3天给予24小时光照，3天以后给予23小时光照（包括自然光照和人工光照）、1小时黑暗的办法。这1小时的黑暗，目的是在于让小鸡熟识黑暗环境，以免在停电时发生意外。在密闭式鸡舍，也有采用照明1～2小时，然后黑暗2～4小时的循环间歇照明方法。这种方法对节省电能和提高饲料效率都有一定的作用。

近年来，除第1～2周外，采用弱光照明，在鸡生产中取得明显效果。在2周龄内的光照强度，以每15平方米悬挂1个40瓦的灯泡为宜。2周龄以后每15平方米悬挂1个15瓦的灯泡就能满足要求，但应注意灯泡的光洁。光照过强不仅浪费电源，而且对鸡也没有什么好处，会使雏鸡产生啄癖。

（7）通风：育雏期室内温度高，饲养密度大，雏鸡生长快，代谢旺盛，呼吸快，需要有足够的新鲜空气。另外，舍内粪便因潮湿发酵，常会散发出大量氨气、二氧化碳和硫化氢，污染室内空气。所以，育雏时既要保温，又要注意通风换气，以保持空气新鲜。

养殖户给育雏室内通风换气，可在中午阳光充足、气温较高时开启门窗进行通风换气，门窗的开启幅度应逐渐从小到大进行，直到最后将门窗开启为半开放状态。养殖户切不可因育雏室内空气污浊而突然将门窗大开，让冷风直接吹入育雏室内，如若育雏室内室温突然下降，则极容易诱发雏鸡患感冒等呼吸道疾病。

（8）断喙：断喙的主要目的是防止啄癖，减少饲料浪费。因此，采用网上平养或落地平养的乌骨鸡要进行断喙（如果采用给鸡戴眼镜方式的则不需要断喙）。采用育成后放养的乌骨鸡不需要断喙。

①断喙时间：一般在7～10日龄时进行。

②做好断喙前的准备：在断喙前后3天料内添加液体多种维生素，每千克饲料约加2毫克，有利于止血和减轻应激反应。同时，切喙应与接种疫苗、转群等工作错开，避免给雏鸡造成大的刺激。

③断喙方法：无论使用何种切喙器，在使用前都必须认真清洗消毒，防止切喙时造成交叉感染。切记：断喙正确性远远要比断喙速度更为重要。

捉拿雏鸡时，不能粗暴操作，防止造成损伤。切喙时，左手抓住雏鸡的腿部，右手将雏鸡握在手心中，大拇指顶住鸡头后部，示指置于雏鸡的喉部，轻压雏鸡喉部使其缩回舌头，将关闭的喙部插入切喙器孔，当雏鸡喙部碰到触发器后，热刀片就会自动落下将喙切断。

切喙时，要求上喙切除1/2，下喙切除1/3。但对7～10日龄的雏鸡，多采用直切法，较大日龄的雏鸡，则采用上喙斜切、下喙直切法，直切、斜切都可通过控制雏鸡头部位置达到目的。切喙后，喙的断面应与刀片接触2～3秒，以达到灼烧止血的目的。

近年来，有些养鸡户用150～50瓦电烙铁（图5-1）断喙（用电烙铁做断喙器时，需要将烙铁尖端磨薄，其锋利程度与电热式刀片相近即可）或采用红外线断喙器断喙。

图5-1 电烙铁断喙

④注意事项

Ⅰ. 不要烙伤雏鸡的眼睛、舌头。

Ⅱ. 不要切偏、压劈喙部；切喙达到一定数量后应更换刀片。

Ⅲ. 断喙器刀片应有足够的热度（刀片一般为樱桃红色），切除部位掌握准确，确保1次完成，防止断成歪喙或出血过多。

Ⅳ. 切不可把下喙断得短于上喙。断喙后应注意观察鸡群，发现个别喙部出血的雏鸡，要及时灼烫止血。

Ⅴ. 切喙后要立即给水，并在饮水中加入适量抗生素（青霉素、链霉素、庆大霉素等）预防呼吸道疾病，平均每只雏鸡1万国际单位，连续给药3～5天。也可饮用0.01%高锰酸钾溶液，连用2～3天。

Ⅵ. 切喙造成的伤口，会使雏鸡产生疼痛感，采食时碰到较硬的料槽底上，更容易引发疼痛。因此，切喙后的2～3天内，要在料槽中增加一些饲料，防止缘部触及料槽底部碰疼切口。

（9）日常卫生：在雏鸡的管理上，日常周密的看护是一项十分重要的工作。饲养人员必须及时掌握雏鸡的各种变化，采取相应的措施加强护理，才能提高成活率，获得满意的育雏效果。

①每次进育雏舍，首先观察雏鸡的状态，如有异常，则检查温度、湿度和通风换气等情况，发现问题及时调整。重点观察雏鸡的精神、食欲、羽毛、粪便及行为等，发现异常，查明原因，及时采取相应措施。

②每隔1～2小时检查一次雏体周围温度。如不符合要求，要及时调整。调整温度切忌忽高忽低。逐日降温则应缓慢平稳。凡直接加热育雏室保温育雏的，如立体笼养，则要求室内各处温度基本一致，温差不超过±2℃。

③按时投料，不断供水。在水槽或水盆等饮水器中放一些色彩鲜艳的石子，能诱导雏鸡饮水。饮水器的槽面等开口不宜太阔，盛水不宜太深，以防止雏鸡溺水。

检查饮水量是否正常，如果猛增，应考虑是否由饲料中动物性饲料含量高、鱼粉的含盐量高、外界气温突然增高、有球虫病等原因引起。

④每天定时打扫育雏舍卫生、定时通风换气。

⑤每周更换入口处的消毒药和洗手盆中的消毒药，对雏鸡舍

屋顶、外墙壁和周围环境也要定期消毒。

⑥采用笼养或网床养殖至少1周清理1次粪盘和地面的鸡粪。鸡群发病时每天必须清除鸡粪，清理鸡粪后要冲刷粪盘和地面。冲刷后的粪盘应浸泡消毒30分钟，冲刷后的地面用2%的火碱水溶液喷洒消毒。

采用垫料养殖的要及时去除过于潮湿的垫料，以保持垫料松散和干燥。特别要加强饮水管理，防止跑、冒、渗、漏水。

饮水器、水槽和食槽每天清洗一次，并定期（2~3天）消毒一次。

⑦预防寄生虫：夏季是鸡寄生虫病的高发期，应注意预防。

⑧防饲料霉变：夏天温度高，湿度大，饲料极容易发霉变质，进料时应少购勤进；添料时要少加勤添，而且量以每天吃净为宜，防止时间过长，底部饲料霉变。

⑨育雏期间应尽量保持安静，减少惊扰。每天的饲喂、饮水、卫生清扫、温度湿度记录等都要有固定的时间和顺序。饲养员及服装色泽要固定，减少不必要的捕捉。避免其他动物如猫、狗的窜入，避免对雏鸡引起应激反应或伤害。

⑩按时开关照明灯，既保证雏鸡的光照需要，又确保雏鸡睡眠休息好。

⑪严防中毒：治疗和预防疾病时，在正确计算用药剂量。大群投药时，药物与饲料必须搅拌均匀，要将药物与少量饲料拌匀。

（10）稀群：雏鸡生长迅速，体格增长很快，占用空间要逐步加大。因此，从21日龄开始进行第一次稀群，笼育雏的将原来集中养在中间两层的幼雏分散到上、下两笼去，稀群时是将弱小的鸡留在原笼内，较大、较壮的捉到下层笼内。网上育雏、地面垫料育雏的可分至另外的饲养栏内。

（11）称重：每周末定时在雏鸡空腹时称重，称重时随机地抓取鸡群的3%或5%，也可圈围100～200只雏鸡，逐只称重，然后计算鸡群的均匀度。计算方法是先算出鸡群的平均体重，再将平均体重分别乘0.9和1.1，得到2个数字，体重在这2个数字之间的鸡数占全部称重鸡数的比例就是这群鸡的均匀度。如果鸡群的均匀度为75%以上，就可以认为比较均匀，如果不足70%，则说明有相当部分的鸡长得不好，鸡群的生长不符合要求。

鸡群的均匀度是检查育雏好坏的最重要的指标之一。如果鸡群的均匀度低则必须查找原因（如饲料营养水平太低；环境管理失宜，育雏温度过高或过低都会影响采食量，温度稍低些，雏鸡的食欲好，采食量大。舍温过低，采食量下降，从而影响增重；鸡群密度过大，影响生长速度；照明时间不足，雏鸡采食量时间不足，影响生长；感染球虫病或大肠杆菌病等，抑制雏鸡的生长），尽快采取措施。鸡群在发育过程中，各周的均匀度是变动的，当发现均匀度比上1周差时，过去1周的饲养过程中一定有某种因素产生了不良的影响，及时发现问题，可避免造成大的损失。

（12）采用“全进全出”制：现代饲养场中的育雏阶段都主张实行“全进全出”制度。“全进”是指一座鸡舍（或场）只养同一日龄的初生雏，如同一批的初生雏数量不够，可分2批入场，但所有的雏鸡日龄最多不得相差1周。“全出”是指同一鸡舍的雏鸡于同一天（一批鸡同时出）转到育成舍。这样将避免一座鸡圈养多批日龄大小不同的雏鸡，致使鸡舍连续不断地使用。“全出”后，将鸡舍内的设备按入雏前的准备工作各项清理消毒，再行接雏。这样可以有效地切断循环感染的途径，消灭场内的病原体，使雏鸡开始生活于一个洁净的环境，能够健康地生长。同时，场内养一批同一日龄的鸡管理方便，也便于贯彻技术

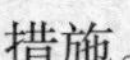

措施。

（13）做好育雏期记录：诸如进雏日期、品种名称、进雏数量、温度变化、发病死亡淘汰数量及原因、喂料量、免疫状况、体重、日常管理等内容都应做好记录，以便于查找原因，总结经验教训，分析育雏效果。

（14）育雏失败原因分析：雏鸡在饲养过程中，即使在饲养管理正常的状况下，雏鸡存栏数也会下降，这主要是由于小公鸡的捡出和弱雏的死亡等造成的。存栏数下降只要不超出1%～2%，应当属于正常。

一般来说，雏鸡死亡多发生在10日龄前，因此称为育雏早期的雏鸡死亡。育雏早期雏鸡死亡的原因主要有2个方面：一是先天的因素；二是后天的因素。

①雏鸡死亡的先天因素

Ⅰ. 导致雏鸡死亡的先天因素主要有鸡白痢、脐炎等病，这些疾病是由于种蛋本身的问题引起的。如果种蛋来自患有鸡白痢的种鸡，尽管产蛋种鸡并不表现出患病症状，但由于确实患病，产下的蛋经泄殖腔时，使蛋壳携带有病菌，在孵化过程中，使胚胎染病，并使孵出的雏鸡患病致死。

Ⅱ. 孵化器不清洁，沾染有病菌。这些病菌侵入鸡胚，使鸡胚发育不正常，雏鸡孵出后脐部发炎肿胀，形成脐炎。这种病雏鸡的死亡率很高，是危害养鸡业的严重鸡病之一。

Ⅲ. 由于孵化时的温度、湿度及翻蛋操作的原因，使雏鸡发育不全等也造成雏鸡早期死亡。

防止雏鸡先天因素的死亡，主要是从种蛋着手。一定要选择没有传染病的种蛋来孵化雏鸡，且对种蛋进行严格消毒后再进行孵化。孵化中严格管理，不致发生各种胚胎期的疾病，就孵化出健壮的雏鸡。

②雏鸡死亡的后天因素：后天因素是指孵化出的雏鸡本身并没有疾病，而是由于接运雏鸡的方法不当或忽视了其中的某些环节而造成雏鸡的死亡。

Ⅰ. 低温：在生产实践中，由于低温而导致雏鸡死亡的比例很大，尤其在出雏第3天死亡会达到高峰。造成低温的原因是由于鸡舍保温性能差，外界气温过低，加温条件原因如停电、停火等，育雏室内有穿堂风或有贼风。如低温时间过长，就可引起雏鸡大批死亡。经低温环境未死的雏鸡，极容易患上各种疾病和传染病，其结果对雏鸡危害极大。

Ⅱ. 高温：造成高温的原因有外界气温过高、鸡舍内湿度大，通风性能差，雏鸡密度大；舍内加温过度，或热量分布不均；管理人员粗心造成室内温度失控等。高温使雏鸡体热和水分的散发受阻，体热平衡紊乱。短时间的高温，雏鸡有一定的适应和调节能力，若时间过长，雏鸡就会死亡。

Ⅲ. 湿度：通常状态下，相对湿度的要求不像温度那样严格，如在湿度严重不足、环境干燥、雏鸡又不能及时饮水时，可能会发生脱水。有些养殖户不供给足量的饮水，从而导致鸡雏因缺水而死亡。有时因长时间饮水不足，突然供给饮水，雏鸡争饮，造成雏鸡头部、颈部及全身羽毛湿透，短时间干燥不了容易引发疾病死亡。

Ⅳ. 饥饿：有多种因素影响雏鸡采食和食欲，造成雏鸡饥饿死亡。如育雏室过冷、过热、湿度过大、通风不良、噪音、光照不足、雏鸡密度过大等因素，或其他如料盘、水盘数量不够或放置不当，饲料或饮水品质不良，或有疾病感染等，都会导致雏鸡因饥饿而死亡。

Ⅴ. 饲料单一，营养不足：饲料单一，营养不足，不能满足雏鸡生长发育需要，因此雏鸡生长缓慢，体质弱，容易患营养缺

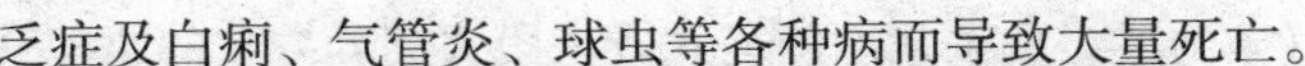

乏症及白痢、气管炎、球虫等各种病而导致大量死亡。

Ⅵ. 不注重疾病防治：也是引起雏鸡死亡的后天因素。

Ⅶ.其他原因：如兽害、鼠害、啄癖、药害等人为的因素。

为了减少雏鸡的后天死亡，在日常工作中要切实做好各项工作，把每一项工作内容认真落动实处。

3. 雏鸡的脱温

雏鸡随着日龄的增长，采食量增大，体重增加，体温调节机能逐渐完善，抗寒能力较强，如果室温不加热能达到18℃以上，就可以脱温。脱温或称离温是育雏室内由取暖变成不取暖，使雏鸡在自然温度条件下生活。

（1）驱虫：在转舍前1周，用盐酸左旋咪唑按每千克饲料或饮水加入药物20克，让鸡自由摄食或饮用，每日2～3次，连续喂3～5天，驱除蛔虫效果理想，而且安全；每千克体重用硫双二氯酚100～200毫克，拌料喂饲，每天1次，连续用2天以驱除绦虫。

给鸡驱虫期间，对鸡的粪便要及时清除，堆积发酵，以杀死虫卵。同时要对鸡舍、用具、场地彻底清扫、消毒。

（2）脱温：脱温时期的早、晚因气温高低、雏鸡品种、健康状况、生长速度快慢等不同而定，脱温时期要灵活掌握。春雏一般在6周龄，夏雏和秋雏一般在5周龄脱温。

（3）注意事项：脱温工作要有计划逐渐进行。如果室温不加热达不到18℃或昼夜温差较大，可延长给温时间，可以白天停温，晚上仍然供温；晴天停温，阴雨天适当加温，尽量减少温差和温度的波动，做到“看天加温”。经1周左右，当雏鸡已习惯于自然温度时，才完全停止供温。

4. 转群与分群

雏鸡脱温以后便进入育成阶段，如果采用一段式饲养可继续原舍饲养直至出栏，如果采用两段式或三段式饲养方式的要把育成鸡转入圈养的育成舍（种鸡舍）或散养地的鸡舍。鸡群转入圈养的育成舍或散养地前要做好相应的准备工作，同时还要做好后备鸡和育肥鸡的分群工作。

（1）育成料的准备：转群初期，除吃7天的育雏鸡饲料后，还要更换为育成鸡饲料，因此，2种饲料都要准备好，饲料的数量按每只鸡每天50克料准备1周的量。

（2）应激的防治：转群前3天，在饲料中加入电解质或维生素，每天早、晚各饮1次。另外，结合转群可进行疫苗接种，以减少应激次数。

（3）分群：转群时要做好后备鸡的选留工作，把符合本品种特征的健壮鸡（选择方法见本书第四章的引种部分）选出作为后备种鸡公母分群管理，淘汰鸡只全部放入商品鸡区进行育肥管理。后备母鸡根据留种比例及实际鸡数留种，宁可多留一些勿少，以防不足。留种公鸡、母鸡比例（15～17）：100。

第二节　后备鸡的饲养管理

后备鸡系指6周龄后雏鸡转群时选出留作为种用至开产前这一生长发育阶段的鸡。对乌骨鸡来说，即指7～20周龄的鸡。

一、后备鸡的生理特点

脱温转群后选留的后备鸡实际上还处于育成期，是生长迅速，发育旺盛的时期，各器官系统特别是骨骼的发育最重要的阶段。育成鸡全身已长满幼羽，有了健全的体温调节能力，在育成期间要经过2次换羽，即由幼羽换成青年羽，再换成成年羽。

育成鸡对饲料的营养水平和环境条件非常敏感。前期的生长重点为骨骼、肌肉、非生殖器官和内脏，表现为体重增比加较快，生长迅速。育成中期以后，性腺开始发育。但乌骨鸡属地方品种，性成熟晚，一般要20周龄左右才达到性成熟。

二、后备鸡的饲养管理

后备鸡的饲养方式也分为圈养和放养2种方式，2种饲养方式管理目的都是培育合格高产的种鸡，但2种方式的管理重点各有所侧重。

后备种鸡的圈养饲养方式需采取舍内地面垫料饲养或架床饲养（不要把鸡直接放到鸡舍的土地上饲养，这样鸡一应激，就会尘土飞扬，生活在这种充满尘土的环境中，很容易引发鸡的呼吸道疾病，从而影响生长发育，甚至死亡），舍外设运动场的饲养方式，运动场要设置沙池。

（一）圈养后备鸡的饲养管理

1. 后备鸡饲养的准备

为了减少对后备鸡群的不良影响，使转群工作有序地渐变进行，也要做好相应的准备工作。

转群前10～15天，必须对转入鸡群的环境进行冲洗、消毒。

冲洗、消毒后要检修架床或铺好垫料，在舍外运动场上方搭好遮雨篷（一是为料槽不淋湿，二是预防后备鸡受雨淋）。

供电照明系统、排水系统和养殖设备都要检修，鸡舍的防雨、保暖如有问题要维修好，鼠洞要填堵，这些准备工作就绪以后，关上门窗，进行熏蒸消毒，同时运动场也要进行消毒。

进鸡前1天，要在舍内的料槽和饮水器内放水、放料，使转群后的鸡一到新家，就能够马上吃上料，喝上水，这对于缓解因为转群而产生的应激反应很有帮助。

2. 转入鸡群

转群时按每平方米10～15只放入后备鸡即可，同时公、母要分舍饲养。鸡群体不宜过大，一般以300～500只较为适当（以后根据生长情况随时调整）。如果同一批的后备鸡比较多，就要划分成几个群体来饲养，也就是大规模小群体的养殖方法。

转群时要进行严格的挑选，把弱小、病残鸡只放入商品区饲喂。

3. 后备鸡的日常管理

后备乌骨鸡迅速生长发育并达到性成熟和体成熟，是决定乌骨鸡生产性能最重要的时期。乌骨鸡属地方品种，性成熟晚，不能像饲养现代蛋鸡品种那样，采取控制光照、限制饲喂的办法。而是应适当补充光照和不限制饲喂，以使后备乌骨鸡各器官系统都能发育健全，体质健壮，体重符合品种标准，以适时地整齐开产。

（1）饲喂：在转群后的前3天里，喂料和饮水都应该在鸡舍里进行。3天之后，再把喂料和饮水器具挪到运动场，诱导后备鸡逐渐到运动场活动。更换饲料时饲料转换要逐渐过渡，第1天育雏料和生长期料对半，第2天育雏期料减至40%，第3天育雏料减至20%，第4天全部用育成期料。

后备乌骨鸡的饲喂方法有定时饲喂、自由采食2种，但无论采用何种饲喂方式都不要限饲料。

每天每只鸡喂料150克左右。饲喂湿料每天在固定时间喂3～4次，每次间隔4小时，每次吃完后清理料槽，尤其是夏季要防止饲料酸败；饲喂干粉料要任鸡自由采食。

供足饮水，让鸡自由饮水，不可饮污水。

（2）温度的控制：后备鸡虽然抵抗力比雏鸡强，但由于后备鸡舍缺乏保暖设备，对外界恶劣条件的抵抗力还是比较差。故要做好防寒、降温、防湿工作。舍内温度以16～20℃为宜，最低

不低于14℃，最高不超过30℃，每天温差不超过2℃。

冬季严寒，要做好舍内防寒保温工作；夏季气温较高，应人工降温及降低饲养密度。运动场上夏季可栽植遮蔽日光的树木或搭遮荫棚。

（3）湿度：开放式鸡舍湿度管理比较粗放，封闭式鸡舍的相对湿度以55%～60%为宜。多雨季节要采取措施降低湿度，保持舍内干燥，定期清理粪便，防止饮水器内水外溢；干旱季节要提高湿度。

（4）光照制度：光照是控制后备种鸡和蛋用鸡性成熟的主要方式， 8周龄前光照时间和强度对鸡只的性成熟影响较小，8周龄以后影响较大，尤其是17～20周龄的育成后期。因此，8～16周龄以每天8小时为宜，17～18周龄每天光照9小时，19周龄每天光照增加到10小时，从20周龄开始每周增加光照0.5小时，一直到28～30周龄，每天光照达到14～16小时为止，并固定不变。补充光照可采取早、晚用灯光照明，光照强度以1～1.5瓦/平方米为宜，一般每15平方米面积可用25瓦灯泡1个，灯泡高度距鸡体2米为宜，灯与灯距离3米。

种用公鸡性成熟要比母鸡性成熟稍早，在此期间公鸡舍光照比母鸡舍光照每天要多2小时，否则混群后未性成熟的公鸡会受到性成熟母鸡的攻击，而出现公鸡终身受精率低下的现象。

（5）通风：为了满足鸡只对氧气的需要和控制温度，创造最佳的小气候环境，排出氨、硫化氢、二氧化碳等有害气体和多余的水蒸气，必须搞好鸡舍通风换气。

（6）修喙：12周龄左右，要对第一次切喙不成功或重新长出的喙，进行第二次切除或修整。

（7）控制鸡病的发生

①要做好育成鸡舍的卫生和消毒工作，如及时清粪、清洗

消毒饲槽和饮水器、带鸡消毒等。一些在雏鸡时容易发生的传染病，如传染性支气管炎、马立克病、鸡白痢病、新城疫、鸡痘等，同样也对育成鸡有一定的威胁，因此，要注意预治工作。

②严格执行相应日龄的基础免疫程序，防止疾病发生。

③杜绝外来人员进入饲养区和鸡舍，饲养人员进入前要消毒。

④灭虫、灭鼠工作要坚持做好。

⑤做好日常卫生工作，如洗涮水槽、食槽，清粪、通风工作。

（8）及时淘汰不合格的后备种鸡：平时要注意观察，对发育不良、畸形、第二性征（冠的大小和颜色等）表现差、脱肛鸡、啄肛鸡、受欺负鸡和病弱残疾鸡，挑出处理掉。对于公鸡的第二性征发育不全者也应淘汰。

（9）驱虫：在17～19周龄时还要进行1次驱虫，这次驱虫的目的是预防鸡盲肠肝炎和驱除鸡体内各种肠道寄生虫。常用的驱虫药物有盐酸左旋咪唑（在每千克饲料或饮水中加入药物20克，让鸡自由采食和饮用，每日2～3次，连续喂3～5天）、驱蛔灵（每千克体重用驱蛔灵0.2～0.25克，拌在料内或直接投喂均可）、虫克星（每次每50千克体重用0.2%虫克星粉剂5克，内服、灌服或均匀拌入饲料中饲喂）、复方敌菌净（按0.02%混入饲料拌匀，连用3～5日）、氨丙啉（按0.025%混入饲料或饮水中，连用3～5日）等。给鸡驱虫期间，要及时消除鸡粪，集中堆积发酵。

（10）勤观察记录：每天应注意观察鸡群的动态，如精神状态、吃料饮水、粪便和活动状况等有无异常；记录好每天的耗料量、耗水量，才能及早发现问题、及时分析处理。

（二）放养后备鸡的饲养管理

采用放养方式一般在雏鸡脱温后把后备鸡转入放养地的鸡舍（过夜鸡舍），鸡群转入放养地前也要做好相应的准备工作。

1. 转群前的准备工作

（1）环境消毒：转入鸡群前15天也要对建好的放养地鸡舍及其鸡舍周围进行消毒。

（2）搭好遮雨篷：在放养地鸡舍外搭好遮雨篷，以防止雨水淋湿补料的料槽。

（3）设置架床或垫料：放养的鸡舍内同样设架床或铺垫料。

（4）饲喂用具消毒：用消毒剂消毒、清洗饲喂用具。

2. 日常管理

（1）更换饲料：在转群后的前3天，喂料和饮水也要在鸡舍里进行。3天之后，再逐步地把喂料和饮水器具挪到舍外，诱导后备鸡逐渐到舍外活动，让它们逐步适应散养的生活方式。

更换补饲饲料也要和圈养一样逐渐过渡。补饲时早晨少喂，晚上喂饱，中午酌情补喂。傍晚补饲一些配合饲料，补饲多少应该以野生饲料资源的多少而定。

（2）适当分群：放养鸡除要公、母分群外，一般放养规模以每群500～1000只为宜，规模太大不便管理，放养密度以每亩山地100～150只左右为宜。

（3）训练鸡上架床：采用网床育雏的，若育成鸡采用架床或垫料则可省去训练鸡上网床的麻烦。若育雏期采用笼养、育成期采用架床的，要耐心训练鸡上架床。开始时，把不知道上床的鸡轻轻捉上架床，训练几天以后，鸡也就习惯上了。训练最好是在傍晚还能隐隐约约看见鸡时进行训练。

（4）温度管理：转入放养地的鸡群要根据季节做好温度管

理工作。冬季要做好舍内防寒保温工作；夏季应进行人工降温及降低饲养密度。

（5）适时散养：原则上讲春末、夏初至中秋是散养的最佳季节，但其他季节一样可以散养，只是补饲量和散养的距离远近不同。

①诱导训练：山地、林地散养鸡时因不设围网，所以要进行诱导训练，训练时人在前面用饲料诱导鸡上山，使鸡逐渐养成上山采食的习惯。为使鸡按时返回棚舍，便于饲喂，在早、晚放归时，可定时用敲盆或吹哨来驯导和调教。最好2人配合，1人在前面吹哨开道并抛撒饲料（最好用颗粒饲料或玉米颗粒，并避开浓密草丛）让鸡跟随哄抢；另1人在后面用竹竿驱赶，直到全部进入散养区域。为强化效果，每天中午可以在散养区已设置好的补料槽和水槽内加少量的全价配合饲料和干净清洁的水，吹哨并进食1次，同时饲养员应坚持等在棚舍，及时赶走提前归舍的鸡，并控制鸡群的活动范围，直到傍晚再用同样的方法进行归舍训导。如此反复训练几次，鸡群就建立起“吹哨—采食”的条件反射以后，若再次吹哨召唤，鸡群便很快回舍。初放几天，每天可放3～6个小时，以后逐渐延长时间。一般情况下，经过最初3天的引导，大部分鸡都能养成良好的生活习惯，每天早上自己出去，天黑时再回鸡舍栖息过夜。

山地、经济林散养要注意的是在地面不见青的情况下，必须投喂青菜、嫩草或人工牧草。

②园地散养管理：果园放养乌骨鸡时，果树喷洒农药时应尽量使用低毒高效或低浓度低毒的杀菌农药，或实行限区域放养，或实行禁放1周，避免鸡群农药中毒。

③大田散养管理：大田放养晚上适当补饲些粉碎的原粮（按配方搭配其他原料，如麸皮、豆饼、鱼粉、骨粉、石粉等）。大

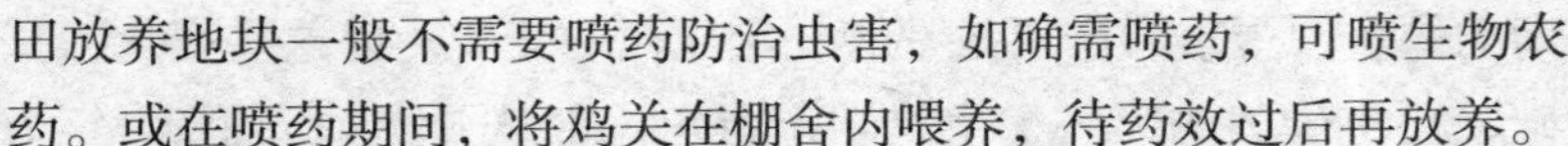

田放养地块一般不需要喷药防治虫害，如确需喷药，可喷生物农药。或在喷药期间，将鸡关在棚舍内喂养，待药效过后再放养。

（6）光照控制：光照控制同圈养。

（7）驱虫：同圈养一样在17～19周龄时也要进行1次驱虫（方法见本书圈养期驱虫）。

（8）免疫接种：做好种鸡相应日龄的免疫接种。

（9）日常安全：同圈养一样除做好日常卫生的管理工作外，还要注意以下2点。

①注意收听天气预报，下暴雨、冰雹时，要及时将放养鸡招回舍内，以防发生意外。

②注意防范野兽和老鼠等的侵袭，如发现鼠害，可用生态型鼠药进行灭鼠。在实际生产中，有人在散养地饲养几只鹅来防止兽害效果比较好。

（10）同样及时淘汰不适于留种的鸡只。

第三节　种鸡的饲养管理

乌骨鸡21周龄以后进入成年鸡阶段，是乌骨鸡养殖过程的一个十分重要的环节。科学的种鸡饲养可以提供优良的种蛋和种雏，所以，种鸡的饲养和管理，应加强饲料营养、生活环境、疾病预防等方面的工作，确保生产出优质的种蛋。

一、种鸡的生理特点

成年乌骨鸡已经基本完成了躯体和器官的生长发育，主要任务是繁殖后代。这时体重的增长除在产蛋前期有一定的趋势外，饲料营养物质主要是用于产蛋。从开始产蛋起，产蛋母鸡在产蛋期的体重、蛋重和产蛋量都有一定规律的变化。以这些变化为基础，可将母鸡的第一个生物学产蛋年（即从开产到产蛋满1年为止）划分为3个阶段，各个阶段都有它的特点。

第一个阶段是产蛋初期，大约是21～24周龄。由于前期管理良好，鸡群产蛋率呈阶梯式上升，一般由见蛋到开产50%需要20天左右的时间，然后再经3周左右就达到了高峰。这一阶段要随时注意产蛋率的变化，加强饲养管理及日常工作，搞好环境卫生。同时可以合理安排育雏时间，禁用发病种鸡产的蛋孵化鸡苗。本期要注意淘汰鸡群中的假母鸡。

第二阶段是产蛋中期，从25周龄开始，产蛋率稳步上升，在31～32周龄时，产蛋率可达到85%左右，维持80%以上产蛋率2～3个月后，产蛋率缓慢下降；在55周龄时，下降到60%左右。把25～55周龄这一阶段称为蛋鸡主产期。主产期内种蛋大小适中，受精率和孵化率比较高，雏鸡容易成活。

第三阶段是产蛋后期，随着母鸡日龄的增加，鸡群中换羽停产的鸡逐渐增多，产蛋率出现明显的下降。一般到55周龄时，母鸡的产蛋率下降到60%，进入产蛋后期。这时要及时调整鸡群均匀度，尽早淘汰没有饲养价值的停产或极低产鸡只。

二、种鸡的饲养管理

种乌骨鸡的饲养方式也分为圈养和放养两种方式，即后备鸡采用舍内地面垫料饲养或架床饲养、舍外圈运动场的方式饲养的继续原方式饲养，只是要根据养殖日龄调整饲养密度，后备鸡是采取放养方式的，继续采用放养方式。

（一）圈养种鸡的管理

1. 产蛋初期的饲养管理

乌骨鸡产蛋初期大约是21～24周龄。

（1）做好转群前的准备工作

①对种鸡舍、设备用具等进行消毒：对种鸡舍、设备用具等消毒同育雏室的消毒方法。

②准备饲料：转群初期，除吃7天的育成鸡饲料后，就要更换种鸡的饲料，因此，2种饲料都要准备好，饲料的数量按每只鸡每天80克饲料准备1周的量。与育成鸡转舍一样，转群前也要在料槽中先添加育成期的饲料，水槽中注入水。

③预防转群应激：转群前后3天内同样添加50%的多种维生素或饮电解质溶液。转群前6～12小时停止喂料，但不停止供水。

（2）按比例配置公鸡：在21周龄时进行第二次选种，按公母比例1：(8～10）把经过挑选的健康公乌骨鸡放入母鸡群中。放入时间应在熄灯前进行，以避免惊群。对没有实施断喙的鸡戴眼镜可以防止乌骨鸡的争斗。

（3）密度：产蛋初期密度调整为每平方米5～6只，每群以200～250只为宜。

（4）开产前逐渐增加光照：光照管理是提高禽类产蛋性能必不可少的重要管理技术之一，种鸡光照的目的在于刺激和维持产蛋平稳；另一个作用是使母鸡开产整齐，以达到将来高产稳定。光照对种鸡是相当敏感的，采用正确的光照，产蛋能收到良好的效果，使用不当可出现过早开产、蛋重小等副作用。

开产前2～3周，采用自然光照，不补充人工光照。2～3周后逐渐增加光照时间，一般每周增加20～30分钟，直至每天光照时间达16～17小时为止。在每天关灯时最好在1～20分钟内逐渐部分关灯或慢慢减弱亮度给鸡一个信号，以使鸡找到适合的栖息位置，有条件者可使用光控仪。

（5）饲喂

①日粮过渡：从后备鸡饲料换成种鸡饲料时同样也要用7天的时间作为过渡。饲料转换方法同育成期。

②饲喂方式：采用干粉料饲喂的继续采用干粉料，采用湿拌料饲喂的继续采用湿拌料，不要突然更换饲喂饲料形状。种鸡必须任其自由采食，开灯期间饲槽中要始终有饲料，以满足其营养需要。

③预防死亡：此阶段是种鸡饲养的关键时期，由于大部分种鸡由非产蛋状态，突然转入产蛋状态，体内激素分泌不稳定，抵抗力下降，常出现产畸型蛋、带血蛋等，并且如果饲养管理不当，还会经常突然死亡，因此每隔10～15天使用菌特或阿利唑饮水，或安康拌料，配合惠维素饮水，会避免此类死亡。

④提高钙的比例：从21周龄开始逐渐添加贝壳粉（石灰石粉、蛋壳粉）的含量，也可以根据鸡群的情况及时的调整补钙的时间。贝壳粉的添加幅度要适宜，否则会引起鸡群的严重腹泻。通常情况下，都是随着鸡群产蛋率的增加而适度增加钙的含量，一般1周的增加量控制在0.5%左右，也可以根据产蛋率的上升情况确定增加的幅度，往往能达到比较好的效果。

对于补钙的操作，还有几点值得注意：

Ⅰ. 饲料中的含钙量除了随着产蛋率的变化外，还应该随着采食量变化而变化。如夏季天气炎热，鸡的采食量减少，应适当增加饲料中钙的含量，同时，应注意钙磷比例，维生素D的补充，可在饲料中加入骨粉、维生素A、维生素D_3粉和浓鱼肝油等。

Ⅱ. 钙的摄取时间与蛋壳的形成效果有关，钙的摄取最重要的时间是下午，因为蛋壳是在下午开始完成的，午后给予的钙，不需要经过骨骼而直接沉积成蛋壳，因此，应在下午把大粒的碳酸钙给产蛋鸡自由采食，为满足蛋壳形成所需要的钙质，可在夜间再补给一部分，按每只鸡每天供给贝壳粉或碳酸钙碎粒10～15克的拌入饲料中或直接置于料槽中让鸡自由采食。

Ⅲ. 充足饮水：任何时候都要供给充足清洁的饮水，因为缺水的后果往往比缺料更严重。夏季要注意饮深井水，必要时可在水中加冰块；冬季要注意饮温水，防止水温过低给鸡带来应激。

（6）设产蛋箱：在21周左右，按4～5只母鸡设1个产蛋箱（窝）。将产蛋箱放置在鸡舍内，为吸引雌乌骨鸡在箱内产蛋，产蛋箱应放置在光线较暗，通风良好，比较安静的地方，垫料要松软。乌骨鸡就巢性强，通常母鸡第一个蛋下在什么地方，以后就固定在这个地方。因此，产蛋箱一定要在开产之前设置好。

（7）防应激：鸡群开始产第一个蛋的日期叫见蛋日龄，开始见蛋不等于大群开产，产蛋率达到50%时才能代表全群开产。因此，把产蛋率达到50%的日期叫作全群开产日龄。

开产是蛋鸡一生中的重大转折，在产首枚蛋前的1～3天，小母鸡的日采食量会下降15%～20%。临产前后其生殖系统迅速发育成熟，体重仍在增长；长时间光照导致休息时间缩短，采食和活动时间相对延长等，这些在其生理上也是极大的应激，所以应尽可能的保持鸡舍及周围环境的安静，饲养人员应穿固定的工作服，闲杂人员不得进入鸡舍；把门窗、通气孔网、铁丝网封住，防止猫、犬、鸟、鼠等进入鸡舍；严禁在鸡舍周围燃放烟花爆竹；饲料加工、装卸应远离鸡舍，防止噪音应激等，以减少各种应激。也可在饲料或饮水中加入维生素C、速溶多种维生素、延胡素酸等以缓解应激。

（8）疫病预防

①开产前要进行免疫接种：按照日龄免疫程序准备好鸡新城疫、减蛋综合征、禽流感等疫苗的免疫接种工作。

②每天早晨观察粪便：正常粪便是成形的，以条状多见，

表面有一层白色的尿酸盐。而牛奶样粪便、节段状粪便、稀薄粪便、蛋清状粪便、血液粪便、肉红色粪便和黄、绿、白色粪便都是不正常粪便。

③每天应全面检查1次鸡群：最好在第一次投料时，发现有不吃料、闭眼、缩颈、翅尾或尾下垂、张口喘、眼鼻有大量分泌物、眼肿、肉髯肿等现象的鸡，应及时挑出、治疗，无治疗价值的应立即淘汰。

④听呼吸音：每天夜间停止光照后，待鸡群安静下来，静悄悄地进入鸡舍，静听鸡群有无呼吸道症状，如有咳嗽声，沙哑叫声，干、湿啰音等，必须马上挑出，有1只挑1只，不能拖延，并要进行隔离治疗，以防暴发传染病。

（9）捡蛋：乌骨鸡一般每日的产蛋高峰时间大多集中在上午8～11点钟，所以上午的捡蛋次数需要相应增加，要求最低不少于3次，及时捡蛋能有效地降低鸡蛋在鸡舍里面被污染的概率，当鸡舍温、湿度较高时，留在鸡舍的鸡蛋可能会感染细菌，给储存带来麻烦。

（10）淘汰未开产鸡：开产后5～6周时，如仍有个别鸡未开产，应予淘汰。

2. 产蛋中期的饲养管理

25周龄开始，产蛋率稳步上升，到55周龄时，产蛋率下降到60%左右，生产上把25～55周龄这一阶段称为主产期。主产期内种蛋大小适中，受精率和孵化率比较高，孵化雏鸡容易成活。

（1）光照的控制：每天光照时间固定16～17小时，保持到产蛋结束。自然光照不足时，要用人工光照加以补充。切记在产蛋期间光照时间不能缩短，光照强度不能减弱。

（2）温度的控制：种用乌骨鸡最适宜的温度为18～24℃。因此，应做好夏季的通风、遮阳、喷雾或增加一些防暑降温的药

（冰片、生石膏、小苏打、大青叶），或保证足够的清洁凉爽的饮水等降温措施和冬季的保温工作（如北边的窗户钉塑料布，在舍内添加增温设置等）。

（3）合理的湿度：空气湿度一般与温度综合对鸡产生影响。在高温、高湿的情况下，各种病原微生物极容易生存和大量繁殖，将诱导疾病的发生与传播。而低温、高湿又可使鸡体热散失加快，使御寒和抗病能力减弱。因此，应采取措施，保持舍内干燥。鸡最适宜的相对湿度为60%～70%。在实际生产中，只要环境温度适宜，可把相对湿度控制在40%～75%。

（4）保持鸡舍空气清新：根据不同季节的气候，在掌握好鸡舍的温、湿度的前提下，给予足够的通风换气，搞好清洁卫生，减少鸡粪在舍内的停留时间是至关重要的。在无检测仪器的条件下以人进鸡舍感觉不刺眼、不流泪、无过臭气味为宜。

（5）合理饲喂

①饲喂方式：种乌骨鸡在交配、产蛋期，为满足其交配、产卵的需要，饲喂次数应满足其无顿次性的特点，少喂勤添，保证供料充足。采用干粉料饲喂的继续采用干粉料，采用湿拌料饲喂的继续采用湿拌料，不要突然更换饲喂饲料形状。

②补钙：产蛋中期，鸡对钙的需要量增加，日粮中钙的含量应由日常的3%提高到3.5%～4%。但日粮中钙的含量不能过高，否则容易影响鸡的食欲。

③给水：必须不断供给新鲜饮水。蛋鸡若断水24小时，产蛋量就会下降30%，补水后30天才能恢复正常生产；若断水48小时，则会有死亡现象。由于鸡的饮水量随着气温和产蛋率的上升而增加，在炎热季节或高产期，更应保证清洁饮水不间断。

（6）选留种蛋：产蛋高峰期是收集种蛋时期，捡出的种蛋，经初步挑选后送入种蛋库进行消毒保存。收集种蛋时避开产蛋高峰时间10:00～14:00，每天应收集6～7次种蛋。如果发现种蛋受精率不高，可能是公鸡性机能有问题或是饲料质量不好，要注意观察，及时采取措施。

①种蛋来源：种蛋必须来自健康而高产的种鸡群，种鸡群中公、母配种比例要恰当。

②蛋的重量：种蛋大小应符合品种标准。应该注意，一批蛋的大小要一致，这样出雏时间整齐，不能大的大、小的小。蛋体过小，孵出的雏鸡也小；蛋体过大，孵化率比较低。

③种蛋形状：种蛋的形状要正常，看上去蛋的大端与小端明显，长度适中。长形蛋气室小，常在孵化后期发生空气不足而窒息，或在孵化18天时，胚胎不容易转身而死亡；圆形蛋气室大，水分蒸发快，胚胎后期常因缺水而死亡。因此，过长或过圆的蛋都不应该选做种蛋。

④蛋壳表面的清洁度：蛋壳表面应该干净，不能被粪便和泥土污染。如果蛋壳表面很脏，粪泥污染很多，则不能当种蛋用；若脏得不多，通过揩擦、消毒还能使用。如果发现脏蛋很多，说明产蛋箱很脏，应该及早更换垫草，保持产蛋箱清洁。

⑤保存时间：一般保存5～7天内的新鲜种蛋孵化率最高，如果外界气温不高，可保存10天左右。随着种蛋保存时间的延长，孵化率会逐渐下降。经过照蛋器验蛋，发现气室范围很大的种蛋，都是属于存放时间过长的陈蛋，不能用于孵化。

（7）日常看护

①每天观察鸡群动态：每天观察鸡群的神态和食欲等，整个鸡群采食量降低，饮水量减少，可能是发病先兆，要高度重视；对个别打蔫、不上槽采食、饮水的鸡，要尽快隔离出去治疗；对拉绿色、血便，白色稀便、水样便的鸡，一定要高度重视，进一步细致观察，可能是某种疾病的预兆；要在夜间不定时地查舍，

静听有无呼吸道异常声音，有无排出特殊气味的鸡群，一旦发现有病，立即采取有效措施，以防蔓延；若有不明原因死亡的鸡，立即送到兽医部门剖检诊断、化验等。

②加强卫生防疫工作：处于高峰期的鸡群，体质与抗体消耗均比较大，抵抗力随之下降，为各种疾病提供了可乘之机，因此在高峰期应严抓防疫关，防止疫病的发生。

Ⅰ. 饲养人员进舍前，必须更衣换鞋帽，喂鸡前洗手消毒。

Ⅱ. 鸡舍门外消毒槽内每周要更换1次消毒液，进入鸡舍经消毒池消毒后才能与鸡接触。

Ⅲ. 饲养用具坚持每天刷洗，3～5天消毒1次。

Ⅳ. 每次清除粪便后要带鸡消毒1次，粪便堆积在鸡场外下风头，距鸡舍100米处生物发酵，严禁在大门口处或鸡舍院内堆积粪便。病死的鸡必须焚烧或深埋。

③减少应激：应激因素的刺激，如噪音、突然光照过强、疫苗接种、夜间鼠害、陌生人入舍、突然更换饲料、燃放烟花爆竹等引起鸡的应激反应，从而影响肠道对营养物质的吸收利用，缩短鸡蛋在子宫中的滞留时间或造成内分泌紊乱，使蛋壳不能正常形成，出现畸形蛋、薄壳蛋、软壳蛋和无壳蛋。日常管理中尽量减少或避免应激的发生。

Ⅰ. 要保持鸡舍及周围环境的安静，饲养人员应穿固定工作服，严禁穿红、绿色或颜色艳丽的服装喂鸡，否则极容易引起应激反应，影响产蛋。闲杂人员不得进入鸡舍。

Ⅱ. 尽量减少进出鸡舍的次数，保持鸡舍环境安静。

Ⅲ. 定期在舍外投药饵以消灭老鼠。

Ⅳ. 把门窗、通气孔用铁丝网封住，防止猫、犬、鸟、鼠等进入鸡舍。

Ⅴ. 严禁在鸡舍周围燃放烟花爆竹。

Ⅵ. 饲料加工、装卸应远离鸡舍，这不仅可以防止噪声应激，而且还可以防止 鸡群疾病的交叉感染。

（8）预防母鸡就巢性：乌骨鸡就巢性强，因此，平时要拣净新产的鸡蛋，做到当日蛋不留在产蛋窝内过夜。

一旦发现就巢鸡应及时改变环境，将其放在凉爽明亮的地方，多喂些青绿多汁饲料，并采取相应的处理措施。

①肌内注射丙酸睾丸素：每只鸡肌内注射丙酸睾丸素注射液1毫升，注射后2天抱窝症状消失，10天开始产蛋。此方法在就巢初期使用。

②口服异烟肼片：用异烟肼片灌服，第一次用药以每千克体重0.08克为宜。对返巢母鸡可于第2天、第3天再投药1～2次，药量以每千克体重0.05克为宜。一般最多投药3天即可完全醒抱。用药量不可增大，否则会出现中毒现象。

③灌服食醋：给抱窝鸡于早晨空腹时灌服食醋5～10毫升，隔1小时灌1次，连灌3次，2～3 天即可醒抱。

④笼子关养：将抱窝鸡关入装有食槽、水槽、底网倾斜度较大的鸡笼内，放在光线充足、通风良好的地方，保证鸡能正常饮水和吃料，使其在里面不能蹲伏，5天后即可醒抱。

（9）种公鸡的补饲：为了保持种公鸡有良好的配种体况，种公鸡的饲养，除了和母鸡群一起采食外，从组群开始，对种公鸡应进行补喂配合饲料。配合饲料中应含有动物性蛋白饲料，有利于提高公鸡的精液品质。补喂的方法：一般是在一个固定时间，将母鸡赶到运动场，把公鸡留在舍内，补喂饲料任其自由采食。这样，经过一定时间（1天左右），公鸡就习惯于自行留在舍内，等候补喂饲料。开始补喂饲料时，为便于分别公、母鸡，对公鸡可作标记，以便管理和分群。公鸡补喂可持续到母鸡配种结束。

（10）做好记录工作：因为生产记录反映了鸡群的实际生

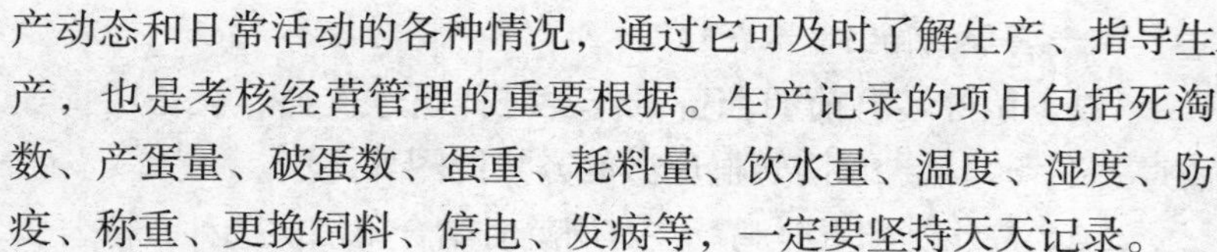

产动态和日常活动的各种情况，通过它可及时了解生产、指导生产，也是考核经营管理的重要根据。生产记录的项目包括死淘数、产蛋量、破蛋数、蛋重、耗料量、饮水量、温度、湿度、防疫、称重、更换饲料、停电、发病等，一定要坚持天天记录。

3. 产蛋后期的饲养管理

到55周龄时，母鸡的产蛋率下降到60%，进入产蛋后期。

（1）加强消毒：到了产蛋后期，鸡舍的有害微生物数量大大增加。因此，更要做好粪便清理和日常消毒工作。

（2）减少破损蛋：破损的原因主要有2个，一是由于饲料中钙磷含量不足或比例失调引起的，可以通过调整饲料配方改正；二是由于人为造成的，如拾蛋次数少，多个蛋在蛋箱被母鸡压破，或拾蛋时动作过重而碰破等。此外，由于产蛋箱的结构不合理，使母鸡产蛋落地时便碰破。这种情况必须改正产蛋箱的结构来改善。

减少人为造成的破蛋率，要勤捡蛋，视产蛋率的高低每天要拾4～5次。拾蛋时动作要轻，验蛋时敲击要小心轻度。

4. 休产期的饲养管理

进入休产期的乌骨鸡的繁殖活动基本停止，并开始正常换羽。换羽期的乌骨鸡体质较弱，为促使新羽快速长成，饲料中的蛋白质、维生素、矿物质及微量元素的比例要适当增加，同时注意补充清绿饲料及羽毛粉、蛋氨酸等，为乌骨鸡的安全越冬做好准备。

到了产蛋后期，鸡舍的有害微生物数量大大增加。因此，更要做好粪便清理和日常消毒工作。

（二）放养种鸡的饲养管理

放养种鸡的饲养管理与圈养管理大同小异，只是注意个别方面即可。

1. 产蛋初期的饲养管理

（1）做好转群前的准备工作：对种鸡过夜舍、设备用具等消毒、准备饲料、预防转群应激的方法同圈养方法。

（2）按比例配置公鸡：在21周龄时结合第二次选种，按公、母比例1：(8～10）把经过挑选的健康公乌骨鸡放入到母鸡群中。

（3）密度：放养规模以每群300～500只为宜，放养密度以每亩山地60～80只左右为宜。

（4）饲喂

①补饲：一只新母鸡在第一个产蛋年中所产蛋的总重量为其自身重的8～10倍，而其自身体重还要增长25%。为此，它必须采食约为其体重20倍的饲料。鸡群在开始产蛋时起，白天让鸡在散养区内自由采食，早晨和傍晚各补饲1次，每次补料量最好按150克的80%～90%补给。剩余的10%～20%让鸡只在环境中去自由采食虫草弥补，并一直实行到产蛋高峰及高峰后2周。

散养鸡吃料时容易拥挤，会把料槽或料桶打翻，造成饲料浪费。因此，在饲喂过程中应把料槽或料桶固定好，高度以大致和鸡背高度一致为宜，并且要多放几个料槽或料桶。每次加料量不要过多，加到料槽或料桶容量的1／3即可，以鸡40分钟吃完为宜。每日分4次加料，冬季应在晚上添加1次。

②供给充足的饮水：野外散养鸡由于野外自然水源很少，必须在鸡活动的范围内放置一些饮水器具，如每50只放1瓷盆，瓷盆不宜过大或过深，尤其是夏季更应是如此，否则，鸡喝不到清洁的饮水，就会影响鸡的生长发育甚至引发疾病。

③补钙：散养鸡虽然能够自由采食，但钙仍需从日粮中足量供给，否则就会骨质疏松，姿势反常，产软壳蛋、薄壳蛋或无壳蛋，蛋的破损率增加，产蛋量也会下降。

大部分散养鸡应在开始产蛋时补钙。鸡对钙的利用率约为

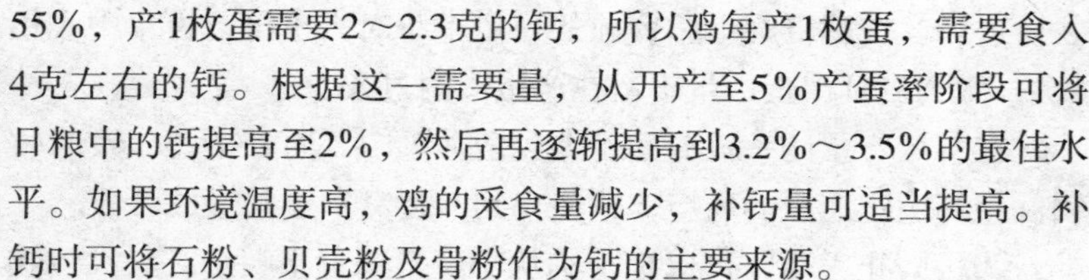

55%，产1枚蛋需要2～2.3克的钙，所以鸡每产1枚蛋，需要食入4克左右的钙。根据这一需要量，从开产至5%产蛋率阶段可将日粮中的钙提高至2%，然后再逐渐提高到3.2%～3.5%的最佳水平。如果环境温度高，鸡的采食量减少，补钙量可适当提高。补钙时可将石粉、贝壳粉及骨粉作为钙的主要来源。

（5）增加光照时间：由于在自然环境中生长，其光照为自然光照，因此产蛋季节性很强，一般为春、夏产蛋，秋、冬季逐渐停产。在散养的条件下，应尽量使光照基本稳定，可提高鸡的产蛋性能。实行早、晚2次补光，早晨固定在6时开始到天亮、傍晚6时半开始到10时补光，全天光照合计为16小时以上；产蛋2～3个月后，将每日光照时间调整为17小时，早晨补光从5时开始，傍晚不变，补光的同时补料。补光一经固定下来，就不要轻易改变。

（6）注意天气：冬季注意北方强冷空气南下，夏天注意风云突变，谨防刮大风、下大雨。尤其是散养的第1～2周，要注意收听天气预报，时刻观察天气的变化，恶劣天气或天气不好时，应及时将鸡群赶回棚内进行圈养，不要上山散养，避免死伤造成损失。同时，还要防止天敌和兽害，如老鹰、黄鼠狼等。

（7）设产蛋箱：在21周左右，同样按4～5只母鸡设1个产蛋箱（窝）。同样将产蛋箱放置在鸡舍内，产蛋箱应放置在舍内光线较暗，通风良好，比较安静的地方，垫料要松软。

（8）疫病预防：同舍养鸡。

（9）蛋的收集：应熟悉和掌握每日产蛋的规律，把散养时间放在上午11点钟以后，让鸡群80%左右的鸡在散养前均产完蛋，让鸡只养成这样的习惯，既可以减少鸡四处乱产蛋，又便于鸡蛋的收集，降低劳动强度。

鸡蛋的收集时间最好集中在早晨散养鸡全部从散养鸡舍赶出

去后进行，在鸡群晚上归舍前的1～2个小时内也可以再集中收集1次，做到当日产蛋尽量不留在产蛋窝内过夜。

在开始产蛋的一段时间，要到散养地寻找野产的蛋，及时收回并损坏适宜产蛋的环境，迫使鸡到产蛋窝产蛋并形成习惯。

为了防止丢蛋，可以把小狗从小经常用鸡蛋喂食，长大后狗会对鸡蛋有特殊的嗅觉，饲养员可牵着狗捡鸡蛋。此方法仅可作为山场散养鸡捡蛋的一种补充。

散养鸡蛋蛋壳表面经常粘有沙土、草屑、粪便等污染物，需要及时用砂纸清除干净。当日的鸡蛋最好储存在阴凉干燥的地方或冷库。

（10）淘汰未开产鸡：将个别未开产的鸡转入育肥区。

（11）注意安全：散养鸡，安全也是一个较大的问题。除可能面临停电、缺水、突发疫病、恶劣天气等危害鸡群的安全因素外，还可能存在野兽危害、鸡群中毒、鸡只走失和失窃等危险，需要采取适当措施加以防范。

（12）注意防疫：不要因为散养鸡与其他养鸡场隔离较远而忽视防疫，散养鸡同样要注重防疫，制订科学的免疫程序并按免疫程序做好鸡新城疫、马立克病、法氏囊病等重要传染病的预防接种工作。同时还要注重驱虫工作，制订合理的驱虫程序，及时驱杀体内、体外寄生虫。

（13）严防农药中毒：在大田和果园喷药防治病虫害时，应将鸡群赶到安全地带或错开时间。田园治虫、防病要选用高效低毒农药，用药后要间隔5天以上，才可以放鸡到田园中，并注意备好解毒药品，以防鸡群中毒。

（14）巡逻和观察：散养时鸡到处啄虫、啄草，不容易及时发现鸡只异常状态。如果鸡只发生传染性疾病，会将病原微生物扩散到整个环境中。因此，散养时要加强巡逻和观察，发现行动落伍、独处一隅、精神萎靡的病弱鸡，要及时隔离观察和治疗。鸡只傍晚回舍时要清点数量，以便及时发现问题、查明原因和采取有效措施。

2. 产蛋中期、后期、休产期的饲养管理

产蛋中期、后期、休产期的放养管理与圈养管理相差不大，养殖者可参照执行。

三、种鸡群的淘汰

种乌骨鸡的利用年限最好为2年，优良者可用3年，但每年要有计划地更换新种鸡50%左右。淘汰的种乌骨鸡进行育肥处理。

第四节　育肥鸡的饲养管理

转群时把不留作种用的乌骨鸡转到育肥舍（区）进行单独饲养，使其在短期内达到药用或肉用体重而适时上市销售。

一、育肥鸡的生理特点

脱温后转入育肥舍（区）的育成鸡羽毛已基本覆盖全身，消化系统功能趋于完善，采食量增加，消化能力增强，脂肪沉积多，绝对生长最快，肉的品质得以完善，是决定药用或肉用商品价值和养殖效益的重要阶段。因此，在饲养管理上要抓住这一特点，使其迅速达到药用或肉用体重。

二、育肥鸡的饲养管理

为了达到乌骨鸡的保健功效，圈养育肥乌骨鸡要和后备鸡的饲养方式一样在舍外圈运动场，在育肥期间白天要把舍门打开，让育肥鸡到舍外的运动场（或圈定的放养区域）上自由活动。放养的可把育肥鸡转至放养地的育肥区域。

1. 分群饲养

无论采取圈养方式还是放养方式进行育肥，为了确保育肥的效率，必须做好大小强弱、公母的分群工作，一般以300～500只一群为宜。

圈养的饲养密度为每平方米11～15只，放养育肥每个小区面积以1000平方米为宜。

2. 补饲

无论圈养或放养，舍内必须配备照明设备，通宵开灯补饲，保证群体采食均匀，饮水正常，以利消化吸收和发育整齐。

3. 合理的饲喂

（1）更换饲料：育肥鸡的饲料更换同后备鸡的饲料更换一样。

（2）投喂方式：在乌骨鸡的肥育期，要任鸡自由采食，投喂的饲料量应掌握在鸡群每次食饱后仍略有剩余为原则，保证每只鸡都能食饱。

乌骨鸡喜食绿色植物，在育肥期间要补饲青菜，供鸡自由觅食以补充饲料中缺少的维生素、微量元素及矿物质，增强鸡的食欲。也可投喂动物性饲料，以丰富乌骨鸡的食物结构，促进乌骨的快速生长，提高养殖效益。

（3）催肥：在8～18周龄时，乌骨鸡生长速度较快，容易沉积脂肪，在饲养管理上应采取适当的催肥措施，如购买肉鸡生长料或使用自配的育肥料。同时要保证育肥乌骨鸡有充足的饮水。

（4）在出售前20～30天停喂一切药物，对于磺胺类药物要在出售前45～60天停止使用。出栏前1周不喂鱼粉。

4. 日常管理

（1）注意经常观察和检查鸡群：育肥期应该注意经常地观察和检查鸡群。看鸡群的食欲、食量情况，注视鸡群的健康。发现病鸡要隔离。

（2）做好清洁和消毒工作：育肥期间，舍内、外环境，饲槽，工具，要经常清洁和消毒，以防引入病原，这是直接影响到育肥鸡成活率的重要因素，千万不能疏忽大意。

5. 适时上市

商品乌骨鸡饲养至90～120日龄、公母体重达到品种标准体重后即可上市出售。出栏前8～12小时，停止喂料，把料槽撤到舍外，但饮水不能停。抓鸡时最好在较暗的环境下进行，把鸡隔离成小群，抓鸡的双腿，动作不能粗暴，以防出现伤残，轻轻放入专用运输笼中。

在育肥鸡上市的时候，还必须考虑运输工作，有些鸡场往往由于运输环节抓得不好而发生鸡体损伤或中途死亡，造成不必要的损失。所以在运输时要做到及时安全，夏季应当晚上运输。装运时，鸡装笼不要太挤，笼底加铺垫底，车速不能太快，鸡笼不能震动太大，到目的地就要及时卸下，千万防止长时间日晒雨淋。

第六章 常见疾病治疗与预防

随着养鸡业的蓬勃发展，鸡病越来越多，越来越复杂。据不完全统计，鸡的病毒病有30余种，细菌病20余种，寄生虫病10余种，另外还有代谢病和中毒病，但90%以上为传染病。从某种意义上讲，控制好病就等于养好鸡。所以，鸡病的控制，尤其是鸡传染病的预防控制，是养鸡业成败的关键。

第一节　疾病的综合性防治

乌骨鸡抗逆性差，发病后容易死亡，故重点应放在综合性预防，预防措施主要包括：场址的选择、鸡舍的设计、建筑及合理的布局；引进健康无病的雏鸡，科学的饲养管理，严格的卫生消毒制度，合理的免疫接种和预防用药程序等。只有坚持综合性防疫措施，才能使鸡群少发病或不发病，保证养鸡获得好的经济效益。

一、选择无病原的优良种鸡

选择优良的种鸡、种蛋或幼雏，是乌骨鸡饲养的基础和前提，因此养殖户或饲养场应从种源可靠的无病鸡场引进种鸡、种蛋或幼雏。因为有些传染病感染雌鸡是通过受精蛋或病原体污染的蛋壳传染给新孵出的后代，这些孵出的带菌雏或弱雏在不良环

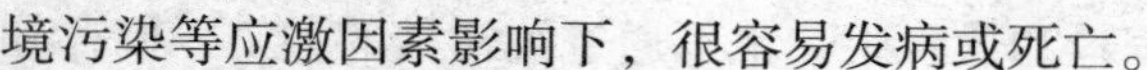

境污染等应激因素影响下，很容易发病或死亡。

从外地或外场引进青年鸡作为种鸡用时，必须先要了解当地的疫情，在确认无传染病和寄生虫病流行的健康鸡群引种，千万不能将发病场或发病群，或是刚刚病愈的鸡群引入。有条件的饲养场或养殖户最好坚持自繁、自养。

二、强化卫生防疫

鸡为群体饲养，数量多，个体发病容易累及全群，所以鸡病防重于治。根据所在地区的疾病流行特点，制定合理有效的防疫程序，及时进行疫苗接种和预防性投药。同时，要加强鸡场的环境卫生，通风换气，严格消毒，发病个体迅速隔离等方面的工作。

（一）鸡舍防疫

1. 可引发鸡病的病源微生物

传染病是由人们肉眼看不见而具有致病性的微小病源微生物引起的，包括病毒、细菌、霉形体、真菌及衣原体等。

2. 鸡病的传播媒介

（1）卵源传播：由蛋传播的疾病有：鸡白痢、禽伤寒、禽大肠杆菌病、支原体病、病毒性肝炎、减蛋综合征等。

（2）孵化室传播：主要发生在雏鸡开始啄壳至出壳期间。这时雏鸡开始呼吸，接触周围环境，就会加速附着在蛋壳碎屑和绒毛中的病原体的传播。通过这一途径传播的疾病有：禽曲霉菌病、沙门菌病等。

（3）空气传播：经空气传播的疾病有：支原体病、传染性支气管炎、传染性喉气管炎、新城疫、禽流感、禽霍乱、传染性鼻炎、马立克病、禽大肠杆菌病等。

（4）饲料、饮水和设备、用具的传播：病鸡的分泌物、排泄物可直接进入饲料和饮水中，也可通过被污染的加工、储存和运输工具、设备、场所及人员而间接进入饲料和饮水中，鸡摄入被污染的饲料和饮水而导致疾病传播。饲料箱、蛋箱、装禽箱、运输车等也往往由于消毒不严而成为传播疾病的重要媒介。

（5）垫料、粪便和羽毛的传播：病鸡粪便中含有大量病原体，病鸡使用过的垫料常被含有病原体的粪便、分泌物和排泄物污染，如不及时清除和更换这些垫料并严格消毒鸡舍，极容易导致疾病传播。鸡马立克病病毒存在于病鸡羽毛中，如果对这种羽毛处理不当，可成为该病的重要传播因素。

（6）混群传播：某些病原体往往不使成年鸡发病，但它们仍然是带菌、带毒和带虫者，具有很强的传染性。如果将后备鸡群或新购入的鸡群与成年鸡群混合饲养，会造成许多传染病暴发流行。由健康带菌、带毒和带虫的家禽而传播的疾病有：白痢、支原体病、禽霍乱、传染性鼻炎、禽结核、传染性支气管炎、传染性喉气管炎、马立克病、球虫病、组织滴虫病等。

（7）其他动物和人的传播：自然界中的一些动物和昆虫，如狗、猫、鼠、各种飞禽、蚊、蝇、蚂蚁、蜻蜓、甲壳虫、蚯蚓等都是鸡传染病的活体媒介。人常常在鸡病的传播中起着很大的作用，当经常接触鸡群的人所穿的衣服、鞋袜以及他们的体表和手被病原体污染后，如不彻底消毒，就会把病原体带到健康鸡舍而引起发病。

（二）鸡群防疫

1. 疾病控制

（1）坚持每天清扫鸡舍，地面要保持清洁干燥，防止潮湿和积水。舍内保持空气新鲜，光照、通风、温度、湿度应符合饲养管理卫生要求。食槽、饮水器等要每天洗刷，尤其在夏天，应经常保持清洁。对乌骨鸡的饲养笼、箱、用具、设备必须固定使用，定期消毒。

（2）经常更换鸡场门口或生产区入口处消毒池内的消毒液。非生产人员不得进入生产区。

（3）养防结合是控制疾病的基础。

首先，乌骨鸡场不得饲养其他畜禽或鸟类。

其次，根据不同鸡种、不同日龄的要求，供给按科学配方的营养饲料，创造适合乌骨鸡生长、发育、生产的环境，制订并执行一套生产管理技术，以能充分发挥该品种最好的生产性能。

第三，从外场引进的乌骨鸡，不论大小都应检查，隔离饲养观察30天后，方可同原来的乌骨鸡一起饲养。乌骨鸡粪便应堆放在离乌骨鸡舍比较远的地方，要堆积发酵处理。病死乌骨鸡要烧毁或埋入专用深坑。严禁在鸡舍内宰杀病鸡。

（4）应激是鸡对外界不良因素和自身心理压力所产生的生理对抗反应。鸡受应激后表现为精神紧张、食量减少、生长缓慢、抗病能力减弱，严重影响鸡的健康和生产力。所以，加强饲养管理十分必要。为乌骨鸡创造适宜的温度、湿度、饲养密度、换气、通风、光照、环境卫生，减少抓鸡、转舍、噪声、兽害侵袭等应激因素，是管理的主要内容。

（5）饲料的质量和价格对乌骨鸡的生长与生产成本起着重要作用，优质全价配合饲料更符合乌骨鸡生长的需要。

（6）乌骨鸡饲养方式多样，要根据不同情况进行生活条件和环境的改善。鸡舍布局合理、设计优化、冬季防寒、夏季防暑、不透风、不漏雨、卫生清洁、及时消毒等方面都要合理有效的安排，才能保证乌骨鸡生活在一个安全、优质的环境中。

2. 鸡场发生传染病时应急措施

（1）饲养人员经常到鸡舍观察鸡群的健康状况，一旦发现异常，经初步检查，疑为某种传染病时，应立即采取隔离、确诊、治疗或紧急接种等措施。做到早发现、早确诊、早处理。

（2）发现烈性传染病时，要立即封锁现场，采取扑灭疫情的果断措施。

（3）病鸡舍及使用过的用具，必须彻底清扫（清洗）和严格消毒。粪便和污物要堆积发酵处理。扑杀的病鸡或死鸡必须烧毁或埋入专用深坑。

3. 采取全进全出的饲养方式

因为不同日龄的鸡饲养、管理、饲料、温度、湿度、光照和免疫接种等都不相同，而且日龄较大的患病鸡或已病愈但仍带毒的鸡随时可将病原体传播给日龄小的鸡，引起疾病的爆发。因此，不同日龄的鸡应分舍或分场进行饲养，每批鸡全出后，鸡舍及饲养管理用具，必须经清扫冲洗、消毒，并空闲时间2周以上，这对减少疾病的发生大有好处。实践证明，全入全出的饲养方法是预防疫病、降低成本、提高成活率和经济效益的最有效措施之一。

4. 预防性投药

药物预防是鸡场防疫的重要辅助手段，科学合理地预防投药，能避免饲养成本上升、病原抗药性增强、鸡群药物依赖及肉蛋产品药物残留等问题，从而提高养殖经济效益。

（1）1～30日龄小鸡药物预防程序

①预防对象：主要预防脐炎、鸡白痢、大肠杆菌病、呼吸道病、肠毒综合征、球虫病。

②预防方法：1～3日龄，预防脐炎、鸡白痢、大肠杆菌病、非典病毒类病超前感染，用药：头孢沙星饮水；4～10日龄，预防脐炎、鸡白痢、大肠杆菌病，用药：禽用立竿见影（磺胺对甲氧嘧啶钠-二甲氧苄胺嘧啶片）饮水；11～30日龄，预防球虫

病，用药：百球清饮水，如果出现比较严重黄便，百球清控制不了，则用强效球鯱妥饮水。

（2）30～70日龄小、中鸡药物预防程序

①预防对象：30～70日龄小中鸡阶段不采用连续用药，而是根据环境因素、应激因素、个别患病情况适当下药。主要预防大肠杆菌病、肠毒综合征、小肠球虫病、呼吸道病。

②预防方法

Ⅰ. 下雨天：预防大肠杆菌病、小肠球虫病，用药：上午禽用立竿见影饮水半天，下午强效球鯱妥饮水半天。

Ⅱ. 气温骤然下降：预防呼吸道病，用药：美支原饮水。

Ⅲ. 暑天：预防中暑，用药：每天中午最热时，用藿香正气水或十滴水饮水2小时。

Ⅳ. 应激因素：饲料更换，预防大肠杆菌病，用药：禽用立竿见影饮水。

（3）70～120日龄中、大鸡药物预防程序

①预防对象：主要预防大肠杆菌病、呼吸道病、体内寄生虫、体表寄生虫。

②预防方法：70～120日龄中、大鸡阶段不采用连续用药，而是根据环境因素、应激因素、个别患病情况适当用药。其方案参照30～70日龄小、中鸡方案，但不再预防球虫病，增加预防体表（内）寄生虫，在预防肠道病和呼吸道时可以采用土霉素。

Ⅰ. 90日龄左右防体内寄生虫：在早晨用丙硫咪唑或左旋咪唑拌料少量1次喂服，100克鸡用量1片丙硫咪唑，7天后再体内驱虫1次。

Ⅱ. 100日龄左右防体表寄生虫：在中午气温比较高（阳光充足）时，用灭虱精或除癞灵对鸡体表喷雾，方法：将药水按比例稀释装入小喷雾器，一人戴长胶手套抓鸡，一只手从鸡肛门处到

鸡头部逆毛刮起，一人拿喷雾器顺着逆毛从后向前喷雾，要求药水必须达到毛根处，喷雾完成后，将所有鸡赶出外面晒干羽毛。7天以后再进行1次体表驱虫。

（4）120日龄以后产蛋种鸡药物预防程序

①预防对象：120日龄以后产蛋种鸡主要预防大肠杆菌病、鸡白痢、输卵管炎肠道寄生虫病、营养性缺乏症。

②预防方法：120日龄以后产蛋种鸡阶段不采用连续用药，而是根据环境因素、应激因素、个别患病情况适当用药。

Ⅰ. 每隔15天预防1次输卵管炎，用药：卵管康泰饮水。

Ⅱ. 防止营养性缺乏：补维生素，每3天补充用电解多种维生素饮水，每天投喂1次青绿饲草；补钙、磷，多装几盆黄豆大的沙粒放入运动场内，在运动场边缘（靠墙壁）堆一大堆煤炭，让鸡自由采食。补氨基酸，增加炒黄豆或豆粕、鱼粉等蛋白质饲料的比例。

Ⅲ. 下雨天：预防大肠杆菌病、鸡白痢，用硫酸黏杆菌素饮水。

Ⅳ. 气温下降：预防呼吸道病，用强力霉素饮水。

Ⅴ. 暑天：预防中暑，用维生素C饮水，严重的鸡用仁丹灌服。

三、确保有效的消毒体系

要想饲养乌骨鸡的成活率高，就必须做好日常卫生防疫工作，而消毒（进鸡前、转群后的消毒）是日常卫生防疫工作中最重要的一环。虽然一些鸡场开展了消毒工作，但仍然是疫病反复不断，究其原因，常常和消毒药物使用不当有很大关系。使用消毒药，要注意其本身性状、作用对象、使用方法、使用浓度、作用时间和特点、配伍禁忌、适用范围及不良反应等。

1. 常用的消毒方法

常见的消毒方法有物理消毒法、生物热消毒法、化学消毒法等。

（1）物理消毒法：清扫、洗刷、日晒、通风、干燥及火焰消毒等，是简单有效的物理消毒方法，清扫、洗刷等机械性清除则是鸡场使用最普通的一种消毒法。通过对鸡舍的地面和饲养场地的粪便、垫草及饲料残渣等的清除与洗刷，就能使污染环境的大量病原体一同被清除掉，达到减少病原体对鸡群污染的机会。但机械性清除一般不能达到彻底消毒目的，还必须配合其他的消毒方法。太阳是天然的消毒剂，太阳射出的紫外线对病原体具有比较强的杀灭作用，病毒和非芽孢性病原在阳光的直射下几分钟至几小时可被杀死，如供幼雏所需的垫草、垫料及洗刷的用具等使用前均要放在阳光下暴晒消毒，作为饲料用的谷物也要晒干以防霉变，因为阳光的灼热和蒸发水分引起的干燥也同样具有杀菌作用。

通风亦具有消毒的作用，在通风不良的鸡舍，最容易发生呼吸道传染病。通风虽不能杀死病原体，但可以在短期内使鸡舍内空气交换、减少病原体的数量。

（2）生物热消毒法：生物热消毒也是鸡场常采用的一种消毒方法。生物热消毒主要用于处理污染的粪便及其垫草，污染严重的垫草将其运到远离鸡舍地方堆积，在堆积过程中利用微生物发酵产热，使其温度达70℃以上，经过一段时间（25～30天），就可以杀死病毒、病菌（芽孢除外）、寄生虫卵等病原体而达到消毒的目的，同时可以保持良好的肥效。对于鸡粪便污染比较少，而潮湿度又比较大的地面可用草木灰直接撒上，起到消毒的作用。

（3）化学消毒法：应用化学消毒剂进行消毒是鸡场使用最

广泛的一种方法。化学消毒剂的种类很多，如氢氧化钠（钾）、石灰、高锰酸钾、漂白粉、次氯酸钠、乳酸、酒精、碘酊、紫药水、煤酚皂溶液、新洁尔灭、福尔马林、苯酚、过氧乙酸、百毒杀、威力碘等多种化学药品都可以作为化学消毒剂，而消毒的效果如何，则取决于消毒剂的种类、药液的浓度、作用的时间和病原体的抵抗力以及所处的环境与性质，因此在选用时，可根据消毒剂的作用特点，选用对该病原体杀灭力强，又不损害消毒的物体、毒性小、易溶于水，在消毒的环境中比较稳定以及价廉易得和使用方便的化学消毒剂。有计划地对鸡生活的环境和用具等进行消毒。

①火碱（氢氧化钠、苛性钠）：用于鸡舍、环境、道路、器具和运输车辆消毒时，浓度一般在1.5%～2%。注意高浓度碱液可灼伤人体组织，对金属制品、塑料制品、漆面有损坏和腐蚀作用。

②生石灰：生石灰对一般细菌有效，对芽孢及结核杆菌无效。常用于墙壁、地面、粪池及污水沟等的消毒。使用时，可加水配制成10%～20%的石灰乳剂，喷洒房舍墙壁、地面进行消毒；用生石灰粉对鸡舍地面撒布消毒，其消毒作用可持续6小时左右。

③高锰酸钾：高锰酸钾有比较强的去污和杀菌能力，使用时，0.1%的水溶液用于皮肤、黏膜创面冲洗及饮水消毒；0.2%～0.5%的水溶液用于种蛋浸泡消毒；2%～5%的水溶液用于饲养用具的洗涤消毒。应现配现用。

④漂白粉：鸡场常用于对饮水、污水池、鸡舍、用具、下水道、车辆及排泄物等进行消毒。饮水消毒常用量为每立方米河水或井水中加4～8克漂白粉，拌匀，30分钟后可饮用。1%～3%澄清液可用于饲槽、水槽及其他非金属用具的消毒。污水池常用量

为1立方米水中加入8克漂白粉（有效氯为25%）。10%～20%乳剂可用于鸡舍和排泄物的消毒。鸡舍内常用漂白粉作为甲醛熏蒸消毒的催化剂，其用量是甲醛用量的50%。

⑤次氯酸钠：常用于水和鸡舍内的各种设备、孵化器具的喷洒消毒。常用消毒液可配制为0.3%～1.5%。如在鸡舍内有鸡的情况下需要消毒时，可带鸡进行喷雾消毒，也可对地面、地网、墙壁、用具刷洗消毒。带鸡消毒的药液浓度配制为0.05%～0.2%，使用时避免与酸性物质混合，以免产生化学反应，影响消毒灭菌效果。

⑥复合酚消毒剂：含有苯酚、杀菌力强的有机酸、穿透力强的焦油酸和洗洁作用的苯磺酸，是高效低毒的消毒剂，如农福、宝康、消毒灵等，是目前最常用的消毒剂之一。适用于鸡舍、环境、工具等消毒，浓度为1%。

⑦酒精：即乙醇，常用于注射部位、术部、手、皮肤等涂擦消毒和外科器械的浸泡消毒。

⑧碘酊：即碘酒，常用的有3%和5%2种，常用于鸡的细菌感染和外伤，注射部位、器械、术部及手的涂擦消毒，但对鸡皮肤有刺激作用。

⑨紫药水：紫药水市售有1%～2%的溶液，常用于鸡群的啄伤。

⑩煤酚皂溶液：即来苏儿，主要用于鸡舍、用具与排泄物的消毒。1%～2%溶液用于体表和器械消毒，5%溶液用于鸡舍消毒。

⑪新洁尔灭：即溴苄烷铵，常用于手术前洗手、皮肤消毒、黏膜消毒及器械消毒，还可用于养鸡用具、种蛋的消毒。使用时，用0.05%～0.1%水溶液于手术前洗手；用0.1%水溶液于蛋壳的喷雾消毒和种蛋的浸涤消毒，此时要求液温为40～43℃，浸

涤时间不超过3分钟；可用0.15%～2%水溶液于鸡舍内空间的喷雾消毒。

⑫福尔马林：福尔马林为含甲醛36%的水溶液，又称甲醛水。生产中多采用福尔马林与高锰酸钾按一定比例混合对密闭鸡舍、仓库、孵化室等进行熏蒸消毒。

⑬苯酚（石炭酸）：常用2%～5%水溶液消毒污物和鸡舍环境，加入10%食盐可增强消毒作用。

⑭过氧乙酸（过醋酸）：可用0.3%～0.5%溶液于鸡舍、食槽、墙壁、通道和车辆喷雾消毒，可用0.05%～0.2%于带鸡消毒。

⑮百毒杀：用于鸡舍墙壁、地面、饲养用具和饮水消毒。饮水消毒浓度为0.01%，带鸡消毒常用量为0.03%。对鸡舍的消毒，最好进行2～3次，每次使用的消毒药不同，但要注意使用第二种消毒药之前应将原使用的消毒药用清水冲洗干净，避免2种消毒药相互影响，降低消毒效果。

⑯威力碘：1∶(200～400）倍稀释后用于饮水及饮水工具的消毒；1∶100倍稀释后用于饲养用具、孵化器及出雏器的消毒；1∶(60～100）倍稀释后用于鸡舍带鸡喷雾消毒。

2. 消毒的先后顺序

鸡场消毒要先净道（运送饲料等的道路）、后污道（清粪车行驶的道路），先后备鸡场区、后种鸡场区、育肥鸡场区，各鸡舍内的消毒桶严禁混用。

3. 消毒方法

（1）人员消毒：鸡场尤其是种鸡场或具有适度规模的鸡场，在圈养饲养区出入口处应设紫外线消毒间和消毒池。鸡场的工作人员和饲养人员在进入饲养区前，必须在消毒间更换工作衣、鞋、帽，穿戴整齐后进行紫外线消毒10分钟，再经消毒池进入鸡场饲养区内。育雏舍和育成舍门前出入口也应设消毒槽，门内放置消毒缸（盆）。饲养员在饲喂前，先将洗干净的双手放在盛有消毒液的消毒缸（盆）内浸泡消毒几分钟。

消毒池和消毒槽内的消毒液，常用2%火碱水或20%石灰乳以及其他消毒剂配成的消毒液。浸泡双手的消毒液通常用0.1%新洁尔灭或0.05%百毒杀溶液。鸡场通往各鸡舍的道路也要每天用消毒药剂进行喷洒，各鸡舍应结合具体情况采用定期消毒和临时性消毒。鸡舍的用具必须固定在饲养人员各自管理的鸡舍内，不准相互通用，同时饲养人员也不能相互串舍。

除此以外，鸡场应谢绝参观。外来人员和非生产人员不得随意进入饲养区，场外车辆及用具等也不允许随意进入鸡场，凡进入饲养区内的车辆和人员及其用具等必须进行严格消毒，以杜绝外来的病原体带入场内。

（2）环境消毒：乌骨鸡舍周围环境每2～3个月用火碱液消毒或撒生石灰1次；场周围及场内污水池、排粪坑、下水道出口，每1～2个月用漂白粉消毒1次。

（3）鸡舍消毒：消毒程序是“清除、清扫→冲洗→干燥→第一次化学消毒→10%石灰乳粉刷墙壁和天棚→移入已洗净的笼具等设备并维修→第二次化学消毒→干燥→甲醛熏蒸消毒”。

清扫、冲洗、消毒要细致认真，一般先顶棚，后墙壁，再地面。先室内后环境，逐步进行。清扫出来的粪便、灰尘要集中处理。冲出的污水，使用过的消毒液要排放到下水道中。第一次消毒，要选择碱性消毒剂，如1%～2%烧碱、10%石灰乳。第二次消毒，选择常规浓度的氯制剂、表面活性剂、酚类消毒剂、氧化剂等用高压喷雾器按顺序喷洒。第三次消毒用甲醛熏蒸，熏蒸时要求鸡舍湿度70%以上，温度10℃以上。消毒剂量为每立方米体积用42毫升福尔马林加42毫升水，再加入21克高锰酸钾。1～2天后打开门窗，通风晾干鸡舍。各次消毒的间隔应在前一次清洗、消毒干燥后，再进行下一次消毒。

（4）用具消毒：蛋箱、蛋盘、孵化器、运雏箱可先用0.1%新洁尔灭或0.2%～0.5%过氧乙酸消毒，然后在密闭的室内于15～18℃温度下，用甲醛熏蒸消毒5～10小时。鸡笼先用消毒液喷洒，再用水冲洗，待干燥后再喷洒消毒液，最后在密闭室内用甲醛熏蒸消毒。工作人员的手可用0.2%新洁尔灭水清洗消毒，忌与肥皂共用。

（5）饮水消毒：水对乌骨鸡生产具有重要作用，但同时水又是乌骨鸡疫病发生的重要媒介，而且这一点往往被忽视。一些鸡场的疫病反复发生，得不到有效的控制，往往与水源受到病原微生物的不断污染有重大关系，特别是那些通过肠道感染的细菌性疾病，鸡群投服抗菌药物，疫病得到基本的控制，停止使用药物后，疫病又重新发生，虽然不一定是大群体发病，但可能每天都有一些病例出现，高于正常死亡率，出现这种情况时，要十分注意鸡群的饮水卫生条件，有无病原菌的存在和含量多少。

饮水消毒常用以下方法：

①白粉：每1000毫升水加0.3～1.5克漂白粉或每立方米水加粉剂6～10支，拌匀后30分钟即可饮用。

②抗毒威：以1∶5000的比例稀释，搅匀后放置2小时，让鸡饮用。

③高锰酸钾：配成0.01%的浓度，随配随饮，每周2～3次。

④百毒杀：用50%的百毒杀以1∶（1000～2000）的比例稀释，让鸡饮用。

⑤过氧乙酸：每千克水中加入20%的过氧乙酸1毫升，消毒30分钟。

注意事项：使用疫（菌）苗前后3天禁用消毒水，以免影响

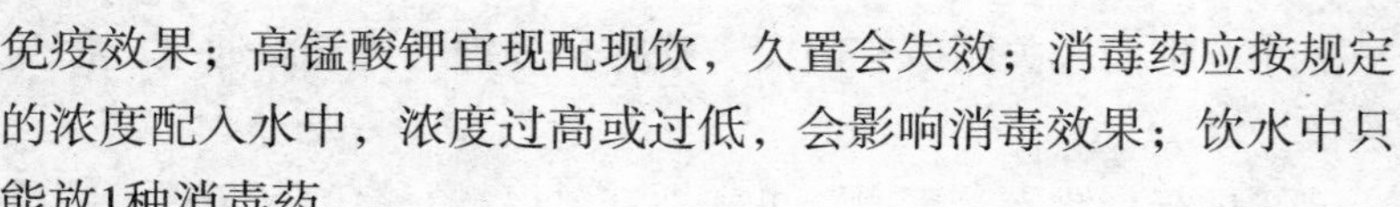

免疫效果；高锰酸钾宜现配现饮，久置会失效；消毒药应按规定的浓度配入水中，浓度过高或过低，会影响消毒效果；饮水中只能放1种消毒药。

（6）带鸡消毒：由于现阶段养殖生产只能是一幢鸡舍的全进全出，而不是一个鸡场的全进全出，因此，几乎所有鸡场内都存在大量的病原微生物，并且在不同鸡舍之间、不同鸡群之间反复交替传播，特别是乌骨鸡的饲养期比较长，种鸡生产期更长，虽然采取了许多有效的综合防疫措施，但鸡的一些传染病仍时有发生或小范围流行，每天的死亡率虽不高，但累积饲养全期的死亡率却不低，造成生产的较大损失和疫病的难以控制。

有的时候，鸡群感染和发生了某种传染病，从生产和经济角度考虑，除了采取疫苗接种等措施之外，就必须减少鸡群周围环境中病原微生物的含量。

通过多年的养鸡生产实践，人们找到了在鸡圈养养鸡群条件下，采用气雾方法喷洒某些种类消毒液，将鸡群机体外表与鸡舍环境同时消毒，达到杀灭或减少病原微生物的方法，称为鸡体消毒法。鸡体消毒法可采用新洁而灭、过氧乙酸，使用浓度为0.05%～0.2%，喷雾，每天1～2次。也可用百毒杀0.05%～0.1%，或其他腐蚀性低的消毒药，直接喷洒在鸡身上和鸡舍空间等，连续使用。也可作为预防措施，间歇使用。

消毒时应注意事项：

①鸡舍勤打扫，及时清除粪便、污物及灰尘，以免降低消毒质量。

②喷雾消毒时，喷口不可直射鸡，药液浓度和剂量要掌握准确，喷雾程度以地面、墙壁、屋顶均匀湿润和鸡体表稍湿为宜。

③水温要适当，防止鸡受冻感冒。

④消毒前应关闭所有门窗，喷雾15分钟后再开窗通气，使其尽快干燥。

⑤进行育雏室消毒时，事先把室温提高3～4℃，免得因喷雾降温而使幼雏挤压致死。

⑥各类消毒剂交替使用，每月轮换1次。

⑦鸡群接种弱毒苗前后3天内停止喷雾消毒，以免降低免疫效果。

四、做好基础免疫

控制乌骨鸡疫病，着重于预防，目前除药物预防和加强饲养管理之外，主要手段是疫苗接种预防，特别是病毒性传染病，疫苗接种或抗体注射才能有效。药物只能减轻部分症状，所以，要养好乌骨鸡，就必须做好疫苗接种。

应当十分明确疫苗不是药物，而是生物制品，疫苗不能起治疗作用，只能起预防作用。

1. 预防接种的方法

疫苗接种可分注射、饮水、滴鼻滴眼、气雾和穿刺法，根据疫苗的种类，鸡的日龄、健康情况等选择最适当的方法。

（1）注射法：此法需要对每只鸡进行保定，使用连续注射器可按照疫苗规定数量进行肌内或皮下注射，此法虽然有免疫效果准确的优点，但也有捉鸡费力和产生应激等缺点。注射时，除应注意准确的注射量外，还应注意质量，如注射时应经常摇动疫苗液使其均匀。注射用具要做好预先消毒工作，尤其注射针头要准备充分，每群每舍都要更换针头，健康鸡群先注射，弱鸡最后注射。注射法包括皮下注射和肌内注射2种方法。

①皮下注射：用大拇指和示指捏住鸡颈中线的皮肤向上提拉，使形成一个囊。入针方向，应自头部插向体部，并确保针头

插入皮下，即可按下注射器推管将药液注入皮下。

②肌内注射：对鸡做肌内注射，有3个方法可以选择：第一，翼根内侧肌内注射，大鸡将一侧翅向外移动，露出翼根内侧肌内即可注射。幼雏可左手握成鸡体，用示指、中指夹住一侧翅翼，用拇指将头部轻压，右手握注射器注入该部肌内中。第二，胸肌注射，注射部位应选择在胸肌中部（即龙骨近旁），针头应沿胸肌方向并与胸肌平面成45° 角向斜前端刺入，不可太深，防止刺入胸腔。第三，腿部肌内注射，因大腿内侧神经、血管丰富，容易刺伤。以选大腿外侧为好，这样可避免伤及血管、神经引起跛行。

（2）饮水免疫法：若饲养量大，逐只进行接种费时、费力，并惊扰鸡群，影响增重，可采用效果最好的饮水免疫法。但饮水免疫往往不能产生足够的免疫力，不能抵御毒力较强的毒株引起的疾病流行。为获得较好的免疫效果，应注意以下事项：

①饮水免疫前2天、后5天不能饮用任何消毒药。

②饮疫苗前停止饮水4～6小时，夏季最好夜间停水，清晨饮水免疫。

③稀释疫苗的水最好用蒸馏水，应不含有任何使疫苗灭活的物质。

④疫苗饮水中可加入0.1%脱脂乳粉或2%牛奶（煮后晾凉去皮）。

⑤疫苗用量要增加，通常为注射量的2～3倍。

⑥饮水器具要干净，并不残留洗涤剂或消毒药等。

⑦疫苗饮水应避免日光直射，并要求在疫苗稀释后2～3小时内饮完。

⑧饮水器的数量要充足，保证3／4以上的鸡能同时饮水。

⑨饮水器不宜用金属制品，可采用陶瓷、玻璃或塑料容器。

（3）滴鼻、滴眼法：通过结膜或呼吸道黏膜而使药物进入鸡体内的方法，常用于幼雏免疫。按规定稀释好的疫苗充分摇匀后，再把加倍稀释的同一疫苗，用滴管或专用疫苗滴注器在每只幼雏的一侧眼膜或鼻孔内滴1～2滴。滴鼻可用固定幼雏手的示指堵着非滴注的鼻孔，加速疫苗吸入，才能放开幼雏。滴眼时，要待疫苗扩散后才能放开幼雏。

在进行滴鼻、滴眼免疫接种前后各24小时不要进行喷雾消毒和饮水消毒，不要使用铁质饮水器。

（4）喷雾免疫法：此法适于半机械化和机械化养鸡场，既省人力又不惊扰鸡群，不影响产蛋、增重，免疫效果确实。但是，喷雾免疫只能用于60日龄以上的鸡，60日龄以内的鸡使用此法，容易引起支原体病和其他上呼吸道疾病。操作方法是先计算出所需疫苗数量，然后用特制的喷雾枪（市场有售），把疫苗喷于舍内空中，让鸡呼吸时把疫苗吸入肺内，以达到免疫的目的。喷雾时，喷头距离鸡1米，同时必须关闭门窗和排风设备，喷完后15分钟才可通风。

喷雾免疫应注意以下事项：

①选择专用喷雾器，并根据需要调整雾滴。

②配疫苗用量，一般1000只所需水量200～300毫升，也可根据经验调整用量。

③平养鸡可集中一角喷雾，可把鸡舍分成两半，中间放一栅栏，幼雏通过时喷雾，也可接种人员在鸡群中间来回走动，至少来回2次。

④喷雾时操作者可距离鸡2～3米，喷头和鸡保持1米左右的距离，成45°角，距离鸡头上方50厘米，使雾粒刚好落在鸡的头部。

⑤气雾免疫应注意的问题：所用疫苗必须是高效价的，并

且为倍量；稀释液要用蒸馏水或去离子水，最好加0.1%脱脂乳粉或明胶；喷雾时应关闭鸡舍门窗，减少空气流通，避开直射阳光，待全舍喷完后20分钟方可打开门窗；降低鸡舍亮度，操作时力求轻巧，减少对鸡群的干扰，最好在夜间进行；为防止继发呼吸道病，可于免疫前后在饮水、饲料中加抗菌药物。

（5）刺种法：刺种的部位在鸡翅膀内侧皮下。在鸡翅膀内侧皮下，选羽毛稀少，血管少的部位，按规定剂量将疫苗稀释后，用洁净的疫苗接种针蘸取疫苗，在翅下刺种。

翅膀下刺种鸡痘疫苗时，要避开翅静脉，并且在免疫5～7日后观察刺种处有无红色小肿块，若有表示免疫成功，若无表明免疫无效，应补种。

（6）滴肛或擦肛法：适用于传染性喉气管炎强毒性疫苗接种。接种时，使鸡的肛门向上，翻出肛门黏膜，将按规定稀释好的疫苗滴1滴，或用棉签或接种刷蘸取疫苗刷3～5下，接种后应出现特殊的炎症反应。9天后即产生免疫力。

2. 疫苗的选购

疫苗的质量、效果如何需使用后才明确，选购疫苗时应遵循如下几点：

（1）明确了解疫苗的种类、毒力、安全量、有效量。

（2）瓶签应标明生产厂家、生产日期、有效期，凡非国家指定的厂商生产的疫苗不要购买。

（3）每瓶疫苗均具有生产批号，凡批号不清、标签脱落的疫苗不能使用。

（4）不购买超出有效期的疫苗。

（5）检查每瓶疫苗的封口是否紧密完整，密封瓶内处于真空状态。凡封口松散或脱落的疫苗不能购买。

（6）检查疫苗的外观性状是否符合说明。

（7）检查有无腐败，变质或异味。

（8）疫苗是否保存在适度的环境条件下。

（9）了解疫苗的使用方法，购买时索取1份详细的疫苗使用说明书。

（10）购买疫苗时，一定要用保温容器冷藏。

3. 预防免疫程序

免疫程序的制定，一要根据本地区疫病流行的状况和饲养环境，即对本地区从未发生过的传染病不作预防，对本地区以前未发生过，刚开始发生且危害严重的必须预防，对常发生的危害重的重点预防，如禽流感、鸡新城疫等。二要根据鸡群的状态，即只有健康的鸡群，才能对疫苗产生免疫应答，产生抗体。在鸡群应激或疾病状态下免疫的效果比较差，特别是鸡群患有某些免疫抑制性疾病，如白血病、传染性法氏囊病、马立克病，免疫系统受损等，接种后只能产生低水平抗体，且不良反应多。三要根据疫苗自身的特点，如毒力的强弱、保护期的长短等。一般是灭活苗和弱度毒苗配合使用。

常用乌骨鸡的免疫程序和保健程序如下（各地可以此为参考，结合本地实际，制订出更合适的免疫程序，其中商品乌骨鸡只做（1）～（6）项）：

（1）1日龄：用鸡马立克病毒冻干苗（火鸡疱疹病毒苗），按瓶签头份，用马立克疫苗稀释液稀释，出壳24小时内的雏鸡每羽颈部皮下注射0.2毫升。

（2）4日龄：肾传弱毒苗+新城疫Ⅳ系，2倍量饮水或点眼。同时注射肾传油乳剂单苗0.25毫升。同时在饮水中添加电解多种维生素，补充营养，防治应激。

（3）10日龄：肾传弱毒苗+新城疫Ⅳ系，2倍量饮水或点眼。1头份鸡痘翼膜刺种。饮水中添加电解多种维生素，补充

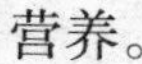

营养。

（4）15日龄：法氏囊中等毒力苗1倍量滴口或1.5倍量饮水，再用新城疫、禽流感H5混合后，每羽皮下注射0.3毫升。

（5）22日龄：新城疫Ⅰ系苗每羽皮下注射2头份（新城疫高发区）或者新城疫Ⅳ系苗2倍量饮水。新城疫、禽流感H5混合后，每羽皮下注射0.3毫升。该日龄时最容易感病毒性疾病（如新城疫、肾传支和禽流感），所以要给予抗病毒药物，同时加入广谱抗菌药预防治呼吸道感染大肠杆菌病。饮水中添加电解多种维生素，补充营养。

（6）40～45日龄：新城疫、传支二价二联油乳苗每羽皮下注射0.5毫升。为防治本阶段的肠炎和呼吸道病，可以在饲料中添加0.5%的大蒜素和北里霉素。

（7）65日龄：用鸡新城疫Ⅳ系疫苗饮水免疫。中、后期为提高生长，可以添加促使生长和提高免疫力的大黄苏打散及黄芪、党参、茯苓、甘草等，按1%添加到饲料中。

（8）105日龄：禽脑脊髓炎、鸡新城疫联苗翼膜刺种。

（9）150日龄：新城疫+传染性支气管炎+传染性法氏囊病三联油佐剂苗，按使用说明，肌内注射。

（10）155日龄：减蛋综合征油佐剂疫苗，按使用说明肌内注射。

（11）200日龄以后：根据抗体监测结果，适时再次用鸡新城疫Ⅱ系疫苗口服。

4. 疫苗在使用过程中应注意的事项

疫苗作为生物制品，稳定性很差，各种理化因素等影响都容易造成疫苗效价的下降，因此，在疫苗的贮存和使用过程中需要严格的保护条件和适当的方法。否则，疫苗就可能失效，造成重大损失。

疫苗在贮藏和使用过程中应注意以下事项：

（1）使用时要详细了解该种疫苗的免疫对象、免疫力、安全性、免疫期、接种方法、本疫苗制品的特性等。

（2）使用时要详细了解疫苗的运输和保存时的条件，凡接触过高温、长时间的阳光照射，均不能使用。

（3）在疫苗的保存期间应按生产厂商的说明保存在适当的温度环境，特别要注意因停电造成保存温度的短时、反复间歇性上升。

（4）应在规定的有效期内使用，过期的疫苗不能使用。

（5）疫苗运输时必须放在装有冰块的保温容器内，尽量缩短运输的时间，运输时应避免阳光直射和剧烈震荡。

（6）疫苗在使用前要仔细检查，发现疫苗瓶破裂，瓶盖松开、没有或瓶签不清，内容物混有杂质，变色等异常性状时不能使用。

（7）应按生产厂商指定的稀释液进行稀释，并充分摇匀，稀释液用量要准确，保证稀释后的疫苗浓度。否则，接种给鸡只的疫苗量就会太多或不足，造成免疫效果低下。

（8）免疫用具须经煮沸消毒15～20分钟，注射针头最好每百只鸡换1支。

（9）接种时应尽量保证进入每只鸡体内的疫苗均达到最小免疫量，克服因操作失误而出现的接种疫苗量不足或无接种现象。

（10）疫苗稀释后应在规定的时间内接种完，尽可能缩短从稀释到进入鸡体的时间。稀释后的疫苗要放置在适宜的条件下，稀释后超过期限或用不完的疫苗要废弃。

（11）如果疫苗采用饮服或气雾免疫接种方法时，应使用清洁干净的饮用水，水中不含任何消毒剂或其他化学药品，盛水

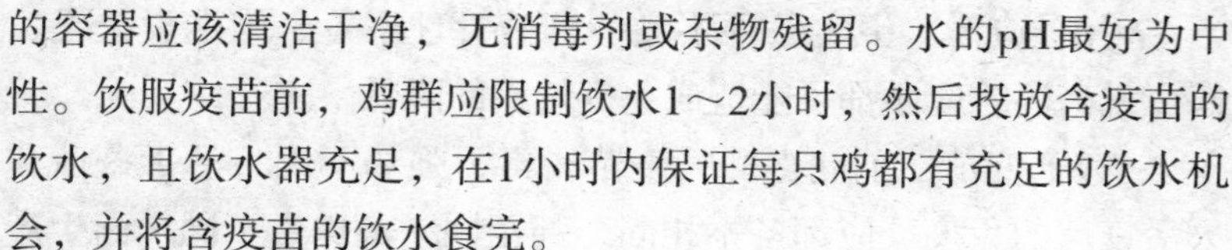

的容器应该清洁干净，无消毒剂或杂物残留。水的pH最好为中性。饮服疫苗前，鸡群应限制饮水1～2小时，然后投放含疫苗的饮水，且饮水器充足，在1小时内保证每只鸡都有充足的饮水机会，并将含疫苗的饮水食完。

5. 影响疫苗接种效果的因素

疫苗接种的成败直接关系到乌骨鸡生产的结果，深入了解影响疫苗免疫效果的因素是十分必要的。因为免疫学是一门十分复杂的现代科学，影响免疫的因素很多，这里仅将乌骨鸡生产中被认为是主要的因素作一些探讨：

（1）遗传：乌骨鸡的抗逆性能比较强，如实施合理的免疫程序，一般都可产生良好的免疫效果，疫病的发生和死亡率均很低。

（2）日龄：鸡形成抗体的能力随着1日龄到成熟期的日龄增加而增强，一般在6周龄以前只能产生短期免疫力。这就是为什么禽类生长前期要反复接种新城疫等疫苗的重要原因，通常在鸡达到较大日龄时，需要进行疫苗的重复接种，特别是种鸡。

（3）母源抗体：母源抗体是雏鸡通过蛋从母鸡那里获取的抗体，它使雏鸡获取被动免疫力，母源抗体随着雏鸡日龄的增长而逐渐消失，当母源抗体在雏鸡体内含量比较高时接种疫苗，会中和部分疫苗而产生比较低的免疫力。

（4）营养：营养状况良好是鸡体产生良好免疫力的基本条件，因为免疫反应时产生抗体需要从营养中获取大量的蛋白质。

（5）疾病：各种疾病，包括寄生虫病等都会严重影响免疫效果，在鸡群发生疾病时接种疫苗，可能达不到有效的免疫反应，反而使鸡体的负担更重，死亡率更高，正常的疫苗接种都选择在鸡群健康正常时进行。

（6）应激：卫生条件不良、饲养管理不善、维生素缺乏、寒冷或高温等应激都可能造成免疫效果的降低。

（7）疫苗：不同毒株的疫苗，毒力强弱不同，活毒疫苗和灭活疫苗的免疫反应都各不相同，甚至同一毒株由不同厂商生产的疫苗其免疫效果也可能导致明显的差异。

（8）疫苗的接种方法：疫苗进入鸡体须遵循一定的感染途径，不同的接种方法，也会造成免疫效果的差异，例如鸡传染性支气管疫苗口服就会比滴鼻或滴眼的接种效果差。

（9）各种疫苗的相互影响：虽然不同疫苗引起鸡体产生不同的抗体，但各种疫苗接种间隔时间、疫苗的同时使用或混合使用，都可能相互间产生干扰的作用，使效力降低。

五、灭鼠灭虫

1. 灭鼠

鼠是人、畜多种传染病的传播媒介，鼠还盗食饲料和鸡蛋，咬死雏鸡，咬坏物品，污染饲料和饮水，危害极大，鸡场必须加强灭鼠。

（1）防止鼠类进入建筑物：鼠类多从墙基、天棚、瓦顶等处窜入室内，在设计施工时注意：墙基最好用水泥制成，碎石和砖砌的墙基，应用灰浆抹缝。墙面应平直光滑，防鼠沿粗糙墙面攀登。砌缝不严的空心墙体，容易使鼠隐匿营巢，要填补抹平。为防止鼠类爬上屋顶，可将墙角处做成圆弧形。墙体上部与大棚衔接处应砌实，不留空隙。用砖、石铺设的地面，应衔接紧密并用水泥灰浆填缝。各种管道周围要用水泥填平。通气孔、地脚窗、排水沟（粪尿沟）出口均应安装孔径小于1厘米的铁丝网，以防鼠窜入。

（2）器械灭鼠：器械灭鼠方法简单易行，效果可靠，对人、畜无害。灭鼠器械种类繁多，主要有夹、关、压、卡、翻、扣、淹、黏、电等。近年来，还研究和采用电灭鼠和超声波灭鼠等方法。

（3）化学灭鼠：化学灭鼠优点是效率高、使用方便、成本低、见效快，缺点是能引起人、畜中毒，有些鼠对药剂有选择性、拒食性和耐药性。所以，使用时需选好药剂和注意使用方法，以保安全有效。灭鼠药剂种类很多，主要有灭鼠剂、熏蒸剂、烟剂、化学绝育剂等。鸡场的鼠类以孵化室、饲料库、鸡舍最多，是灭鼠的重点场所。饲料库可用熏蒸剂毒杀。投放毒饵时，机械化养鸡场，因实行笼养，只要防止毒饵混入饲料中即可。在采用全进全出制的生产程序时，可结合舍内消毒时一并进行。鼠尸应及时清理，以防被禽误食而发生二次中毒。选用鼠长期吃惯了的食物作饵料，突然投放，饵料充足，分布广泛，以保证灭鼠的效果。

2. 灭昆虫

鸡场易产生蚊、蝇等有害昆虫，骚扰人、畜和传播疾病，给人、畜健康带来危害，应采取综合措施杀灭。

（1）环境卫生：搞好鸡场环境卫生，保持环境清洁、干燥，是杀灭蚊蝇的基本措施。蚊虫需要在水中产卵、孵化和发育，蝇蛆也需要在潮湿的环境及粪便等废弃物中生长。因此，要填平无用的污水池、土坑、水沟和洼地。保持排水系统畅通，对阴沟、沟渠等定时疏通，勿使污水储积。对贮水池等容器加盖，以防蚊蝇飞入产卵。对不能清除或加盖的防火贮水器，在蚊蝇孳生季节，应定期换水。永久性水体（如鱼塘、池塘等），蚊虫多孳生在水浅而有植被的边缘区域，修整边岸，加大坡度和填充浅湾，能有效地防止蚊虫孳生。鸡舍内的粪便应定时清除，并及时处理，贮粪池应加盖并保持四周环境的清洁。

（2）化学杀灭：化学杀灭是使用天然或合成的毒物，以不同的剂型（粉剂、乳剂、油剂、水悬剂、颗粒剂、缓释剂等），通过不同途径（胃毒、触杀、熏杀、内吸等），毒杀或驱逐蚊蝇。化学杀虫法具有使用方便、见效快等优点，是当前杀灭蚊蝇的比较好方法。

①马拉硫磷：为有机磷杀虫剂。它是世界卫生组织推荐用的室内滞留喷洒杀虫剂，其杀虫作用强而快，具有胃毒、触毒作用，也可作熏杀，杀虫范围广，可杀灭蚊、蝇、蛆、虱等，对人、畜的毒害小，故适于畜舍内使用。

②敌敌畏：为有机磷杀虫剂。具有胃毒、触毒和熏杀作用，杀虫范围广，可杀灭蚊、蝇等多种害虫，杀虫效果好。但对人、畜有比较大毒害，容易被皮肤吸收而中毒，故在畜舍内使用时，应特别注意安全。

③合成拟菊酯：是一种神经毒药剂，可使蚊蝇等迅速呈现神经麻痹而死亡。杀虫力强，特别是对蚊的毒效比敌敌畏、马拉硫磷等高10倍以上，对蝇类，因不产生抗药性，故可长期使用。

六、有害气体的控制

1. 鸡舍中有害气体的种类及危害

鸡舍中有害气体主要有氨气、硫化氢、二氧化碳、一氧化碳和甲烷等，这些有害气体给鸡的健康和生产性能造成了严重的危害。

2. 有害气体的消除措施

（1）消除臭味

①合理建造鸡舍：鸡舍必须建在地势高燥、排水方便、通风良好的地方，鸡舍侧壁或顶部要留有充分的排风口，以保证有害气体能及时排除。鸡舍内应是水泥地面，以利于清扫和消毒。

②保持清洁干燥：鸡舍内要求清洁干燥，及时排除鸡舍中的粪便。用垫料平养时，如果垫料潮湿，应及时换掉。鸡舍周围要防止污水积留，避免粪便随处堆积，以最大限度地减少有害气体的产生源。

③做好鸡场绿化工作：有利于吸收二氧化碳和部分有害气体，为鸡只打造清新环境。

④添加除臭制剂：据试验，在鸡日粮中添加1%～2%的木炭粉，可使粪便干燥，臭味降低；添加2%～5%的沸石粉，可减少粪便含水量及臭味，并有利于提高饲料利用率。

（2）搞好通风换气：冬季既要注意防寒保温，又要适当通风换气。用燃煤进行保温时，切忌长时间紧闭门窗，以防止通风不良。加温炉必须有通向室外的排烟管，使用时检查排烟管是否连接紧密和畅通。用福尔马林熏蒸消毒鸡舍时，要严格掌握剂量和时间，熏蒸结束后及时换气，待刺激性气味减轻后再转入鸡群。

（3）控制鸡舍的湿度：舍内湿度过大时，可定时开窗使空气流通，或在地面放些大块的生石灰吸收空气中水分，待石灰潮湿后立即清除，也可用煤渣作垫料，吸附舍内有毒、有害气体。

（4）净化鸡舍环境

①吸附法：利用木炭、活性炭、煤渣和生石灰等具有吸附作用的物质吸附空气中的臭气。方法是将木炭装入网袋悬挂在鸡舍内或在地面上适当撒一些活性炭、煤渣、生石灰等。

②垫料除臭法：每平方米地面用0.5千克硫磺拌入垫料铺垫地面，可抑制粪便中氨气的产生和散发，降低鸡舍空气中氨气含量，减少臭味。

③化学除臭法：在鸡舍内地面上撒一层过磷酸钙，可减少粪便中氨气散发，降低鸡舍臭味。具体方法是按每50只鸡活动地面均匀撒上过磷酸钙350克。另外，将4%的硫酸铜和适量熟石灰混

在垫料中，也可降低鸡舍空气臭味。

七、鸡尸体的处理

在鸡生长过程中，由于各种原因使鸡死亡的情况时有发生。在正常情况下，鸡的死亡率每月为1%～2%。这些死鸡若不加处理或处理不当，尸体能很快腐败分解，散发臭气。特别应该注意的是患传染病死亡的鸡，其病原微生物会污染大气、水源和土壤，造成疾病的传播与蔓延。因此，每次进入鸡舍检查鸡群时，应准备好塑料袋，发现死鸡及时检起，装入塑料袋密封拿出鸡舍。再回鸡舍时，要到消毒走廊进行彻底的消毒。

1. 高温处理法

将鸡尸放入特设的高温锅（5个大气压、150℃）内熬煮，达到彻底消毒的目的。鸡场也可用普通大锅，经100℃的高温熬煮处理。此法可保留一部分有价值的产品，使死鸡饲料化，但要注意熬煮的温度和时间必须达到消毒的要求。

2. 土埋法

这是利用土壤的自净作用使死鸡无害化。此法虽简单但并不理想，因其无害化过程很缓慢，某些病原微生物能长期生存，条件掌握不好就会污染土壤和地下水，造成二次污染，因此对土质的要求是决不能选用沙质土。采用土埋法必须遵守卫生防疫要求，即尸坑应远离畜禽场、畜鸡舍、居民点和水源，地势要高燥；掩埋深度不小于2米；必要时尸坑内四周应用水泥板等不透水材料砌严；鸡尸四周应洒上消毒药剂；尸坑四周最好设栅栏并作上标记。较大的尸坑盖板上还可预留几个孔道，套上PVC管，以便不断向坑内投放鸡尸。

3. 堆肥法

鸡尸因体积较小，可以与粪便的堆肥处理同时进行，这是一

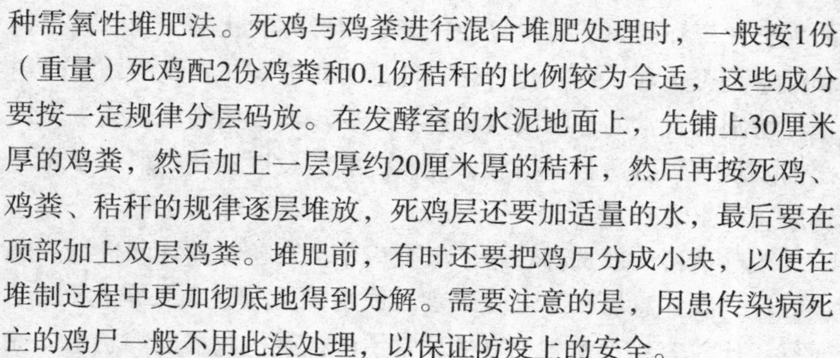

种需氧性堆肥法。死鸡与鸡粪进行混合堆肥处理时，一般按1份（重量）死鸡配2份鸡粪和0.1份秸秆的比例较为合适，这些成分要按一定规律分层码放。在发酵室的水泥地面上，先铺上30厘米厚的鸡粪，然后加上一层厚约20厘米厚的秸秆，然后再按死鸡、鸡粪、秸秆的规律逐层堆放，死鸡层还要加适量的水，最后要在顶部加上双层鸡粪。堆肥前，有时还要把鸡尸分成小块，以便在堆制过程中更加彻底地得到分解。需要注意的是，因患传染病死亡的鸡尸一般不用此法处理，以保证防疫上的安全。

4. 饲料化处理

如能在彻底杀死病原菌的前提下，对死鸡作饲料化处理，则可获得优质的蛋白质饲料。

第二节　常见病的防治

及时而准确的疾病诊断是预防、控制和治疗家禽疾病的重要前提和环节，要达到快速而准确的诊断，需要具备全面而丰富的疾病防治和饲养管理知识，运用各种诊断方法，进行综合分析。家禽疾病的诊断方法有多种，而实际生产中最常用的是临床检查技术、病理学诊断技术和实验室诊断技术。各种家禽疾病的发生都有其自身的特点，只要抓住这些疾病的特点运用恰当的诊断方法就可以对疾病做出正确的诊断。

一、鸡病的判断

1. 群体检查

群体性是鸡的生物学特性之一，鸡的饲养管理必须联系这个特性进行。在集约化饲养的情况下，难于每天观察了解每只鸡的生长发育和健康状况，只能仔细观察群鸡的状况，判断其生长和健康是否正常，饲养与管理条件是否相适应，发现问题及时纠正，特别是日常的仔细观察，有利于在鸡群疫病刚出现或未出现之前发现，采取适当的措施，控制疫病的发展，使鸡群尽早恢复健康。

观察鸡群一般选择在早上天亮后不久和傍晚或晚间进行。鸡群经过一晚休息后，早上是采食、饮水、交配、运动等最活跃的时候，比较容易观察到鸡群的异常情况。晚上鸡群安静状态，除可以静听鸡群呼吸音外，还有利于捉鸡检查。

观察鸡群时饲养员或技术人员应缓慢接近鸡群，待鸡群无惊恐，恢复正常活动时进行。

观察鸡群可从以下几方面进行：

（1）观察鸡群活动：正常的鸡群给人以精神活泼的感觉，站立走动有力，羽毛整洁有光泽，两眼有神，采食、饮水、交配活动比较频繁，鸡群在舍内分布均匀。鸡群不健康时鸡群很少采食、饮水和有交配活动，精神不振，羽毛蓬松不洁，肛门周围沾有粪便，站立走动无力，病鸡独处一隅，蹲伏不动。

（2）观察鸡群排泄的粪便状况：正常鸡群排泄的粪便呈灰色条状，尾端带有菊白色的尿酸盐，伴有少量的尿液，可闻鸡粪特有的臭味。鸡的异常粪便在质、量、形态和消化不良等方面表现出来。

①牛奶样粪便：粪便为乳白色，稀水样似牛奶倒在地上，这是肠道黏膜充血、轻度肠炎的特征粪便。

②节段状粪便：粪便呈堆形，细条节段状，有时表面有一层黏液。刚刚排出的粪便，水分和粪便分离清晰，多为黑灰色或淡黄色，这是慢性肠炎的典型粪便，多见于雏鸡。

③水样粪便：粪便中消化物基本正常，但含水分过多，原

因是有大肠杆菌病、低致病性禽流感、肾传支、温度骤然降低应激、饲料内含盐量过高、环境温度过高等。

④蛋清状粪便：粪便似蛋清状、黄绿色并混有白色尿酸盐，消化物极少。

⑤血性粪便：粪便为黑褐色、茶锈水色、紫红色、或稀或稠，均为消化道出血的特征。如上部消化道出血，粪便为黑褐色，茶锈水色。下部消化道出血，粪便为紫红色或红色。

⑥肉红色粪便：粪便为肉红色，成堆如烂肉，消化物较少，这是脱落的肠黏膜形成的粪便，常见于绦虫病、蛔虫病、球虫病和肠炎恢复期。

⑦绿色粪便：粪便墨绿色或草绿色，似煮熟的菠菜叶，粪便稀薄并混有黄白色的尿酸盐。这是某些传染病和中暑后由胆汁及肠内脱落的组织混合形成的，所以为墨绿色或黑绿色。

⑧黄色粪便：粪便的表面有一层黄色或淡黄色的尿覆盖物，消化物较少，有时全部是黄色尿液，这是肝脏有疾病的特征粪便。

⑨白色稀便：粪便白色非常稀薄，主要由尿酸盐组成，常见于法氏囊炎、瘫痪鸡、鸡白痢，食欲废绝的病鸡和患尿毒症的鸡。

（3）记录检查鸡群每天采食和饮水情况：一般情况下，乌骨鸡群在生长期内随着日龄的增长，采食量与日俱增，种鸡的采食量相对较稳定，如发现无气候、管理、饲料变化等异常情况，鸡群采食量下降，或饮水量下降，或突然增加时，应考虑疫病发生的可能。

（4）在鸡群安静时，特别是晚间，静静地听鸡群呼吸、鸣叫音，正常鸡群叫声明亮，晚间休息时无响声。如雏鸡保温不足，鸡群鸣叫不休；如温度过高，则尖叫不止。如发生新城疫病，鸡群呼吸时发出“咯咯”声；如听到失利的喉头喘鸣音，则是传染性喉气管炎的表现；如发生传染性支气管炎，亦可听到特殊的呼吸音。

2. 个体检查

全群观察后，挑出有异常变化的典型病鸡，做个体检查。

（1）体温检查：鸡测温须用高刻度的小型体温计，从泄殖腔或腑下测温。如通过泄殖腔测温，将体温计消毒涂油润滑后，从肛门插入直肠（右侧）2～3厘米经1～2分钟取出，注意不要损伤输卵管。乌骨鸡的正常体温为39.6～43.6℃，体温升高，见于急性传染病、中暑等；体温降低，见于慢性消耗性疾病、贫血、下痢等。

（2）鸡冠和肉髯检查：冠和肉髯是鸡皮肤的衍生物，内部具有丰富的血管、淋巴管和神经，许多疾病都出现鸡冠和肉髯的变化。正常的鸡冠和肉髯组织柔软光滑，如果颜色异常则为病态。鸡冠发白，主要见于贫血、出血性疾病及慢性疾病；鸡冠萎缩，常见于慢性疾病；如果冠上有水疱、脓包、结痂等病变，多为鸡痘的特征。肉髯发生肿胀，多见于慢性禽霍乱和传染性鼻炎。

（3）眼睛的检查：健康鸡的眼大而有神，周围干净，瞳孔圆形，反应灵敏，虹膜边界清晰。病鸡眼怕光流泪，结膜发炎，结膜囊内有豆腐渣样物，角膜穿孔失明，眼睑常被眼眵粘住，眼边有颗粒状小痂块，眼部肿胀，眼白色混浊、失明，瞳孔变成椭圆形、梨子形、圆锯形，或边缘不齐，虹膜灰白色。

（4）口鼻的检查：健康鸡的口腔和鼻孔干净利索，无分泌物和饲料附着。病鸡可能出现口、鼻有大量黏液，经常晃头，呼吸急促、困难，喘息、咳出血色的缓液等症状。

（5）羽毛和姿势检查：正常时，鸡被毛鲜艳有光泽。有病

时羽毛变脆、易脱落，竖立、松乱，翅膀、尾巴下垂，易被污染。正常鸡站卧自然，行动自如，无异常动作。病鸡则出现步态不稳，运动不协调，转圈行走或头颈歪向一侧或向后背等症状。

（6）呼吸检查：正常鸡的呼吸平稳自然，没有特殊的状态。病鸡应注意观察鸡的呼吸状态，是否有呼吸音，是否咳嗽、打喷嚏等。

（7）嗉囊检查：用手指触摸嗉囊内容物的数量及其性质。嗉囊内食物不多，常见于发生疾病或饲料适口性不好。内容物稀软，积液、积气，常见于慢性消化不良。单纯性嗉囊积液、积气是鸡高烧的表现或唾液腺神经麻痹的缘故。嗉囊阻塞时，内容物多而硬，弹性小。过度膨大或下垂，是嗉囊神经麻痹或嗉囊本身机能失调引起的。嗉囊空虚，是重病末期的象征。

（8）皮肤触摸检查：从头颈部、体躯和腹下等部位的羽毛用手逆翻，检查皮肤色泽及有无坏死、溃疡、结痂、肿胀、外伤等。正常皮肤松而薄，容易与肌肉分离，表面光滑。若皮肤增厚、粗糙有鳞屑，两小腿鳞片翘起，脚部肿大，外部像有一层石灰质，多见于鸡疥癣病或鸡膝螨病；皮肤上有大小不一、数量不等的硬结，常见于马立克病；皮肤表面出现大小数量不等、凹凸不平的黑褐色结痂，多见于皮肤性鸡痘；皮下组织水肿，如呈胶冻样者，常见于食盐中毒，如内有暗紫色液体，则常见于维生素E的缺乏症。

（9）腹部检查：用于触摸腹下部，检查腹部温度、软硬等。腹部异常膨大而下垂，有高热、痛感，是卵黄性腹膜炎的初期；触摸有波动感，用注射器穿刺可抽出多量淡黄色或深灰色并带有腥臭味的浑浊液体，则是卵黄性腹膜炎中后期的表现。如腹部发凉、干燥而无弹性，常见于白痢、体内寄生虫病。

（10）腿部和脚掌的检查：鸡腿负荷较重，患病时变化也较明显。病鸡腿部弯曲，膝关节肿胀变形，有擦伤，不能站立，或者拖着一条腿走路，多见于锰和胆碱缺乏症。膝关节肿大或变长，骨质变软，常见于佝偻病，跖骨显著增厚粗大、骨质坚硬，常见于白血病等。腿麻痹、无痛感、两腿呈“劈叉”姿势，可见于鸡马立克病。病初跛行，大腿容易骨折，可见于葡萄球菌感染。足趾向内卷曲，不能伸张、不能行走，多见于核黄素缺乏症。观察掌枕和爪枕的大小及周围组织有无创伤、化脓等。

3. 鸡病的病理剖检处理

对外观检查不能确认的鸡只，要通过剖检时所观察到的特征性病理变化，结合流行特点和临床症状，常可迅速做出疾病的初步诊断，有利于及时采取有效的防治措施。

（1）病理剖检的准备

①剖检地点的选择：鸡场最好建立尸体剖检室，剖检室设置在生产区和生活区的下风方向及地势较低的地方，并与生产区和生活区保持一定距离；若养鸡场无剖检室，剖检尸体时选择在比较偏僻的地方进行，要远离生产区、生活区、公路、水源等，以免剖检后，尸体的粪便、血污、内脏、杂物等污染水源、河流，或由于车来人往等传播病原，造成疫病扩散。

②剖检器械的准备：对于鸡剖检，一般有剪刀和镊子即可工作。另外，可根据需要准备骨剪、肠剪、手术刀、搪瓷盆、标本皿、广口瓶、消毒注射器、针头、培养皿等，以便收集各种组织标本。

③剖检防护用具的准备：工作服、胶靴、一次性医用手套或橡胶手套、脸盆或塑料小水桶、消毒剂、肥皂、毛巾、水桶、脸盆、消毒剂等。

④尸体处理设施的准备：对剖检后的尸体应进行焚烧或深埋，对剖检场所和用具进行彻底、全面的消毒。剖检室的污水和

废弃物必须经过消毒处理后方可排放。

（2）病理剖检的注意事项

①在进行病理剖检时，如果怀疑待检的鸡已感染的疾病可能对人有接触传染时（如禽流感等），必须采取严格的卫生预防措施。剖检人员在剖检前换上工作服、胶靴、配戴优质的橡胶手套、帽子、口罩等，在条件许可的条件下最好戴上面具，以防吸入病禽的组织或粪便形成的尘埃等。

②在进行剖检时应注意所剖检的病（死）鸡应在鸡群中具有代表性。

③剖检前应当用消毒药液将病鸡的尸体和剖检的台面完全浸湿。

④剖检过程应遵循从无菌到有菌的程序，对未经仔细检查且粘连的组织，不可随意切断，更不可将腹腔内的管状器官（如肠道）切断，造成其他器官的污染，给病原分离带来困难。

⑤剖检人员应认真地检查病变，切忌草率行事。如需要进一步检查病原和病理变化，应取病料送检。

⑥在剖检中，如剖检人员不慎割破自己的皮肤，应立即停止工作，先用清水洗净，挤出污血，涂上药物，用纱布包扎或贴上创口贴；如剖检的液体溅入眼中时，应先用清水洗净，再用20%的硼酸眼药水冲洗。

⑦剖检后，所用的工作服、剖检的用具要清洗干净，消毒后保存。剖检人员应用肥皂或洗衣粉洗手、洗脸，并用75%的酒精消毒手部，再用清水洗净。

（3）病理剖检的程序：病理剖检一般遵循由外向内，先无菌后污染，先健部后患部的原则，按顺序，分器官逐步完成。

①活鸡应首先放血处死、死鸡能放出血的尽量放血，检查并记录患鸡外表情况，如皮肤、羽毛、口腔、眼睛、鼻孔、泄殖腔

等有无异常。

②用消毒液将禽尸羽毛沾湿或浸湿，避免羽毛、尘屑飞扬，然后将鸡尸放在解剖盘中或塑料布上。

③用刀或剪把腹壁和两侧大腿间的疏松皮肤纵向切开，剪断连接处的肌膜，两手将两股骨向外压，使股关节脱臼，卧位平稳。

④将龙骨末端后方皮肤横行切断，提起皮肤向前方剥离并翻置于头颈部，使整个胸部至颈部皮下组织和肌肉充分暴露，观察皮下、胸肌、腿肌等处有无病变，如有无出血、水肿、脂肪是否发黄，以及血管有无瘀血或出血等。

⑤皮下及肌肉检查完之后，在胸骨末端与肛门之间做一切线，切开腹壁，再顺胸骨的两边剪开体腔，以剪刀就肋骨的中点，由后向前将肋骨、胸肌、锁骨全部剪断，然后将胸部翻向头部，使体腔器官完全暴露。观察各脏器的位置、颜色、有无畸形，浆膜的情况如有无渗出物和粘连，体腔有无积水、渗出物或出血。接着剪断腺胃前的食管，拉出胃肠道、肝和脾，剪断与体腔的联系，即可摘出肝、脾、生殖器官、心、肺和肾等进行观察。若要采取病料进行微生物学检查，一定要用无菌方法打开体腔，并用无菌法采取需要的病料（肠道病料的采集应放到最后）后再分别进行各脏器的检查。

⑥将鸡尸的位置倒转，使头朝向剖检者。

Ⅰ. 剪开嘴的上下连合，伸进口腔和咽喉，直至食管和食道膨大部，检查整个上部消化道。再从喉头剪开整个气管和两侧支气管。观察后鼻孔、腭裂及喉口有无分泌物堵塞；口腔内有无伪膜或结节；再检查咽、食道和喉、气管黏膜的颜色，有无充血、出血、黏液和渗出物。

Ⅱ. 在腺胃前剪断食道，提起胃肠，剪断肠系膜，分离胃肠

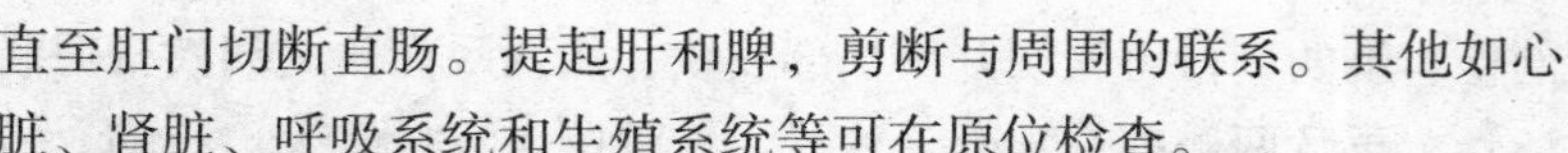

直至肛门切断直肠。提起肝和脾，剪断与周围的联系。其他如心脏、肾脏、呼吸系统和生殖系统等可在原位检查。

Ⅲ.检查心包和心脏时，要观察心包内容物的数量和颜色、心冠脂肪的性状、心内外膜及心肌有无出血等。患新城疫和霍乱时，心内外膜常有数量不等的出血点。

Ⅳ.检查肾脏和输尿管时，要注意肾脏体积、颜色和质地。要观察输尿管的粗细和内容物。

Ⅴ.检查生殖系统时，要注意卵巢和卵泡的大小、性状、颜色以及输卵管有无破损、黏膜状态和内容物的性质等。如果是公鸡，应注意睾丸的大小、形状和颜色。

Ⅵ.检查呼吸系统时要注意肺的颜色、质地和气囊的厚度及色泽（必要时，可插入胶皮管将气囊吹起来再观察）。当鸡患慢性呼吸道疾病时，除喉头、气管内含有混浊的黏液，黏膜表面附着有灰白色干酪样物，以及不同程度的肺炎变化外，气囊壁往往增厚混浊，甚至出现黄色干酪样渗出物。

Ⅶ.检查腔上囊（法氏囊）时，首先在直肠靠近肛门处的背侧细心剥离出腔上囊，然后观察其变化。如果腔上囊肿大、壁增厚、质地软、腔内分泌物增多，则可能是法氏囊炎。如果是4～20周龄的鸡，腔上囊呈弥漫性增生或萎缩，可疑为马立克病。

Ⅷ.检查神经系统时，应重点检查坐骨神经、臂神经丛和脑。首先分离大腿部的肌肉，暴露坐骨神经，观察有无肿胀和结节形成。然后翻转尸体，剥离背部肩关节周围的皮肤和肌肉，检查深部臂神经丛性状。必要时，可打开颅腔，摘出脑组织检查。

Ⅸ.检查肝脏和脾脏时，要注意颜色、大小、形状、质地以及切面结构。

Ⅹ.根据需要，还可对鸡的神经器官，如脑、关节囊等进行剖检。脑的剖检可先切开头顶部皮肤，从两眼内角之间横行剪断颧骨，再从两侧剪开顶骨、枕骨，掀除脑盖，暴露大、小脑，检查脑膜以及脑髓的情况。

（4）病理材料的采集：有条件做实验室检查的可自己进行检查，若无，可送到当地的动物检疫部门进行检疫（如畜牧部门、防疫部门等）。

①病理材料的采集：送检时，应送整个新鲜病死鸡或病重的鸡，要求送检材料具有代表性，并有一定的数量；送检为病理组织学检验时，应及时采集病料并固定，以免腐败和自溶而影响诊断；送检毒物学检查的材料，要求盛放材料的容器要清洁，无化学杂质，不能放入防腐消毒剂。送检的材料应包括肝脏、胃、肠内容物，怀疑中毒的饲料样品，也可送检整个鸡的尸体；送检细菌学、病毒学检查的材料，最好送检具有代表性的整个新鲜病死鸡或病重鸡到有条件的单位由专业技术人员进行病料的采集。

②病理材料的送检：将整个鸡的尸体放入塑料袋中送检；固定好的病理材料可放入广口瓶中送检；毒物学检验材料应由专人保管、送检，并同时提供剖检材料、提出可疑毒物等情况；送检材料要有详细的说明，包括送检单位、地址、鸡的品种、性别、日龄、病料的种类、数量、保存及固定的方法、死亡日期、送检日期、检验目的、送检人的姓名，并附临床病例的情况说明（发病时间、临床症状、死亡情况、产蛋情况、免疫及用药情况等）。

二、鸡的给药方法

药物种类繁多，有些药物需要通过固定的途径进入机体才能发挥作用。另外，一些药物，不同的给药途径，可以发挥不同的药理作用。因此，喂药时应根据具体情况选择不同的给药方法。

1. 群体给药法

（1）饮水给药法：即将药物溶解于水中，让鸡自由饮水的同时将药液饮入体内。对容易溶于水的药物，可直接将药物加入水中混合均匀即可。对难溶于水中的药物，可将药物加入少量水中加热，搅拌或加助溶剂，待其达到一定程度的溶解或全溶解后，再混入全量饮水中，也可将其做悬液再混入饮水中。

（2）混饲给药：是鸡疾病防治经常使用的方法，将药物混合在饲料中搅拌均匀即可。但少量药物很难和大量的饲料混合均匀，可先将药物和一种饲料或一定量的配合饲料混合均匀，然后再和较大量的饲料混合搅拌，逐级增大混合的饲料量，直至最后混合搅拌均匀。

（3）气雾给药：是通过呼吸道吸入或作用于皮肤黏膜的一种给药法。由于鸡肺泡面积很大，并有丰富的毛细血管，用此法给药时，药物吸收快，药效出现迅速，不仅能起到局部作用，也能经肺部吸收后呈现全身作用。

2. 个体给药法

（1）口服法：指经人工从口投药，药物口服后经胃、肠道吸收而作用于全身或停留在胃、肠道发挥局部作用。对片剂、丸剂、粉剂，用左手示指伸入鸡的舌基部，将舌拉出并与拇指配合固定在下腭上，右手将药物投入。对液体药液，用左手拇指和示指抓住冠和头部皮肤，使向后倒，当喙张开时，即用右手将药液滴入，令其咽下，反复进行，直到服完。也可用鸡的输导管，套上玻璃注射器，将喙拨开插入导管，将注射器中的药液推入食道。

（2）肌内注射法：常用于预防接种或药物治疗。肌内注射部位有翼根内侧肌肉、胸部肌肉及腿部外侧肌肉，尤以胸部肌肉为常用注射部位。

（3）气管内注入法：多用于寄生虫治疗时的用药。左手抓住鸡的双翅提取，使其头朝前方，右手持注射器，在鸡的右侧颈部旁，靠近右侧翅膀基部约1厘米处进针，针刺方向可由上向下直刺，也可向前下方斜刺，进针0.5～1厘米深处，即可推入药液。

（4）食道膨大部注入法：当鸡张喙困难，且急需用药时可采用此法。注射时，左手拿双翅并提举，使头朝前方，右手持注射器，在鸡的食道膨大部向前下方斜刺入针头，进针深度为0.5～1厘米左右，进针后推入药液即可。

3. 鸡用药注意事项

（1）应根据每种药物的适应证合理地选择药物，并根据所患疾病和所选药物自身的特点选用不同的给药方法。

（2）用药时用量应适当、疗程应充足、途径应正确。本着高效、方便、经济的原则，科学地用药。

（3）应充分利用联合用药的有利作用，避免各种配伍禁忌和不良反应的发生。

（4）应注意可能产生的机体耐药性和病原体抗药性，并通过药敏试验、轮换用药等手段加以克服。

（5）注意预防药物残留和蓄积中毒。长期使用的药物，应按疗程间隔使用，某些容易引起残留的药物，在鸡宰前15～20天内不宜使用，以免影响产品质量和危害人体健康。

（6）饮水给药，应确保药物完全溶解于水后再投喂，并应保证每个鸡都能饮到；拌料给药，应确保饲料的搅拌均匀。否则不仅影响效果，而且可能造成中毒。

（7）在使用药物时间，应注意观察鸡群的反应性。有良好效果的应坚持使用；出现不良反应的，应立即停止用药；使用效果不佳的，应从适应证、耐药性、剂量、给药途径、病因诊断是

否正确等多方面仔细分析原因，及时调整方案。

三、常见疾病的治疗与预防

乌骨鸡常见病分为传染病、寄生虫病和普通病3种。传染病主要有新城疫、马立克病、法式囊病、禽霍乱、禽流感、传染性喉气管炎、鸡伤寒、鸡白痢、鸡痘、禽曲霉菌病等。寄生虫病有球虫病、蛔虫病、绦虫病、鸡虱等。普通病有恶癖、消化不良及中毒性疾病等。

1. 新城疫

新城疫又称亚洲鸡瘟，是由鸡新城疫病毒感染引起的急性高度接触性的烈性传染病，发病率和死亡率都很高，有时会造成全群覆灭，是当前危害养鸡生产最严重的鸡病之一。无论成鸡还是雏鸡，一年四季均可发生，但春、秋两季发病率高并易于流行。

【发病特点】病毒存在于病禽的所有组织器官、体液、分泌物和排泄物中，以脑、脾、肺含毒量最高，骨髓含毒时间最长。在自然条件下，鸡对新城疫的易感性最高。本病的传染途径主要是呼吸道和消化道。病鸡的飞沫、唾液、鼻液和粪便污染了空气、饲料、饮水和用具，都能引起感染。鸡新城疫流行地区的鲜蛋和鸡毛等都是传播本病的媒介。此外，一些野生飞禽和哺乳动物也能机械地传播病毒。

【症状】自然感染的潜伏期一般为3～5天。根据毒株、毒力的不同和病程的长短，可分为最急性、急性和亚急性或慢性3种。

（1）最急性型：往往不见临床症状，突然倒地死亡。常常是头一天鸡群活动采食正常，第二天早晨在鸡舍发现死鸡。如不及时救治，1周后将会大批死亡。

（2）急性型：潜伏期较长，病鸡发高烧，呼吸困难，精神萎靡打蔫，冠和肉垂呈紫黑色，鼻、咽、喉头积聚大量酸臭黏液，并顺口流出，有时为了排出气管黏液常做摆头动作，发生特征性的“咕噜声”，或咳嗽、打喷嚏，拉黄色或绿色或灰白色恶臭稀便，2～5天死亡。

（3）慢性型：病初症状同急性相似，后来出现神经症状，动作失调，头向后仰或向一侧扭曲、转圈，步履不稳，翅膀麻痹，10～20天逐渐消瘦而死亡。

【病理变化】

（1）典型新城疫：腺胃黏膜水肿，乳头出血，十二指肠黏膜和泄殖腔充血及出血，盲肠扁桃体肿大并有出血或出血性坏死。病程稍长，有时可见肠壁形成枣核状溃疡。蛋鸡卵泡充血、出血，有时破裂。心冠和腹腔脂肪有出血点。气管黏膜充血、出血，气管内有多量黏液，有时见有出血。气囊壁混浊增厚，并有干酪样渗出物，渗出物多数是因有支原体或大肠杆菌混合感染所致。

（2）非典型新城疫：病理变化常不明显，往往看不到典型病变，常见的病变是心冠脂肪的针尖出血点，腺胃肿胀和小肠的卡他性炎症，盲肠扁桃体普遍有出血，泄殖腔也多有出血点。如若继发感染支原体或大肠杆菌，则死亡率增加，表现有气囊炎和腹膜炎等病变。

【诊断】仅根据临床症状和肉眼病理变化作出确诊比较困难，但当鸡群出现以呼吸困难为特征，下痢，粪呈黄白色或绿色，有“咯咯”喘鸣音，发病急，死亡率高，抗生素治疗无效，个别耐过的病鸡出现特殊的神经症状时，应怀疑是本病。实验室可应用血细胞凝集抑制试验、中和试验、荧光抗体技术等方法进行确诊。

【治疗】鸡群一旦发生本病，首先将可疑病鸡捡出焚烧或深埋，被污染的羽毛、垫草、粪便、病变内脏亦应深埋或烧毁。封锁鸡场，禁止转场或出售，立即彻底消毒环境，并给鸡群进行Ⅰ系苗加倍剂量的紧急接种；鸡场内如有雏鸡，则应严格隔离，避免Ⅰ系苗感染雏鸡。

根据近几年的经验总结，推荐以下紧急接种措施。

（1）种鸡、蛋鸡、雏鸡

①新威灵2倍量+新城疫核酸A液+生理盐水0.15毫升/只混合后胸肌注射，待24小时后饮用新城疫核酸B液：新威灵为嗜肠道型毒株，接种后呼吸道症状反应轻微，并可在接种3～4天后使抗体效价得到迅速的提升。新城疫核酸可快速消除新城疫症状。但新城疫核酸A液通过饮水途径或不和疫苗联合使用时效果很差。

②Lasota点眼：在胸肌接种时，用Lasota点眼，使免疫更确实。

③连续饮用赐能素或富特5天：可快速诱导机体产生抗体，提高抗体效价。

④坚持带鸡喷雾消毒：疫苗接种3天后，每天用好易洁消毒液进行带鸡喷雾消毒。

⑤做好封锁隔离：要做好发病鸡舍的隔离工作，禁止发病鸡舍人员窜动，对周边鸡舍采取新城疫加强免疫接种措施，并连续饮用富特口服液。在疫病流行过后观察1个月再无新病例出现，且进行最后1次彻底消毒后才解除封锁。

（2）商品乌骨鸡发生非典型新城疫时，可应用抗毒灵口服液进行治疗；并针对呼吸道症状使用泰龙进行对症治疗，能取得比较好的效果。

【预防】

（1）最有效的防治措施是给乌骨鸡注射新城疫疫苗，常用的是新城疫Ⅰ、Ⅱ系疫苗2种，Ⅰ系苗用于2月龄以上的鸡。以蒸馏水或凉开水按1：100稀释，在翅膀内侧皮下刺种。或按

1：1000稀释在胸肌或大腿肌内上注射1毫升。接种后5～7天产生免疫力。免疫后结合抗体监测，确定下一次免疫的时间。母鸡最好在换羽、停产季节接种，以免减少产蛋。Ⅱ系苗适用于雏鸡、中鸡和成年鸡。用蒸馏水做10倍稀释，用消毒过的滴管给鸡滴鼻点眼，每只鸡2滴，雏鸡滴鼻点眼最好在7～10日龄进行。

（2）搞好鸡舍环境卫生，地面、用具等定期消毒，减少传染媒介，切断传染途径。

（3）不要在市场买进新鸡，预防带进病毒。并建立鸡出场（舍）不再返回的制度。

（4）一旦发生新城疫，病鸡要坚决隔离淘汰、死鸡深埋。对全群没有临床症状的鸡，马上做预防接种。通常在接种1周后，疫情就能得到控制，新病例就会减少或停止。

2. 马立克病

禽类马立克病是由鸡疱疹病毒引起的一种最常见的淋巴细胞增生性疾病，死亡率可达30%～80%，对养鸡业造成了严重威胁，是我国主要的禽病之一。

【发病特点】马立克病毒属于疱疹病毒的B亚群病毒。它们以2种形式存在，一是未发育成熟的病毒，称为不完全病毒和裸体病毒，主要存在于肿瘤组织及白细胞中，此种病毒离开活体组织和细胞很容易死亡。二是发育成熟的病毒，称为完全病毒，对外界环境有强的抵抗力，存在于羽毛囊上皮细胞及脱落的皮屑中，对刚出壳的雏鸡有明显的致病力，能在新孵雏鸡、组织培养和鸡胚中繁殖。

【症状】经病毒侵害后，病鸡的表现方式可分为神经型、内脏型、眼型和皮肤型，有时可能混合感染。

（1）神经型：马立克病由于病变部位不同，症状上有很大区别。坐骨神经受到侵害时，病鸡开始走路不稳，逐渐看到一侧或两侧腿瘸，严重时瘫痪不起，典型的症状是一条腿向前伸，一条腿向后伸的“劈叉”姿式。病腿部肌肉萎缩，有凉感，爪子多弯曲。翅膀的臂神经受到侵害时，病鸡翅膀无力，常下垂到地面，如穿大褂。当颈部神经受到损害时，病鸡脖子常斜向一侧，有时见大嗉囊，病鸡常蹲在一起张口无声地喘气。

（2）急性内脏型：常侵害幼龄鸡。死亡率高，主要表现为精神萎靡不振，病程较短，突然死亡。

（3）眼型：常发于一眼或两眼，丧失视力。虹膜环状或点状褪色。瞳孔不整齐，严重的留下一个针头大的小孔。

（4）皮肤型：马立克病病鸡褪毛后可见体表毛囊腔形成结节及小的肿瘤状物，在颈部、翅膀、大腿外侧较为多见。肿瘤结节呈灰粉黄色，突出于皮肤表面，有时破溃。

【病理变化】

（1）神经型病毒侵害外周神经后，可出现神经水肿淋巴细胞和浆细胞浸润，甚至会发生淋巴样细胞大量增生肿瘤性病变。神经肿粗2～3 倍，甚至更大，外观呈灰白色或黄白色。经常侵害坐骨神经、腰椎神经、臂神经、迷走神经等处。

（2）内脏型表现内脏器官发生淋巴瘤样增生病变。组织中的细胞成分是由弥散性增生的中、小淋巴细胞及成淋巴细胞和马立克病细胞所组成。不同内脏器官上的肿瘤形式往往不同。

（3）皮肤型主要是毛囊部位小淋巴细胞浸润，或形成淋巴瘤性病变。病变部毛囊肿胀，形成小结节。肿瘤破溃结痂，若有细菌感染则形成溃疡。

（4）眼型虹膜及眼肌淋巴细胞浸润。另外，在眼前房可能有颗粒性或无定形的物质存在。

【诊断】本病的诊断必须根据疾病特异的流行病学、临床症状、病理学和肿瘤标记做出。病鸡常有典型的肢体麻痹症状，出现外周神经受害、法氏囊萎缩、内脏肿瘤等病理变化，这些都是本病的特征，在一般情况下不会造成误诊。马立克病的内脏肿瘤与鸡淋巴白血病在眼观变化上很相似，需要作出区别诊断。

【治疗】本病无特效治疗药物，只有采取疫苗接种和严格的卫生措施才可能控制本病的发生及发展。

（1）疫苗种类：血清Ⅰ型疫苗，主要是减弱弱毒力株CV1-988和齐鲁制药厂兽药生产的814疫苗，其中CV1-988应用较广；血清Ⅱ型疫苗，主要有SB-1、301B/301A/1以及我国的Z4株，SB-1应用较广，通常与火鸡疱疹病毒疫苗（即血清Ⅲ型疫苗HVT）合用，可以预防超强毒株的感染发病，保护率可达85%以上；血清Ⅲ型疫苗，即火鸡疱疹病毒HVT-FC126疫苗，HVT在鸡体内对马立克病病毒起干扰作用，常于1日龄免疫，但不能保护鸡免受病毒的感染；20世纪80年代以来，HVT免疫失败的越来越多，部分原因是由于超强毒株的存在，市场上已有SB-1＋FC126、301B/1＋FC126等二价或三价苗，免疫后具有良好的协同作用，能够抵抗强毒株的攻击。

（2）免疫程序的制订：单价疫苗及其代次、多价疫苗常影响免疫程序的制订，单价苗如HVT、CV1-988等可在1日龄接种，也有的地区采用1日龄和3～4周龄进行2次免疫。通常父母代用血清Ⅰ型或Ⅱ型疫苗，商品代则用血清3型疫苗，以免受血清Ⅰ型或Ⅱ型母源抗体的影响，父母代和子代均可使用SB-1或301B/1＋HVT等二价疫苗。

【预防】

（1）加强养鸡环境卫生与消毒工作，尤其是孵化卫生与育雏鸡舍的消毒，防止雏鸡的早期感染是非常重要的，否则即使出壳后马上免疫有效疫苗，也难防止发病。

（2）坚持自繁自养，防止因购入鸡苗时将病毒带入鸡舍。

采用全进全出的饲养制度，防止不同日龄的鸡混养于同一鸡舍。

（3）雏鸡与成年鸡分开饲养，严格隔离。

（4）一旦发生本病，在感染的场地清除所有的鸡，将鸡舍清洁消毒后，空置数周后再引进新雏鸡。一旦开始育雏，中途不得补充新鸡。

3. 传染性法氏囊病

鸡传染性法氏囊病，又称鸡传染性腔上囊病，是由传染性法氏囊病毒引起的一种急性、接触传染性疾病。以法氏囊发炎、坏死、萎缩和法氏囊内淋巴细胞严重受损为特征。从而引起鸡的免疫机能障碍，干扰各种疫苗的免疫效果。发病率高，死亡率低，是目前养禽业最重要的疾病之一。

【发病特点】自然条件下，本病只感染鸡，所有品种的鸡均可感染。本病仅发生于2周至开产前的小鸡，3～7周龄为发病高峰期。病毒主要随着病鸡粪便排出，污染饲料、饮水和环境，使同群鸡经消化道、呼吸道和眼结膜等感染；各种用具、人员及昆虫也可以携带病毒，扩散传播；本病还可经蛋传播。

【症状】雏鸡群突然大批发病，2～3天内可波及60%～70%的鸡，发病后3～4天死亡达到高峰，7～8天后死亡停止。病初精神沉郁，采食量减少，饮水增多，有些自啄肛门，排白色水样稀粪，重者脱水，卧地不起，极度虚弱，最后死亡。耐过雏鸡贫血消瘦，生长缓慢。

【病理变化】剖检可见法氏囊肿大，呈黄色或黄白色、胶冻样。内有果酱样、奶油样干酪物，感染后第5天，法氏囊急剧萎缩；肾苍白、有尿酸盐沉淀；大腿外侧肌肉及胸肌呈斑点出血；肝有黄条（状）样病变。

【诊断】可根据流行特点、临床表现及病理剖检中的特征病变做出诊断。在诊断中应注意与磺胺类药物中毒引起的出血综合征相区分，药物中毒可见肌肉出血，但无法氏囊等变化，同时鸡群有饲喂磺胺类药物史。另外，在本病发生过程中及其左右常有新城疫的发生，在诊断中要十分注意，以免误诊造成更大损失。

【治疗】

（1）鸡传染性法氏囊病高免血清注射液，3～7周龄鸡，每只肌注0.4毫升；大鸡酌加剂量；成鸡注射0.6毫升，注射1次即可，疗效显著。

（2）鸡传染性法氏囊病高免蛋黄注射液，每千克体重1毫升肌内注射，有比较好的疗效。

（3）复方炔酮，0.5千克的鸡每天1片，1千克的鸡每天2片，口服，连用2～3天。

（4）丙酸睾丸酮，3～7周龄的鸡每只肌内注射5毫克，只注射1次。

（5）速效管囊散，每千克体重的鸡0.25克，混于饲料中或直接口服，服药后8小时即可见效，连续喂3天。治愈率比较高。

（6）盐酸吗啉胍（每片0.1克）8片，拌料1千克，板蓝根冲剂15克，溶于饮水中，供半日饮用。

（7）扑灭措施：发病鸡舍应严格封锁，每天上、下午各进行1次带鸡消毒。对环境、人员、工具也应进行消毒。及时选用对鸡群有效的抗生素，控制继发感染。改善饲养管理和消除应激因素，可在饮水中加入复方口服补液盐以及维生素C、维生素K、维生素B或1%～2%奶粉，以保持鸡体水、电解质、营养平衡，促进康复。病雏早期用高免血清或卵黄抗体治疗可获得比较好疗效。雏鸡0.5～1.0毫升/只，大鸡1.0～2.0毫升/只，皮下或肌内注射，必要时次日再注射1次。

【预防】

（1）采用全进全出的饲养体制，全价饲料。鸡舍换气良

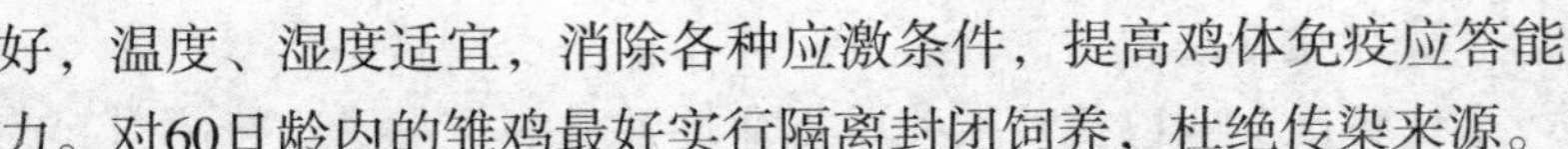

好，温度、湿度适宜，消除各种应激条件，提高鸡体免疫应答能力。对60日龄内的雏鸡最好实行隔离封闭饲养，杜绝传染来源。

（2）严格卫生管理，加强消毒净化措施。进鸡前鸡舍（包括周围环境）用消毒液喷洒→清扫→高压水冲洗→消毒液喷洒（几种消毒剂交替使用2～3遍）→干燥→甲醛熏蒸→封闭1～2周后换气再进鸡。饲养鸡期间，定期进行带鸡气雾消毒，可采用0.3%次氯酸钠或过氧乙酸等，按每立方米30～50毫升气雾消毒。

（3）预防接种是预防鸡传染性法氏囊病的一种有效措施。目前我国批准生产的疫苗有弱毒苗和灭活苗。

①低毒力株弱毒活疫苗，用于无母源抗体的雏鸡早期免疫，对有母源抗体的鸡免疫效果比较差。可点眼、滴鼻、肌内注射或饮水免疫。

②中等毒力株弱毒活疫苗，供各种有母源抗体的鸡使用，可点眼、口服、注射。饮水免疫，剂量应加倍。

③使用灭活疫苗时应与鸡传染性法氏囊病活苗配套。鸡传染性法氏囊病免疫效果受免疫方法、免疫时间、疫苗选择、母源抗体等因素的影响，其中母源抗体是非常重要的因素。有条件的鸡场应依测定母源抗体水平的结果，制定相应的免疫程序。

现介绍2种免疫程序供参考：无母源抗体或低母源抗体的雏鸡，出生后用弱毒疫苗或用1/2～1/3中等毒力疫苗进行免疫，滴鼻、点眼2滴（约0.05毫升）；肌内注射0.2毫升；饮水按需要量稀释，2～3周时，用中等毒力疫苗加强免疫。有母源抗体的雏鸡，14～21日龄用弱毒疫苗或中等毒力疫苗首次免疫，必要时2～3周后再加强免疫1次。商品鸡用上述程序免疫即可。种鸡则在10～12周龄用中等毒力疫苗免疫1次，18～20周龄用灭活苗注射免疫。

4. 禽霍乱

禽霍乱又叫巴氏杆菌病、出血性败血病，是巴氏杆菌引起的一种细菌性传染病。此病具有发病快、发病率高、死亡率高的特点，对成年鸡所造成的危害仅次于鸡新城疫。

【发病特点】各种家禽和多种野鸟等都可感染本病，育成鸡和成年产蛋鸡多发。病鸡、康复鸡或健康带菌鸡是本病复发或新鸡群爆发本病的传染源。病禽的排泄物和分泌物中含有大量细菌污染饲料、饮水、用具和场地，一般通过消化道和呼吸道传染，也可通过吸血昆虫和损伤皮肤、黏膜等感染。本病的发生无明显的季节性，但以冷热交替、气候剧变、闷热、潮湿、多雨时期发生比较多，常为地方流行。鸡群的饲养管理、通风不良等因素，促进本病的发生和流行。

【症状】一般情况下，感染该病后约2～5天才发病。

（1）最急型：无明显症状，突然死亡，营养良好的鸡容易发生。

（2）急性型：鸡精神和食欲不佳，饮水增多，剧烈腹泻，排绿黄色稀粪。嘴流黏液，呼吸困难，羽毛松乱，缩颈闭眼，最后食欲废绝，衰竭而死。病程为1～3日，死亡率很高。

（3）慢性型：慢性病鸡消瘦、贫血、下痢、食欲减退，关节肿胀、跛行、化脓，切开可见脓性干酪样物。可能延至几周后死亡或为带菌者。

【病理变化】

（1）最急性型常见本病流行初期，剖检几乎见不到明显的病变，仅冠和肉垂发绀，心外膜和腹部脂肪浆膜有针尖大出血点，肺有充血水肿变化。肝肿大表面有散在小的灰白色坏死点。

（2）急性型剖检时尸体营养良好，冠和肉垂呈紫红色，嗉囊充满食物。皮下轻度水肿，有点状出血，浆液渗出。心包腔积

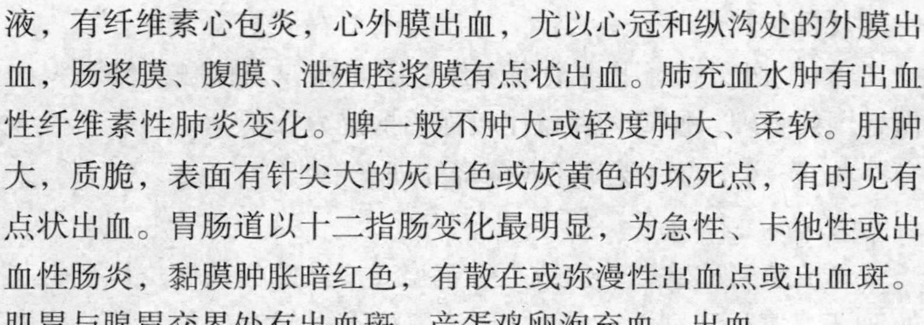

液，有纤维素心包炎，心外膜出血，尤以心冠和纵沟处的外膜出血，肠浆膜、腹膜、泄殖腔浆膜有点状出血。肺充血水肿有出血性纤维素性肺炎变化。脾一般不肿大或轻度肿大、柔软。肝肿大，质脆，表面有针尖大的灰白色或灰黄色的坏死点，有时见有点状出血。胃肠道以十二指肠变化最明显，为急性、卡他性或出血性肠炎，黏膜肿胀暗红色，有散在或弥漫性出血点或出血斑。肌胃与腺胃交界处有出血斑。产蛋鸡卵泡充血、出血。

（3）慢性型肉垂肿胀坏死，切开时内有凝固的干酪样纤维素块，组织发生坏死干枯。病变部位的皮肤形成黑褐色的痂，甚至继发坏疽。肺可见慢性坏死性肺炎。

【诊断】本病根据流行特点、典型症状和病变，一般可以确诊，必要时可进行实验室检查。

【治疗】

（1）在饲料中加入0.5%～1%的磺胺二甲基嘧啶粉剂，连用3～4天，停药2天，再服用3～4天；也可以在每1000毫升饮水中，加1克药，溶解后连续饮用3～4天。

（2）在饲料中加入0.1%的土霉素，连用7天。

（3）在饲料中加入0.1%的氯霉素，连用5天，接着改用喹乙醇，按0.04%浓度拌料，连用3天。使用喹乙醇时，要严格控制剂量和疗程，拌料要均匀。

（4）肌内注射水剂青霉素或链霉素，每只鸡每次注射2万～5万国际单位，每天2次，连用2～3天。或在大群鸡患病时，采用青霉素饮水，每只鸡每天5000～10000国际单位，以饮用1～3天为宜。

（5）采用喹乙醇进行治疗，按每千克体重20～30毫克口服，每日1次，连用3～5天；或拌在饲料内投喂，1天1次，连用3天，效果比较好。

【预防】

（1）切实做好卫生消毒工作，防止病原菌接触到健康鸡。做好饲养管理，使鸡只保持比较强的抵抗力。

（2）病死的鸡要深埋或焚烧处理。

5. 禽流感

禽流感又称欧洲鸡瘟或真性鸡瘟（应注意与新城疫病毒引起的亚洲鸡瘟相区别），是由A型流感病毒引起的一种急性、高度接触性和致病性传染病。该病毒不仅血清型多，而且自然界中带毒动物多、毒株容易变异，为禽流感病的防治增加了难度。在目前已知的100多个禽流感毒株中绝大多数是低致病力毒株，具有高致病力毒株主要集中在H5、H7 2个亚型，H9亚型的致病力和毒力也比较强，但低于前2型。

家禽发生高致病性禽流感具有疫病传播快、发病致死率高、生产危害大的特点。近几年来，全世界多次流行较大规模的高致病性禽流感，不仅对家禽业构成了极大威胁，而且属于A型流感病毒的某些强致病毒株，也可能引起人的流感，因此这一疾病引起了国内外的高度重视。

【发病特点】

（1）病毒主要通过水平传播，但其他多种途径也可传播，如消化道、呼吸道、眼结膜及皮肤损伤等途径传播，呼吸道、消化道是感染的主要途经。人工感染通常包括鼻内、气管、结膜、皮下、肌肉、静脉内、口腔、气囊、腹腔、泄殖腔及气溶胶等。

（2）任何季节和任何日龄的鸡群都可发生。各种年龄、品种和性别的鸡群均可感染发病，以产蛋鸡易发。一年四季均可发生，但多暴发于冬、春季，尤其是秋、冬季和冬、春季交界气候变化大的时间，大风对此病传播有促进作用。

（3）发病率和死亡率受多种因素影响，既与鸡的种类及易

感性有关，又与毒株的毒力有关，还与年龄、性别、环境因素、饲养条件及并发病有关。

（4）疫苗效果不确定。疫苗毒株血清型多，与野毒株不一致，免疫抑制病的普遍存在，免疫应答差，并发感染严重及疫苗的质量问题等使疫苗效果不确定。

（5）临床症状复杂。混合感染、并发感染导致病重、诊断困难、影响愈后。

【症状】潜伏期1～3日，症状复杂多样，与病毒毒力，机体抵抗力有关。

（1）最急性型：多无出现明显症状，突然死亡。

（2）急性型：精神不振，食欲减少，闭眼昏睡，头、面部浮肿，眼结膜充血、流泪，鸡冠、肉髯肿胀黑紫色，出血坏死，鼻孔流黏液或带血分泌物，咳嗽摇头，气喘，呼吸困难。脚鳞呈蓝紫色，下痢排绿色粪便，两翼张开，出现抽搐等神经症状，死亡率达60%～75%。有的毒株对产蛋鸡群、育成鸡，一般不表现临床症状，发病鸡群产蛋率下降20%～60%。

【病理变化】鸡发生高致病性禽流感，其病理剖检可见气管黏膜充血、水肿、气管中有多量浆液性或干酪样渗出物。气囊壁增厚，混浊，有时见有纤维素性或干酪样渗出物。消化道表现为嗉囊中积有大量液体，腺胃壁水肿、乳头肿胀、出血、肠道黏膜为卡他性出血性炎症。卵泡变形坏死、萎缩或破裂，形成卵黄性腹膜炎，输卵管黏膜发炎，输卵管内见有大量黏稠状脓样渗出物。其他脏器肝、脾、肾、心、肺多呈瘀血状态，或有坏死灶形成。

【诊断】根据禽流感的流行情况、症状和剖检变化可做出初步诊断，但要确诊需要做病原分离鉴定和血清学试验。血清学检查是诊断禽流感的特异性方法。

【治疗】

（1）鸡发生高致病性禽流感应坚决执行封锁、隔离、消毒、扑杀等措施。

（2）如发生中低致病力禽流感时每天可用过氧乙酸、次氯酸钠等消毒剂1～2次带鸡消毒并使用药物进行治疗，如每100千克饲料拌病毒唑10～20克，或每100千克水兑8～10克连续用药4～5天；或用金刚烷胺按每千克体重10～25毫克饮水4～5天或清温败毒散0.5%～0.8%拌料，连用5～7天。为控制继发感染，用50～100毫克／千克的恩诺沙星饮水连用4～5天；或强效阿莫西林8～10克／100千克饮水连用4～5天，或强力霉素8～10克/100千克饮水连用5～6天。另外每100千克水中加入维生素C 50克、维生素E 15克、糖5000克（特别对采食量过少的鸡群）连饮5～7天有利于疾病痊愈。产蛋鸡痊愈后使用增蛋高乐高、增蛋001等药物4～5周，促进输卵管的愈合，增强产蛋功能，促使产蛋上升。

（3）注意事项

①是鸡新城疫还是禽流感不能立即诊断或诊断不准确时，切忌用鸡新城疫疫苗紧急接种。疑似鸡新城疫和禽流感并发时，用病毒唑50克＋500千克水连续饮用3～4天，并在水中加多溶速补液和抗菌药物，然后依据具体情况进行鸡新城疫疫苗紧急接种。

②如果环境温度过低时，保持适宜的温度有利于疾病痊愈。

③病重时会出现或轻或重的肾脏肿大、红肿，可以使用治疗肾肿的中草药，如肾迪康、肾爽等连用3～5天。

④蛋鸡群病愈后注意观察淘汰低产鸡，减少饲料消耗。

【预防】发生本病时要严格执行封锁、隔离、消毒、焚烧发病鸡群和尸体等综合防治措施。

（1）加强对禽流感流行的综合控制措施：不从疫区或疫病

流行情况不明的地区引种。控制外来人员和车辆进入养鸡场，确需要进入则必须消毒；不混养家畜、家禽；保持饮水卫生；粪尿污物无害化处理（家禽粪便和垫料堆积发酵或焚烧，堆积发酵不少于20天）；做好全面消毒工作。流行季节每天可用过氧乙酸、次氯酸钠等进行1～2次带鸡消毒和环境消毒，平时每2～3天带鸡消毒1次；病死禽要进行无害化处理，不能在市场销售。

（2）增强机体的抵抗力：尽可能减少鸡的应激反应，在饮水或饲料中增加维生素C和维生素E，提高鸡抗应激能力。饲料应新鲜、全价。提供适宜的温度、湿度、密度、光照；加强鸡舍通风换气，保持舍内空气新鲜；勤清粪便和打扫鸡舍及环境，保持生产环境清洁；做好大肠杆菌、新城疫、霉形体等病的预防工作。

（3）免疫接种：某一地区流行的禽流感只有1个血清型，接种单价疫苗是可行的，这样可有利于准确监控疫情。当发生区域不明确血清型时，可采用多价疫苗免疫。疫苗免疫后的保护期可达6个月，但为了保持可靠的免疫效果，通常每3个月应加强免疫1次。免疫程序为首免5～15日龄，每只0.3毫升，颈部皮下注射；二免50～60日龄，每只0.5毫升；三免开产前进行，每只0.5毫升；产蛋中期（40～45周龄）可进行四免。

6. 传染性喉气管炎

传染性喉气管炎是由喉气管炎病毒引起的一种急性呼吸道传染病。但近2年本病在许多地区广为流行，并造成鸡群大量死亡，危害养鸡业的发展。

【发病特点】鸡是本病的主要自然宿主，各种日龄的鸡均易感，但以成年鸡症状最为典型。病鸡和带病毒无症状的鸡是主要传染源。这些鸡通过分泌物和排泄物向外界排出病毒，污染鸡舍内空气、设备、垫料、饲料、饮水及工作人员衣服，使所有被污染物成为间接传染媒介，并扩散、蔓延到整个鸡场，成为本病的常发地。传染途径主要是呼吸道和眼结膜，也可经消化道感染。

【症状】自然感染的潜伏期为6～12天。急性感染的严重病例发病突然，传播迅速，发病率可达90%～100%。特征性症状是呼吸困难，可见伸颈张嘴喘气的特殊姿势，鼻孔流出分泌物，有湿性呼吸啰音和咳嗽，咳出的分泌物带血。患鸡精神沉郁，临床发病后2～3天开始死亡，死亡率因毒株毒力不同差别比较大，鸡的年龄、品种、环境状况对死亡率都有影响。慢性感染则症状较轻，一般见不到咳血。主要表现为轻微咳嗽、啰音和流泪，鼻孔流出浆液性分泌物，眼结膜肿胀；有时见到眼睑粘连、失明。死亡率比较低。

【病理变化】病死鸡嘴角和羽毛有血痰沾污；卵巢卵泡变形、充血，喉头红肿充血、出血，气管有黏性渗出物；肿脸者鼻窦肿胀。

【诊断】本病常呈地方性流行。如出现典型症状和病变，不难做出初步诊断；若鸡的日龄比较小，便容易与其他呼吸道病相混淆。应从病毒分离和血清学检查进行最后确诊。

【治疗】目前，尚无特异的治疗方法。发病鸡群投服抗菌药物，对防止继发感染有一定作用。

（1）对病鸡采取对症治疗，如投服牛黄解毒丸或喉症丸，或其他清热解毒利咽喉的中药液或中成药，可减少死亡。

（2）发病鸡群，确诊后立即采用弱毒疫苗紧急接种，可有效控制疫情，结合鸡群具体情况采用。

（3）对于呼吸极度困难者，每10只鸡用卡那霉素1支加地塞米松1支，用10毫升生理盐水稀释后给患鸡喷喉。

（4）对全群鸡进行药物治疗：喉支消饮水投服，每袋可用250只鸡，每天1次，连用4天。卡那霉素饮水投服，上、下午各饮1次，连用4天；肾肿解毒药饮水投服，连用5～7天；饲料中多种维生素的用量加倍，并消除应激反应。用药第2天鸡只呼吸道症状可减轻，第4天后采食量开始恢复，产蛋率开始有所回升。

【预防】

（1）从未发生过本病的鸡场可不接种疫苗，主要依靠加强饲养管理，提高鸡群健康水平和抗病能力。

（2）执行全进全出的饲养制度，严防病鸡的引入等措施。

（3）为防止鸡慢性呼吸道疾病，可在饮水中添加泰乐霉素或链霉素等药物，以防止细菌并发感染。或用中药制剂在病初给药可明显减缓呼吸道的炎症，达到缩短病程、减少死亡的目的。

（4）鸡场发病后可考虑将本病的疫苗接种纳入免疫程序。用鸡传染性喉气管炎弱毒苗给鸡群免疫，首免在50日龄左右，二免在首免后6周进行。免疫可用滴鼻、点眼或饮水方法。目前的弱毒苗因毒力较强接种后鸡群有一定的反应，轻者出现结膜炎和鼻炎，严重者可引起呼吸困难，甚至部分鸡死亡，与自然病例相似，故应用时严格按说明书规定执行。国内生产的另一种疫苗是传染性喉气管炎、鸡痘二联苗，也有较好的防治效果。

7. 伤寒和副伤寒病

鸡伤寒是由鸡伤寒沙门菌所引起的败血性传染病，主要危害6月龄以下的鸡，也会引起雏鸡发病。鸡副伤寒是由多种沙门菌引起的，其中以鼠伤寒沙门菌最常见。副伤寒病的流行、症状等与鸡伤寒病十分相似，其特征是下痢和各种器官的灶状坏死。

【发病特点】鸡伤寒、副伤寒病病菌的抵抗力不强，常用的消毒方法即能杀灭。病原主要侵害消化系统、各器官和生殖系统，它们的传播和鸡白痢相同，除种蛋垂直传播外，病菌污染孵化器、栏舍、饮水、饲料等也是传播的重要途径。

【临床症状】和鸡白痢基本相同，主要采食减少，下痢，饮水增加，精神不振，羽毛蓬乱，冠贫血苍白并缩小等。

【病理变化】鸡伤寒病急性病例肝、肾肿大，暗红色。亚急性和慢性病例肝肿大，青铜色。脾脏肿大，表面有出血点，肝和心肌有灰白色栗粒状坏死灶，心包炎。小肠黏膜弥漫性出血，慢性病例盲肠内有土黄色栓塞物，肠浆膜面有黄色油脂样物附着。雏鸡感染见心包膜出血，脾轻度肿大，肺及肠呈卡他性炎症。成年鸡感染后，卵巢和卵黄都与鸡白痢相似。

副伤寒雏鸡最急性病例，没有任何症状和病变而突然死亡。急性和亚急性病例卵黄凝固，肝、脾脏充血肿大，有条纹状或针尖状出血点和坏死灶。肺、肾充血，心包炎和心包粘连，出血性肠炎，盲肠内有干酪样物。

【诊断】要确切诊断，必须分离和鉴定鸡沙门菌。鸡群的历史、症状和病变能为本病提供重要线索，对生长鸡与成熟鸡的血清学检测结果有助于做出初步诊断。

【治疗】用磺胺二甲基嘧啶治疗，能有效地减少死亡。用呋喃唑酮治疗也有疗效，其用量和用法与鸡白痢相同。每只鸡每日以氯霉素200毫克内服，或每千克饲料含2.6～5.2克氯霉素，对初发病的鸡有很好的疗效。

【预防】在饲料中按0.1%～0.5%的比例加入金霉素或土霉素。一般磺胺类药物均可使用。

8. 鸡白痢

鸡白痢是由沙门杆菌引起的一种极常见的传染病，在幼雏往往表现为急性败血症的病型，发病率和死亡率都很高，尤以2周龄内的雏鸡死亡最多。成年鸡多为慢性或隐性感染，一般不表现明显症状。本病所造成的直接和间接经济损失巨大，应引起高度重视。

【发病特点】经卵传染是雏鸡感染沙门菌的主要途径。病鸡

的排泄物是传播本病的媒介，饲养管理条件差，如雏群拥挤，环境不卫生，育雏室温度太高或者太低，通风不良，饲料缺乏或质量不良，较差的运输条件或者同时有其他疫病存在，都是诱发本病和增加死亡率的因素。

【症状】从带菌种蛋孵出的雏鸡，常出壳不久即死亡。孵出后被感染的雏鸡，一般从5～10日龄开始发病，至2周龄达到高峰。病雏表现怕冷，身体蜷缩，常聚堆挤在一起，两翅下垂，瞌睡，排粪时常尖叫，排出白色、浆糊状的稀粪，肛门周围的绒毛粘着石灰样粪便，脱肛。如肺部有病变则出现呼吸困难，伸颈张口呼吸。成年鸡感染后，一般不表现明显的临床症状，成为隐性带菌鸡，致使产蛋量下降，种蛋的受精率和孵化率都降低。

【病理变化】早期死亡的幼雏，病变不明显，可见肝肿大、充血，胆囊扩张，充满多量胆汁，肺充血或出血。病程稍长时，则可见到病雏明显的消瘦，嗉囊空虚，肝肿大充血，胆囊扩张，肾暗红色充血或苍白色贫血，心肌、肝、肺、盲肠、大肠和肌胃的肌肉内有坏死灶或结节，盲肠腔内有白色干酪样物质。腹膜发炎，卵黄不吸收，卵黄囊皱缩，内容物呈淡黄色、油脂状或干酪样。母鸡的主要病变在卵巢，卵泡变得皱缩不整，有时脱落下来，引起腹膜炎。公鸡的病变则局限于睾丸和输精管，一侧或两侧睾丸肿大或萎缩，常有小坏死灶，输精管扩大，内含渗出物。病鸡常伴有心包炎，心包液增多和混浊，心包膜和心外膜发生粘连。

【诊断】根据流行特点、病雏的临床症状和病理变化，即可做出初步诊断。确诊需要自脏器中分离出鸡白痢沙门杆菌。成年鸡没有明显的临床症状，需要借助血清学方法，以发现鸡群中的阳性鸡。

【治疗】以下药物交替使用，可提高疗效。

（1）每千克饲料加入呋喃唑酮200～400毫克（即2～4片）拌匀喂鸡，连用7天，停3天，再喂7天。幼雏对呋喃唑酮比较敏感，应用时必须充分混合，以防中毒。

（2）按每千克鸡体重用土霉素（或金霉素、四环素）200毫克喂服（每片药含量250毫克）；或每千克饮料加土霉素2～3克（即8～12片）拌匀喂鸡，连用3～4天。

（3）每只鸡每天用青霉素2000国际单位拌料喂服，连用7天。

（4）每千克饲料加入磺胺脒（或碘胺嘧啶）10克（即20片）或磺胺二甲基嘧啶5克（即10片）拌料喂鸡，连用5天；也可用链霉素或氯霉素按0.1%～0.2%加入饮水中喂鸡，连用7天。

【预防】

（1）通过对种鸡群检疫，定期严格淘汰带菌种鸡，建立无鸡白痢种鸡群是消除此病的根本措施。

（2）搞好种蛋消毒，做好孵化厅、雏鸡舍的卫生消毒，初生雏鸡以每立方米15～20毫升福尔马林，加7～10毫克的高锰酸钾进行熏蒸消毒。

（3）育雏鸡时要保证舍内恒温并做好通风换气，鸡群密度适宜，喂给全价饲料，及时发现病雏鸡，隔离治疗或淘汰，杜绝鸡群内的传染等。

（4）目前育雏阶段，都在1日龄开始投予一定数量的生物防治制剂，如促菌生、调痢生、乳康生等，对鸡白痢效果常优于一般抗菌药物，对雏鸡安全，成本低。此外，也可用抗生素药类，连用4～6天为1个疗程，常用药物有氯霉素0.2%拌料，连用4～5日，呋喃唑酮0.02%拌料，连用6～7天，诺氟沙星或吡哌酸0.03%拌料或饮水。

9. 鸡痘

鸡痘是由禽痘病毒引起的一种接触性传染病，雏鸡和育成鸡多发且比较严重。病鸡是主要的传染源，由于蚊虫叮咬可传播本病，本病以夏、秋蚊虫多的季节多发。

【发病特点】鸡痘分布广泛，几乎所有养鸡的地方都有鸡痘病发生，并且一年四季均可发病，尤其以春、秋两季和蚊蝇活跃的季节最容易流行，在鸡群高密度饲养条件下，拥挤、通风不良、阴暗、潮湿、体表寄生虫、维生素缺乏和饲养管理粗放，可使鸡群病情加重，如伴随葡萄球菌、传染性鼻炎、慢性呼吸道疾病，可造成大批鸡死亡，特别是规模较大的养殖场（户），一旦鸡痘爆发，就难以控制。

【症状】本病自然感染的潜伏期为4～10天，鸡群常是逐渐发病。病程一般为3～5周，严重暴发时可持续6～7周。根据患病部位不同分为皮肤型、白喉型和混合型3种。

（1）皮肤型：在鸡的无毛部分，主要是冠、肉髯、眼皮和口角处，有一些鸡可能在胸腹部、翅、腿部，发生一种灰白色的小结节，很快增大变为黄色，并和相邻的结节相融合，形成大的痘疣，呈褐色，粗糙，突出于皮肤表面。痘疣数量不等，一般经2～3周脱落，鸡群没有明显的全身症状，个别鸡可能因痘疣影响采食和视力。

（2）白喉型：在口腔和咽喉部的黏膜上发生黄白色的小结节，稍突出于黏膜面，小结节迅速增大，并相互融合，形成一层黄白色干酪样的假膜，覆盖在黏膜上面，由于假膜的扩大和增厚，防碍鸡的采食、饮水和呼吸，个别鸡只可能因窒息而死亡。

（3）混合型：皮肤型和白喉型症状同时发生，这种类型的死亡率较高。

【病理变化】除见局部的病理变化外，一般可见呼吸道黏膜、消化道黏膜卡他性炎症变化，有的可见有痘疱。

【诊断】根据皮肤、口腔、喉、气管黏膜出现典型的痘疹，即可做出诊断。

【治疗】

（1）大群鸡用吗啉胍按照1/‰的量拌料，连用3～5日，为防继发感染，饲料内应加入0.2%土霉素，配以中药鸡痘散（龙胆草90克，板兰根60克，升麻50克，野菊花80克，甘草20克，加工成粉末，每日成鸡2克/只，均匀拌料，分上、下午集中喂服），一般连用3～5日即愈。

（2）对于病重鸡，皮肤型可用镊子剥离痘痂，伤口涂抹碘酊或紫药水；白喉型可用镊子将黏膜假膜剥离取出，然后再撒上少许“喉症散”或“六神丸”粉或冰硼散，每日1次，连用3日即可。

（3）对于痘斑长在眼睑上，造成眼睑粘连，眼睛流泪的鸡，可以采用注射治疗的方法给予个别治疗，用法为青霉素1支（40万国际单位），链霉素1支（10万国际单位），病毒唑1支，地塞米松1支，混匀后肌内注射，40日龄以下注射10只鸡，40日龄以上注射5～7只鸡。连续注射3～5次，即可痊愈。

【预防】

（1）预防接种：鸡痘的预防最可靠方法是接种疫苗。目前，应用的鸡痘疫苗安全有效，适用于幼雏和不同年龄的鸡，临用时将疫苗稀释50倍，用专用刺痘针，在鸡的翅膀内侧无血管处皮下，每只鸡刺一下。通常接种后第4日接种部位出现肿起的痘疹，第9日形成痘斑，否则，免疫失败，须重新接种。一般在25日龄左右和80日龄左右各刺种1次，可取得良好的预防效果。

在接种工作中，要注意以下几点：接种疫苗必须用于健康鸡群；同一天免疫所有鸡，若用于紧急接种，应从离发病鸡群最远的鸡群开始，直至发病群；使用疫苗要充分摇匀，而且1次用完；在秋季或夏、秋之际进的雏鸡免疫应该提前到15日内，其

他季节可以推迟到30～40日龄；工作完成后，要消毒双手并处理（燃烧或煮沸）残液。

（2）消灭和减少蚊蝇等吸血昆虫危害：消除鸡舍周围的杂草，填平臭水沟和污水池，并经常喷洒杀蚊剂消灭蚊蝇等吸血昆虫；对鸡舍门窗、通风排气孔安装纱窗门帘，并用杀虫剂喷洒纱窗门帘防止蚊蝇进入鸡舍，减少吸血昆虫传播鸡痘。

（3）改善鸡群饲养环境：规模养鸡场（户）应尽量降低鸡的饲养密度，保持鸡舍通风换气良好；加强卫生消毒，每批鸡出笼后应将栏舍内可移物全面清除，并彻底打扫干净，再用常规消毒药剂喷洒消毒，饲养用具用沸水蒸煮消毒。遇高温、高湿季节，应加强鸡舍内通风和吸湿防潮，以保护易感鸡群。同时要加强鸡群饲养，保持日粮营养全面，增强鸡群的抗病能力。

（4）防止鸡痘疫情传入：除平时做好鸡群的卫生防疫外，对引进的鸡群，必须事先做好鸡痘疫苗的免疫接种，鸡群引进后要经过隔离饲养观察，证明无病后方可合群。一旦发生鸡痘，应及时隔离病鸡，对重症者及时淘汰，对死亡和淘汰的病鸡及时进行深埋或焚烧等无害化处理，对鸡舍、运动场和一切用具进行严格消毒。对病状轻、经治疗转归的鸡群应在完全康复后2个月方可合群，同时对易感鸡群进行紧急免疫接种，以防鸡痘疫情扩散。

10. 大肠杆菌病

鸡大肠杆菌病是由致病性大肠杆菌引起的一种常见多发病，其中包括多种病型，且复杂多样，是目前危害养鸡业重要的细菌性疾病之一。

【发病特点】大肠杆菌是人和动物肠道等处的常在菌，该菌在饮水中出现被认为是粪便污染的指标。禽大肠杆菌在鸡场普遍存在，特别是通风不良，大量积粪鸡舍，在垫料、空气尘埃、污染用具和道路，粪场及孵化厅等处环境中染菌最高。

大肠杆菌随着粪便排出，并可污染蛋壳或从感染的卵巢、输卵管等处侵入卵内，在孵育过程中，使禽胚死亡或出壳发病和带菌，是该病传播过程中重要途径。带菌禽以水平方式传染健康禽，消化道、呼吸道为常见的传染门户，交配或污染的输精管等也可经生殖道造成传染。啮齿动物的粪便常含有致病性大肠杆菌，可污染饲料、饮水而造成传染。

本病主要发生密集化养禽场，各种禽类不分品种、性别、日龄均对本菌易感。特别幼龄禽类发病最多，如污秽、拥挤、潮湿通风不良的环境，过冷、过热或温差很大的气候，有毒、有害气体（氨气或硫化氢等）长期存在，饲养管理失调，营养不良（特别是维生素的缺乏）以及病原微生物（如支原体及病毒）感染所造成的应激等均可促进本病的发生。

【症状】大肠杆菌感染情况不同，出现的病情也不同。

（1）气囊炎：多发病于5～12周龄的幼鸡，6～9周龄为发病高峰。病鸡精神沉郁，呼吸困难、咳嗽，有湿啰音，常并发心包炎、肝周炎、腹膜炎等。

（2）脐炎：主要发生在新生雏，一般是由大肠杆菌与其他病菌混合感染造成的。感染的情况有2种，一种是种蛋带菌，使胚胎的卵黄囊发炎或幼雏残余卵黄囊及脐带有炎症；另一种是孵化末期温度偏高，出雏提前，脐带断痕愈合不良引起感染。病雏腹部膨大，脐孔不闭合，周围皮肤呈褐色，有刺激性恶臭气味，卵黄吸收不良，有时继发腹膜炎。病雏3～5天死亡。

（3）急性败血症：病鸡体温升高，精神萎靡，采食锐减，饮水增多，有的腹泻，排泄绿白色或黄色稀便，有的死前出现仰头、扭头等神经症状。

（4）眼炎：多发于大肠杆菌败血症后期。患病侧眼睑封闭，肿大突出，眼内积聚脓液或干酪样物。去掉干酪样物，可见眼角膜变成白色、不透明，表面有黄色米粒大坏死灶。

【病理变化】病鸡腹腔液增多，腹腔内各器官表面附着多量黄白色渗出物，致使各器官粘连。特征性病变是肝脏呈绿色和胸肌充血，有时可见肝脏表面有小的白色病灶区。盲肠、直肠和回肠的浆膜上见有土黄色脓肿或肉芽结节，肠粘连不能分离。

【诊断】本病常缺乏特征性表现，其剖检变化与鸡白痢、伤寒、副伤寒、慢性呼吸道病、病毒性关节炎、葡萄球菌感染、新城疫、禽霍乱、马立克病等不容易区别，因而根据流行特点、临床症状及剖检变化进行综合分析，只能做出初步诊断，最后确诊需进行实验室检查。

【治疗】

（1）用于表现肠炎症状的大肠杆菌的药物

①肠炎先锋，集中饮水，每瓶兑水100～150千克水，连用3～5天。

②肠毒康，集中饮水，每瓶兑水150千克水，连用3～5天。

③大肠杆菌灭，集中饮水，每瓶兑水200千克水，连用3～5天。

以上药物任选1种配合黄芪多糖或黄芪维他使用。

（2）用于顽固性耐药大肠杆菌、严重的败血症或其他细菌混合感染的药物

①杆菌头孢，集中饮水，每瓶兑水100～200千克水，连用3天。

②头孢先锋，集中饮水，每瓶兑水150千克水，连用3～5天。

③杆菌先锋，全天饮水，每瓶兑水150千克，连用3～5天。

以上药物任选1种配合黄芪多糖或黄芪维他使用。

（3）用于大肠杆菌引起的卵黄性腹膜炎、输卵管炎的药物

①卵炎康，集中饮水，每瓶兑水150千克水，连用3～5天。

②杆菌头孢，集中饮水，每瓶兑水100～200千克水，连用3天。

③头孢先锋，集中饮水，每瓶兑水150千克水，连用3～5天。

④杆菌先锋，集中饮水，每瓶兑水150千克，连用3～5天。

以上药物任选1种，连续使用3～5天，之后配合以下药物使用，疗效更佳。

①超强肽维素，全天饮水，每瓶兑水1000千克水，连用3～5天。

②黄芪维他，全天饮水，每瓶兑水2500千克水，连用3～5天。

③东方增蛋散，全天拌料，每袋拌料500千克，连用5～7天。

【预防】

（1）优化环境

①选好场址和隔离饲养，场址应建立在地势高燥、水源充足、水质良好、排水方便、远离居民区（最少500米），特别是要远离其他禽场、屠宰或畜产加工厂。生产区与生活区及经营管理区分开，饲料加工、种鸡、育雏、育成鸡场及孵化厅分开。

②科学饲养管理：禽舍的温度、湿度、密度、光照、饲料和管理均应按规定要求进行。

（2）加强消毒工作

①种蛋，孵化厅及禽舍内外环境要搞好清洁卫生，并按消毒程序进行消毒，以减少种蛋、孵化和雏鸡感染大肠杆菌及其传播。

②防止水源和饲料污染：可使用颗粒饲料，饮水中应加酸化

剂（如喊利灵）或消毒剂，如含氯或含碘等消毒剂；采用乳头饮水器饮水，水槽、料槽每天应清洗消毒。

③灭鼠、驱虫。

④禽舍带鸡消毒有降尘、杀菌、降温及中和有害气体的作用。

（3）加强种鸡管理

①及时淘汰处理病鸡。

②进行定期预防性投药和做好病毒病、细菌病免疫。

③采精、输精时，要严格消毒，每只鸡使用1个消毒的输精管。

（4）提高禽体免疫力和抗病力

①疫苗免疫：可采用多价灭活佐剂苗。一般免疫程序为7～15日龄，25～35日龄，120～140日龄各1次。

②使用免疫促进剂：如维生素E300 × 10^{-6}，左旋咪唑200 × 10^{-6}。维生素C按0.2%～0.5%拌饲或饮水；维生素A 1.6万～2万国际单位/千克饲料拌饲；电解多种维生素按0.1%～0.2%饮水连用3～5天；亿妙灵可以用于细菌或细菌病毒混合感染的治疗，提高疫苗接种免疫效果，对抗免疫抑制和协同抗生素的治疗。使用时预防用2000倍液，治疗用1000倍液，加水稀释，每天1次，1小时内饮完，连用3天（预防）及5天（治疗）。

③搞好其他常见病毒病的免疫。

④控制好支原体、传染性鼻炎等细菌病，可做好疫苗免疫和药物预防。

11. 曲霉菌病

曲霉菌病是鸡的一种常见霉菌病，特别是幼雏，往往呈急性群发，可造成大批幼雏死亡。

【发病特点】曲霉菌的孢子广泛分布于自然界，当垫料和饲料发霉，污染了育雏室的空气和设备、用具时，曲霉菌的孢子被鸡吸入而感染。各种年龄的鸡都有易感性，但以4～12日龄的幼雏易感性最高。在阴暗、潮湿的条件下，如果育雏室通风不良，饲养密度又大，容易引起本病的爆发。

【临床症状】自然感染的潜伏期为2～7天。1～20日龄雏鸡多呈急性经过，青年鸡和成年鸡为慢性经过。病雏精神不振，两翅下垂，对外界反应淡漠，随后可见到呼吸困难，常伸脖张口吸气，有气管啰音，有时连续打喷嚏，呈现腹式呼吸。冠和肉髯颜色发绀，后期发生腹泻，最后窒息死亡。有的病例有神经症状，头向背仰，运动失调。病程约1周，若采取的措施不力，死亡率可达50%以上。

【病理变化】主要病变在肺和气囊。肺脏肿大，有粟粒至豆粒大的灰白色或灰黄色真菌结节，触之柔软有弹性，似橡皮样，切开后呈轮层状同心圆结构，中心为干酪样物，内含有大量菌丝体。孢子在气囊膜萌发引起炎症，气囊膜呈点状和局灶性混浊、增厚，散在有黄白色真菌结节。肝、脾、肾、卵巢等处也可见到数量不等的圆形，稍突起，中心凹陷，中间绿色，边缘白色，表面呈绒毛状的真菌斑块。

【诊断】根据本病的流行特点，临床症状、剖检变化，综合分析饲料、垫草、舍内环境病原菌存在情况，可以做出初步诊断。进一步确诊可进行实验室检查。

【治疗】确诊为本病后，对发病禽群，针对发病原因，立即更换垫料或停喂和更换霉变饲料，清扫和消毒禽舍，给予病禽群链霉素饮水或饲料中加入土霉素等抗菌药物，防止继发感染，这样，可在短时期内降低发病和死亡，从而控制本病。

目前尚无特效的治疗方法。据报道，用制霉菌素防治有一定效果。剂量为每100只雏鸡用50万国际单位，拌料喂服，每日服2次，连用2～3天。或用克霉唑（三苯甲咪唑），每100只雏鸡用1

克，拌料喂服，连用2～3天。二性霉素B也可试用。

【预防】不使用发霉的垫料和饲料是预防本病的关键措施。育雏室保持清洁、干燥；防止用发霉垫料，垫料要经常翻晒和更换，特别是阴雨季节，更应翻晒，防止霉菌生长；育雏室每日温差不要过大，按雏禽日龄逐步降温；合理通风换气，减少育雏室空气中的霉菌孢子；保持室内环境及用物的干燥、清洁，饲槽和饮水器具经常清洗，防止霉菌滋生；注意卫生消毒工作；加强孵化的卫生管理，对孵化室的空气进行监测，控制孵化室的卫生，防止雏鸡的霉菌感染；育雏室清扫干净，用甲醛液熏蒸消毒和0.3%过氧乙酸消毒后，再进雏饲养等。

12. 球虫病

鸡球虫病是由艾美尔属的各种球虫寄生于鸡肠道引起的疾病，对雏鸡危害极大，死亡率高，是鸡生产中的常见多发病，在潮湿闷热的季节发病严重，是养鸡业一大危害。

【发病特点】各个品种的鸡均有易感性，15～50日龄的鸡发病率和致死率都比较高，成年鸡对球虫有一定的抵抗力。病鸡是主要传染源，凡被带虫鸡污染过的饲料、饮水、土壤和用具等，都有卵囊存在。鸡感染球虫的途径主要是吃了感染性卵囊。人和其衣服、用具等以及某些昆虫都可成为机械传播者。

饲养管理条件不良，鸡舍潮湿、拥挤，卫生条件恶劣时，最容易发病。在潮湿多雨、气温比较高的梅雨季节容易爆发球虫病。

球虫虫卵的抵抗力比较强，在外界环境中一般的消毒剂不容易灭活，在土壤中可保持活力达4～9个月，在有树荫的地方可达15～18个月。卵囊对高温和干燥的抵抗力较弱。当相对湿度为21%～33%时，艾美耳球虫的卵囊，在18～40℃温度下，经1～5天死亡。

【临床症状】病雏精神萎靡，羽毛松乱，头颈蜷缩，闭眼呆立，食欲下降或废绝，下痢，稀便中带血，血便是本病的特征性症状。发病后期，病雏极度贫血衰弱，运动失调，常倒地痉挛死亡。病程一般为6～10天，死亡率可达50%以上。青年鸡及成年鸡感染后，多呈慢性病型，表现间歇性下痢，贫血、消瘦，青年鸡生长发育迟缓，成年鸡产蛋下降，病程较长，死亡较少。

【病理变化】病变主要在盲肠及小肠前半段。两侧盲肠肿胀，呈棕红色或暗红色，质地坚实。盲肠内粪便干硬，混有血液及干酪样物质。盲肠壁增厚，黏膜弥漫性出血。盲肠扁桃体肿大、出血、坏死。慢性变化主要是小肠肠壁增厚，肠黏膜上有无数粟粒大的出血点和灰白色坏死灶，小肠内大量出血，有大量干酪样物质，小肠的长度缩短，直径增大2倍以上。

【诊断】根据临床症状和剖检变化，不难做出初步诊断。从粪便中镜检出球虫卵囊即可确诊。

【治疗】

（1）球痢灵，按饲料量的0.02%～0.04%投服，以3～5天为1个疗程。

（2）氨丙啉，按饲料量的0.025%投药，连续投服5～7天。

（3）克球粉（可爱丹），用量、用法同球痢灵。

（4）氯苯胍，按饲料量的0.0033%投服，以3～5天为1个疗程。

（5）盐霉素（沙利诺麦新），剂量为70毫克/千克，拌入饲料中，连用5天。

（6）青霉素每天每只雏鸡按4000国际单位计算，溶于水中饮服，连用3天。

（7）三字球虫粉（磺胺氯吡嗪钠）治疗量饮水按0.1%浓度，混料按0.2%比例，连用3天。同时对细菌性疾病也有疗效。

（8）马杜拉霉素（加福）预防量为5毫克/千克，长期应用。

【预防】

（1）鸡舍要每天打扫，保持清洁干燥。水槽、食槽、鸡笼等用具都应定期彻底清扫冲洗，墙壁、地面也要用30%生石灰水进行消毒，饲养管理人员出、入鸡舍应更换鞋子，避免鸡舍之间互相感染，从而减少球虫卵囊的发育，这对控制球虫病的发生具有重要意义。

（2）通常球虫卵囊随着粪便排出后，在一定条件下需要1～3天才能发育成有感染性的孢子卵囊。因此，鸡场中的粪便要在当天或次日打扫清除，并运到远处进行堆积发酵处理，利用发酵产生的热和氨气杀死卵囊，防止饲料和饮水被污染。

（3）要坚持幼鸡与成鸡分开饲养。另外，对于不同批次的雏鸡也要严禁混养，最好实行全进全出制以切断传染源。在饲养期间，每天注意雏鸡吃食、饮水、精神、排便等情况，有病及时隔离治疗，或淘汰病重者。

（4）初期往往看不到血粪，等到大量的血粪出现时，病情已经严重。因此，在血粪出现之前，能判断球虫病即将发生就显得特别重要。球虫病出现的前1～2天采食量明显增多，一部分鸡排的粪便水分偏多，少量鸡伴有巧克力色的粪便。脱落的羽毛比正常多，出现这些现象时就要开始用药。

（5）采用交替使用或联合使用数种抗球虫药，以防球虫对化学合成药产生抗药性。种鸡投药时要特别注意，有些球虫药对种鸡产蛋有影响，要慎重使用。

13. 蛔虫病

蛔虫分布广，感染率高，对雏鸡危害性很大，严重感染时常发生大批死亡。

【发病特点】蛔虫卵是流行传播的传染源。成熟的雌虫在鸡的肠道内产卵，卵随着粪便排出体外，污染环境、饲料、饮水等，在适宜的条件下，经过1～2周时间卵发育成小幼虫，具备感染能力，这时的虫卵称为感染性虫卵。健康鸡吞食了被这种虫卵污染了的饲料、饮水、污物，就会感染蛔虫病。

【临床症状】患蛔虫病的鸡群，起病缓慢，开始阶段鸡群不断出现贫血、瘦弱的鸡。持续1～2周后，病鸡迅速增多，主要表现为贫血，冠脸黄白色，精神不振，羽毛蓬松，消瘦，行走无力。患病鸡群排出的粪便，常有少量消化物、稀薄，有颜色多样化的特征，其中以肉红色、绿白色多见。同时，鸡群中死鸡迅速增多，死鸡十分消瘦。

【病理变化】病鸡宰杀时血液十分稀薄，十二指肠、空肠、回肠甚至肌胃中均可见到大小不等的蛔虫，严重者可把肠道堵塞。

【诊断】根据临床症状，剖检时发现蛔虫即可确诊。

【治疗】用药一般在傍晚时进行，次日早上把排出的虫体、粪便清理干净，防止鸡再啄食虫体又重新感染。

（1）驱蛔灵，每千克体重0.3克，1次性口服。

（2）左旋咪唑，每千克体重10～15毫克，1次性口服。

（3）驱虫净，每千克体重10毫克，1次性口服。

（4）抗蠕敏，每千克体重25毫克，1次性口服。

（5）驱虫灵，每千克体重10～25毫克，1次性口服。

（6）丙硫苯咪唑，每千克体重10毫克，混饲喂药。

【预防】

（1）防治本病的关键是搞好鸡舍环境卫生，及时清理积粪和垫料，堆积发酵。

（2）大力提倡与实行网上饲养、笼养，使鸡脱离地面，减少接触粪便、污物的机会，可有效地预防蛔虫病的发生。

（3）不同年龄的鸡要分开饲养，定期驱虫。

14. 绦虫病

绦虫病是由赖利属的多种绦虫寄生于鸡的十二指肠中引起的一类寄生虫病，常见的赖利绦虫有棘沟赖利绦虫、四角赖利绦虫和有轮赖利绦虫等3种。

【发病特点】家禽的绦虫病分布十分广泛，危害面广且大。感染多发生在中间宿主活跃的4～9月份，各种年龄的家禽均可感染，但以雏禽的易感性更强，25～40日龄的雏禽发病率和死亡率最高，成年禽多为带虫者。饲养管理条件差、营养不良的禽群，本病容易发生和流行。

【临床症状】由于棘沟赖利绦虫等各种绦虫都寄生在鸡的小肠，用头节破坏了肠壁的完整性，引起黏膜出血，肠道炎症，严重影响消化机能。病鸡表现为下痢，粪便中有时混有血样黏液。轻度感染造成雏鸡发育受阻，成鸡产蛋量下降或停止。寄生绦虫量多时，可使肠管堵塞，肠内容物通过受阻，造成肠管破裂和引起腹膜炎。绦虫代谢产物可引起鸡体中毒，出现神经症状。病鸡食欲不振，精神沉郁，贫血，鸡冠和黏膜苍白，极度衰弱，两足常发生瘫痪，不能站立，最后因衰竭而死亡。

【病理变化】十二指肠发炎，黏膜肥厚，肠腔内有多量黏液，恶臭，黏膜贫血，黄染。感染棘沟赖利绦虫时，肠壁上可见结核样结节，结节中央有米粒大小的凹陷，结节内可找到虫体或填满黄褐色干酪样物质，或形成疣状溃疡。肠腔中可发现乳白色分节的虫体。虫体前部节片细小，后部的节片比较宽。

【诊断】在粪便中可找到白色米粒样的孕卵节片，在夏季气温高时，可见节片向粪便周围蠕动，取此类孕节镜检，可发现大量虫卵。对部分重病鸡可做剖检诊断，剪开肠道，在充足的光线下，可发现白色带状的虫体或散在的节片。如把肠道放在一个比较大的带黑底的水盘中，虫体就更容易辨认。

【治疗】

（1）硫双二氯酚100～200毫克/千克饲料，拌入饲料中喂服，4天后再喂服1次。

（2）丙硫苯咪唑20毫克/千克饲料，拌入饮料中1次喂服。

（3）氯硝柳胺100～150毫克/千克饲料，拌入饮料中1次喂服。

（4）甲苯咪唑30毫克/千克饲料，拌入饲料中1次喂服。

（5）氢溴酸槟榔素以3毫克/升配成0.1%水溶液喂服。

【预防】对鸡绦虫病的防治应采取综合性措施。

（1）定期驱虫：在流行地区或鸡场，应定期给雏鸡驱虫。丙硫苯咪唑对赖利绦虫等有疗效，剂量按15毫克／千克体重，小群鸡驱虫可制成药丸逐一投喂，大群鸡则可混料1次投服。

（2）消灭中间宿主：鸡舍、运动场中的污物、杂物要彻底清理，保持平整干燥，防止或减少中间宿主的滋生和隐藏。

（3）及时清理粪便：每天清除鸡粪，进行堆沤，通过生物热灭杀虫卵。

15. 鸡住白细胞原虫病

鸡住白细胞原虫病又称白冠病，是由住白细胞原虫（主要有卡氏住白细胞原虫和沙氏住白细胞原虫，其中又以卡氏住白细胞原虫分布最广、危害性最大）引起的以出血和贫血为特征的寄生虫病，主要危害蛋鸡特别是产蛋期的鸡，导致产蛋量下降，软壳蛋增多，甚至死亡。

【发病特点】鸡住白细胞原虫必须以吸血昆虫为传播媒介，卡氏住白细胞原虫由库蠓传播，沙氏住白细胞原虫由蚋繁传播。一般气温在20℃以上时，库蠓和蚋繁殖快、活动力强，流行也就严重，有明显的季节性，南方多发生于4～10月份，北方多发生于7～9月份。各个年龄的鸡都能感染，8～12月龄的成年鸡较雏鸡更易感，但死亡率不高但雏鸡的发病率较成年鸡高。公鸡的发病率较母鸡高。

【临床症状】小鸡感染12～14天后，急性发病的鸡卧地不起，咳血，呼吸困难而突然倒地死亡，死前口流鲜血。亚急性发病的鸡精神沉郁、食欲减退或不食，羽毛蓬乱；贫血，鸡冠和髯苍白，拉黄绿色稀粪，呼吸困难，常在2天内死亡。成鸡和产蛋鸡多为慢性经过，感染发病后精神比较差，鸡冠苍白，腹泻，粪便呈白色和绿色水样，含多量黏液，体重下降；育成鸡发育迟缓，产蛋鸡产蛋量下降或停止。

【病理变化】死亡鸡剖检时的特征性病变是口流鲜血，口腔内积存血液凝块，鸡冠苍白，血液稀薄。全身皮下出血，肌肉特别是胸肌和腿部肌肉散在明显的点状或斑块状出血。肝脏肿大，在肝脏的表面有散在的出血斑点。肾脏周围常有大片出血，严重者大部分或整个肾脏被血凝块覆盖。双侧肺脏充满血液，心脏、脾脏、胰脏、腺胃也有出血。肠黏膜呈弥漫性出血，在肠系膜、体腔脂肪表面、肌肉、肝脏、胰脏的表面有针尖大至粟粒大与周围组织有明显界限的灰白色小结节，这种小结节是住白细胞虫的裂殖体在肌肉或组织内增殖形成的集落，是本病的特征性病变。

【诊断】根据流行病学资料、临床症状和病原学检查即可确诊。病原学诊断是使用血片检查法，以消毒的注射针头，从鸡的翅下小静脉或鸡冠采血1滴，涂成薄片，或是制作脏器的触片，再用瑞氏或姬氏染色法染色，在显微镜下发现虫体便可做出诊断。

【治疗】

（1）本病治疗可选用复方泰灭净500毫克/千克混饲，连用5～7天。也可选用磺胺二甲氧嘧啶0.04%和乙胺嘧啶4毫克/千克混于饲料，连用1周后改用预防量，或0.1%复方新诺明拌料，连用3～5天有比较好的治疗效果。也可用0.02%复方敌菌净拌料进行治疗。

（2）用安乃近、阿司匹林等解热镇痛药来解热止痛，增加食欲，在饲料和饮水中加入多种维生素来增强机体的抵抗力。

（3）对于商品鸡和产蛋鸡，为了防止由于饲喂时间短药物残留而对人体造成的危害，可采用纯中草药制剂进行预防和治疗。如用球特威按0.25%进行拌料喂服，对该病防治也能取得比较好的效果。

【预防】主要应防止禽类宿主与媒介昆虫的接触。在蠓、蚋活动季节，每隔6～7天，在禽舍内外用溴氰菊酯或戊酸氰醚酯等杀虫剂喷洒，减少昆虫的侵袭。

16. 鸡虱

羽虱是一类虫体很小的昆虫，长约0.5～0.6毫米，似芝麻粒大，寄生于禽的体表或附于羽毛、绒毛上，严重影响禽群健康和生产性能，常造成很大的经济损失。

【发病特点】鸡羽虱的传播方式主要是直接接触。秋、冬季羽虱繁殖旺盛，羽毛浓密，同时鸡群拥挤在一起，是传播的最佳季节，鸡羽虱不会主动离开鸡体，但常有少量羽毛等散落到鸡舍，产蛋箱上，从而间接传播。

【临床症状】普通大鸡虱主要寄生在鸡泄殖腔下部，严重感染时可蔓延到胸部、腹部和翅膀下面，除以羽毛的羽小枝为食外，还常损害表皮，吸食血液，因刺激皮肤而引起发痒；羽干虱一般寄生在羽干上，咬食羽毛，导致羽毛脱落；头虱主要寄生在鸡的头部，其口器常紧紧地附着在寄生部位的皮肤上，刺激皮肤发痒，造成鸡秃头。羽虱大量寄生时，患鸡奇痒，不安，影响采食和休息。因啄痒而造成羽毛折断、脱落及皮肤损伤，鸡体消瘦，贫血，生长发育迟缓，产蛋鸡产蛋量下降，严重的引起死亡。

【诊断】在禽皮肤和羽毛上查见虱或虱卵即可确诊。

【治疗】

（1）烟雾法：用25%的敌虫聚酯通用油剂，按每立方米鸡舍空间0.01毫升的剂量，用带有烟雾发生装置的喷雾器喷烟，喷烟后密闭鸡舍2～3小时。

（2）喷雾法：将25%的敌虫聚酯通用油剂作为原液，用水配制成0.1%的乳剂，直接喷洒于鸡体上。

（3）药浴法：用25%的溴氰聚酯加水配制成4000倍液，将药液盛放于水缸或大锅内，先浸透鸡体，再捏住鸡嘴浸一下鸡头，然后捋去羽毛上的药液，置于干燥处晾干鸡体；也可用2%洗衣粉水溶液涂洗全身。

（4）沙浴法：舍养鸡可在鸡运动场上挖一浅池，深约30厘米，长、宽可根据鸡只的多少而定。用10份黄沙加1份硫磺粉拌匀，放于池内，任鸡自由进行沙浴。

值得注意的是，上述4种方法无论采用哪种方法，要想达到理想的灭虱效果，彻底杀灭鸡羽虱，最好是鸡体、鸡舍、产蛋箱等同时用药。同时，最好间隔10天再用药1次，这样便可彻底的杀灭鸡羽虱。

【预防】

（1）为了控制鸡虱的传播，必须对鸡舍、鸡笼、饲喂、饮水用具及环境进行彻底消毒。

（2）对新引起的鸡群，要加强隔离检查和灭虱处理，可用5%的氯化钠、0.5%的敌百虫、1%的除虫菊酯、0.05%的蝇毒灵等。

17. 鸡螨

螨又称疥癣虫，是寄生在鸡体表的一种寄生虫。

【发病特点】鸡螨一般白天寄居于鸡舍的墙缝、鸡笼及笼架的缝隙和食槽、水管夹缝等处，夜间侵袭鸡只吸血。螨虫主要集中在鸡体的肛门周围、腹部。笼养鸡发生严重，容易被发现。平养鸡也有发生，螨虫白天隐藏在地板条下或隐秘的地方，应在晚上对鸡体进行检查才可发现。螨虫的传播途径有工具、工人、老鼠、苍蝇。

【临床症状】螨虫寄生有全身性，寄生在鸡的腿、腹、胸、翅膀内侧、头、颈、背等处，吸食鸡体血液和组织液，并分泌毒素引发鸡皮肤红肿、损伤继发炎症，反复侵袭、骚扰引起鸡不安，影响采食和休息，导致鸡体消瘦、贫血、生长缓慢，严重影响上市品质。

【诊断】用镊子取出病灶中的小红点，在显微镜下检查，见到螨幼虫即可确诊。

【治疗】大群发生刺皮螨后，可用20%的杀灭菊酯乳油剂稀释4000倍，或0.25%敌敌畏溶液对鸡体喷雾，要注意防止中毒。环境可用0.5%敌敌畏喷洒。对于感染膝螨的患鸡，可用0.03%蝇毒磷或20%杀灭菊酯乳油剂2000倍稀释液药浴或喷雾治疗，间隔7 天，再重复1次。大群治疗可用0.1%敌百虫溶液.浸泡患鸡脚、腿4～5 分钟，效果比较好。

【预防】

（1）保持圈舍和环境的清洁卫生，定期清理粪便，清除杂草、污物，堵塞墙缝，粪便集中堆肥发酵等，以减少螨虫数量；定期使用杀虫剂预防，一般在鸡出栏后使用辛硫磷对圈舍和运动场地全面喷洒，间隔10天左右再喷洒1次。

（2）防止交叉感染，新老鸡群分隔饲养严格执行全进全出

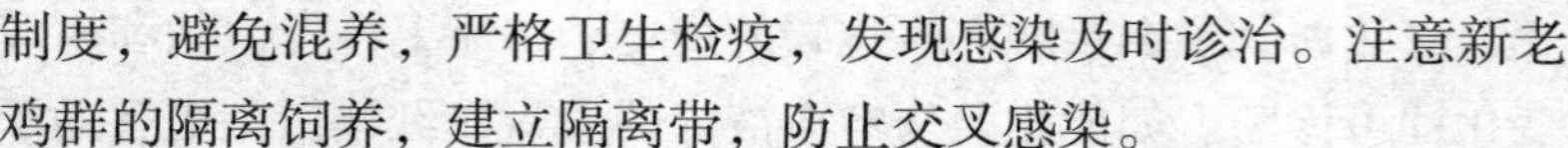

制度，避免混养，严格卫生检疫，发现感染及时诊治。注意新老鸡群的隔离饲养，建立隔离带，防止交叉感染。

（3）感染鸡群的治疗可用阿维菌素、伊维菌素等拌料内服，用量为每千克饲料用0.15～0.2克。对商品鸡可用灭虫菊酯带鸡喷雾，也可使用沙浴法、药浴法或个体局部涂抹2%的碳酸软膏等。

18. 一氧化碳中毒

一氧化碳中毒是由于家禽吸入一氧化碳气体，所引起的以血液中形成多量碳氧血红蛋白造成全身组织缺氧为主要特征的中毒性疾病。

【发病特点】鸡舍往往有烧煤保温史，由于暖炕裂缝，或烟囱堵塞、倒烟、门窗紧闭、通风不良等原因，都能导致一氧化碳不能及时排出，引起中毒，一般多为慢性的。

【临床症状】

（1）轻度中毒的家禽其体内碳氧血红蛋白达到30%，病禽呈现流泪、呕吐、咳嗽、心动疾速、呼吸困难。此时，如能让其呼吸新鲜空气，不经任何治疗即可得到康复。如环境空气未彻底改善，则转入亚急性或慢性中毒，病禽羽毛蓬松，精神委顿，生长缓慢，容易诱发上呼吸道和其他群发病。

（2）重度中毒的家禽其体内碳氧血红蛋白可达50%。病鸡不安，不久即转入呆立或瘫痪，昏睡，呼吸困难，头向后伸，死前发生痉挛和惊厥。若不及时救治，则导致呼吸和心脏麻痹死亡。

【病理变化】尸体剖检可见血管和各脏器内的血液呈鲜红色，脏器表面有小出血点。若病程长慢性中毒者，则其心、肝、脾等器官体积增大，有时可发现心肌纤维坏死，大脑有组织学改变。

【诊断】根据接触一氧化碳的病史、临床上群发症状和病理变化即可诊断。如能化验病禽血液内的碳氧血红蛋白则更有助于本病的确诊。

【治疗】发现鸡群中毒后，应立即打开鸡舍门窗或通风设备进行通风换气，同时还要尽量保证鸡舍的温度，饲养人员也要做好自身防护。病鸡吸入新鲜空气后，轻度中毒鸡可自行逐渐康复。对于中毒较严重的鸡皮下注射糖盐水及强心剂，有一定的疗效。为防止继发感染可应用抗生素类药物给全群鸡饲喂。

【预防】鸡舍和育雏室采用烧煤取暖时，应通风换气，保证室内空气流通，经常检查取暖设施，防止烟筒堵塞、倒烟、漏烟；舍内要有通风换气设备并定期检查。

19. 菜籽饼中毒

菜籽饼是一种很好的蛋白质饲料，氨基酸比较齐全，但菜籽饼中含有硫葡萄糖甙及芥酸，在机体芥子水解酶的作用下，产生有毒物质，能引起畜禽中毒，尤以家禽较为敏感。

【发病特点】菜籽饼的含毒量与其品种有关，而不同品种的鸡对菜籽饼的耐受能力也有差异。普通菜籽饼在鸡饲料中的比例占8%即可引起中毒。

【临床症状】最初是采食减少，粪便干硬或稀薄、带血等不同的异常变化，生长缓慢、产蛋量下降、软蛋增多、孵化率下降。

【病理变化】剖检主要是甲状腺肿大，胃黏膜充血或出血，肾肿大，肝脏萎缩有滑腻感，消化道（尤其是胃）内容物稀薄呈黑绿色，肠黏膜脱落出血。

【诊断】根据临床症状、病理学特征结合饲料调查是否过量采食未经适当处理的油菜籽饼即可确诊。

【治疗】发现中毒立即停喂含有菜籽饼的饲料，饮用5%葡萄糖水，饲料中添加维生素C。

【预防】

（1）喂量要适当：鸡的日粮中，搭配菜籽饼的比例不宜过高。

（2）进行必要的去毒处理：为了安全利用菜籽饼，尤其是鸡日粮中菜籽饼搭配量超过10%时，应该进行必要的去毒处理。

（3）增喂青绿饲料：增喂青饲料可改善整个饲料的适口性和减轻菜籽饼的毒害作用，但不宜喂富含芥子酶的十字花科植物，如白菜、萝卜、甘蓝等。

（4）防止中毒：禁用霉变菜籽饼喂鸡，配料时应充分搅拌均匀，以免有些鸡误食菜籽饼过多，引起中毒。

20. 食盐中毒

食盐中毒是指鸡摄取食盐过多或连续摄取食盐而饮水不足，导致中枢神经机能障碍的疾病。其实是钠中毒，有急性中毒与慢性中毒之分。

【发病特点】饲料中添加食盐量过大，或大量饲喂含盐量高的鱼粉，同时饮水不足，即可造成鸡中毒。正常情况下，饲料中食盐添加量为0.25%～0.5%。当雏鸡饮服0.54%的食盐水时，即可造成死亡；饮水中食盐浓度达0.9%时，5天内死亡100%。如果饲料中添加5%～10%食盐，即可引起中毒。另据资料报道，饲料中添加20%食盐，只要饮水充足，不至于引起死亡。饮水充足与否，是食盐中毒的重要原因。饲料中其他营养物质，如维生素E、钙、镁及合硫氨基酸缺乏时，可增加食盐中毒的敏感性。

【临床症状】

（1）急性中毒：鸡群突然发病，饮水骤增，大量鸡围着水盆拼命喝水，许多鸡喝得嗉囊十分膨大，水从口中流出也不离开水源，同时出现大量营养状况良好的鸡发生突然死亡，部分病鸡表现呼吸困难、喘息十分明显，中毒死亡的鸡有的从口中流出血水。中毒鸡群普通下痢，排稀水状消化不良的粪便，检查鸡群时，可听到病鸡排稀便时发出的响声。

（2）慢性中毒：鸡群起病缓慢，饮水逐渐增多，粪便由干变稀。由于现代化鸡多采用自流给水，有时鸡饮水增多的现象不容易被发现，因此粪便变化的特征对于发现食盐的慢性中毒非常重要。随着病程的延长，病重的鸡冠体皱缩耷拉，粪便由稀水状变为稀薄的黄、白、绿色。采食量下降，群中死亡鸡增多，产蛋鸡群产蛋量停止上升或下降，蛋壳变薄，出现砂皮、薄皮、畸形蛋等。由于下痢的刺激，鸡的子宫发生轻重不等的炎症，产蛋时子宫回缩缓慢，发生脱肛、啄肛等并发症。

【病理变化】

（1）急性中毒死亡的小鸡与青年鸡，营养状况良好，胸部肌肉丰满，但苍白贫血，胸腹部皮下积有多少不等的渗出液，由于皮下水肿，跖部变得十分丰润，肝脏肿大，质地硬，呈现淡白、微黄色或红白相间的、不均匀的瘀血条纹；腹腔中积液甚多，心包积水超过正常的2～3倍，心肌有大点状出血；肾脏肿大，肠管松弛，黏膜轻度充血。急性中毒的产蛋鸡，除有上述症状外，卵巢充血、出血十分明显。

（2）慢性食盐中毒的产蛋鸡，肠黏膜、卵巢充血、出血，蛋变性坏死，输卵管炎或腹膜炎。

【诊断】根据鸡的临床症状、病理特征与食盐增加史，必要时可测定饲料食盐含量。

【治疗】发现可疑病鸡，立即停喂原来的饲料，改换新鲜的饮用水和低盐饲料，饮水中加5%葡萄糖水；严重中毒鸡要适当控制饮水，间断地逐渐增加饮水量，同时皮下注射20%安纳咖，成年鸡0.5毫升/只，幼鸡0.1～0.2毫升/只，饮水中加10%葡萄糖水和维生素C，连用数天。

【预防】

（1）严格控制食盐进量，在饲料中必须搅拌均匀。盐粒应粉细，保证供足水并且不间断。

（2）发现可疑食盐中毒时，首先要立即停用可疑的饲料和饮水，并送有关部门检验，改换新鲜的饮用水和饲料。

（3）给病鸡应间断地逐渐增加饮用水，否则，一次大量饮水可促进食盐吸收扩散，反而使症状加剧或会导致组织严重水肿，尤其脑水肿往往预后不良。

21. 黄曲霉毒素中毒

黄曲霉毒素是黄曲霉菌的代谢产物，广泛存在于各种发霉变质的饲料中，对畜禽和人类都有很强的毒性，鸡对黄曲霉毒素比较敏感，中毒后以急性或慢性肝中毒、全身性出血、腹水、消化机能障碍和神经症状为特征。

【发病特点】由于采食了被黄曲霉菌或寄生曲霉等污染的含有毒素的玉米、花生粕、豆粕、棉籽饼、麸皮、混合料和配合料等而引起。黄曲霉菌广泛存在于自然界，在温暖潮湿的环境中最容易生长繁殖，产生黄曲霉毒素。黄曲霉毒素及其衍生物有20余种，引起家禽中毒的主要毒素有B_1、B_2、G_1、G_2、M_1、M_2，以B_1的毒性最强。以幼龄的鸡特别是2～6周龄的雏鸡最为敏感。

【临床症状】

（1）雏鸡：表现精神沉郁，食欲不振，消瘦，鸡冠苍白，虚弱，凄叫，拉淡绿色稀粪，有时带血，腿软不能站立，翅下垂。

（2）育成鸡：精神沉郁，不愿运动，消瘦，小腿或爪部有出血斑点。

（3）成年鸡：耐受性稍高，病情和缓，产蛋减少或开产期推迟，个别呈极度消瘦的恶病质而死亡。

【病理变化】

（1）急性中毒：肝脏充血、肿大、出血及坏死，色淡呈黄白色，胆囊充盈。肝细胞弥漫脂肪变性，变成空泡状，肝小叶周围胆管上皮增生形成条索状。肾苍白肿大。胸部皮下、肌肉有时出血，肠道出血。

（2）慢性中毒：常见肝硬变，体积缩小，颜色发黄，并呈白色点状或结节状病灶，肝细胞大部分消失，大量纤维组织和胆管增生，伴有腹水；心包积水；胃和嗉囊有溃疡；肠道充血、出血。

【诊断】根据有食入霉败变质饲料的病史、临床症状、特征性剖检变化，结合血液化验和检测饲料发霉情况，可做出初步诊断。确诊则需对饲料用荧光反应法进行黄曲霉毒素测定。

【治疗】发现鸡群有中毒症状后，立即对可疑饲料和饮水进行更换。对本病目前尚无特效药物，对鸡群只能采取对症治疗，如给鸡饮用5%葡萄糖水，有一定的保肝解毒作用。灌服高锰酸钾水，破坏消化道内毒素，以减少吸收。同时对鸡群加强饲养管理，有利于鸡的康复。

【预防】

（1）饲料防霉：严格控制温度、湿度，注意通风，防止雨淋。为防止饲粮发霉，可用福尔马林对饲料进行熏蒸消毒；为防止饲料发霉，可在饲料中加入防酶剂，如在饲料中加入0.3%丙酸钠或丙酸钙，也可用克霉或抗霉素等。

（2）染毒饲料去毒：可采用水洗法，用0.1%的漂白粉水溶液浸泡4～6小时，再用清水浸洗多次，直至浸泡水无色为宜。

22. 磺胺类药物中毒

磺胺类药物在鸡病防治工作中，也是经常应用的一类抗菌

药，如果应用不当可引起急性或慢性中毒。

【发病特点】磺胺类药物是防治家禽传染病和某些寄生虫病的一类最常用的合成化学药物。用药剂量过大，或连续使用超过7天，即可造成中毒。据报道，给鸡饲喂含0.5%磺胺二甲基嘧啶或磺胺甲基嘧啶的饲料8天，可引起鸡脾出血性梗死和肿胀，饲喂至第11天即开始死亡。复方敌菌净在饲料中添加至0.036%，第6天即引起死亡。维生素K缺乏可促发本病。复方新诺明混饲用量超过3倍以上，即可造成雏鸡严重的肾肿。

【临床症状】病鸡急性磺胺类药物中毒的主要症状表现为，不食、腹泻、兴奋不安、痉挛和麻痹等。慢性中毒患鸡表现为，精神沉郁，全身虚弱，食欲减少，口渴，腹泻，肉髯、鸡冠苍白，羽毛松乱；生长发育不良；有的病鸡头部肿大呈蓝紫色；成年鸡产蛋量急剧下降，蛋壳变薄且粗糙，褐壳蛋褪色；重病鸡出现贫血，黄疸，血液凝固时间延长。

【病理变化】剖检可见皮下、胸肌和腿部肌肉有片状或条状出血，肌肉色泽淡黄。腺胃薄膜和肌胃角质膜下出血，肝脏肿大，有瘀血点或有坏死点。脾脏肿大，有出血斑点。心肌呈刷状或条纹状出血。肺部充血或有水肿。

【诊断】根据用药史、临床中毒症状和病理剖检变化，结合实验室化验（肝或肾中磺胺类药物含量超过20毫克／千克时），可做出诊断。

【治疗】一旦发现中毒症状，应立即停药，供应充足的加1%～5%的小苏打水，每千克饲料中加维生素C 0.2克、维生素K35毫克，连用1～2周。也可使用百毒解，以0.5%～1%的浓度饮水，连用3～5天。对于中毒不很严重的鸡都有一定的疗效。

【预防】

（1）用药量不宜超过标准，连续用药1 个疗程不宜超过5

天。疗效不明显时，应更换其他抗菌药物。

（2）雏鸡阶段和蛋鸡阶段，尽量不用磺胺类药物。如果应用，也应与等量的碳酸氢钠粉剂合用，这样有利于磺胺类药物从肾中排出，防止机体中毒。

23. 呋喃类药物中毒

呋喃类药物有呋喃唑酮（即痢特灵）、呋喃西林、呋喃妥因和呋吗唑酮等，尤以呋喃西林的毒性最大，由于价格便宜，使用效果较好，被广泛用于鸡白痢、鸡伤寒、副伤寒和球虫等病。但呋喃类药物毒性比较强，鸡特别是雏鸡对其敏感，使用不当，容易发生中毒。

【发病特点】用药剂量过大或连续用药时间过长、药物在饲料中搅拌不均匀等可引起中毒。呋喃唑酮的预防剂量（拌料）为0.01%，连用不超过15天；治疗剂量为0.02%，连用不超过7天。据报道，饲料中添加量为0.04%，连用12～14天，即可引起鸡中毒；添加量为0.06%，4～5天即可中毒；添加量为0.08%，3～4天即可中毒。

【临床症状】

（1）急性中毒：病禽初期精神沉郁，羽毛松乱，两翅下垂，缩头呆立，站立不稳，减食或不食。继而出现典型的神经症状，兴奋不安、转圈、鸣叫、倒地后两腿伸直作游泳姿势、角弓反张，抽搐而死。也有呈昏睡状态，最后昏迷而死。

（2）慢性中毒：呈现腹水症的特征。腹部膨大，按压有波动感。

【病理变化】

（1）急性中毒：口腔、消化道黏膜及其内容物均呈黄染。肠黏膜充血、出血。肠道浆膜呈黄褐色。心肌变性、发硬、心脏扩张。肝脏肿大呈淡黄色。

（2）慢性中毒：腹腔充满淡黄色的液体，肝脏硬、表面凹凸不平，心包积液，心扩张。

【诊断】根据有过量或连续应用呋喃类药物的病史、典型的神经症状及剖检变化即可诊断。

【治疗】立即停喂呋喃唑酮和含呋喃唑酮的饲料。给鸡群饮用5%葡萄糖水，维生素C粉，每10克加水50千克；维生素B_1，每只鸡每天25毫克，维生素B_{12}针剂，每100只鸡15毫升，让鸡自由饮水，病情严重者用滴管灌服。连续治疗3天。对慢性中毒引起腹水症者，可试用腹水净、腹水消等药物。

【预防】使用呋喃类药物应严格控制剂量，饮水时浓度只应是拌料的一半，因为禽的采食量比饮水量少1倍。呋喃西林水溶性差，不可饮水投药。

24. 高锰酸钾中毒

高锰酸钾是鸡常用的消毒药，一般用法是溶解在饮水中喂给，如果剂量掌握不当，浓度过高，极容易造成鸡急性中毒而死亡。

【发病特点】由于饮用的高锰酸钾溶液浓度过高，引起中毒。当在饮水中浓度达到0.03%时，对消化道黏膜就有一定腐蚀性，浓度为0.1%时，可引起明显中毒。成年鸡口服高锰酸钾的致死量为1.95克。其作用除损伤黏膜外，还损害肾、心和神经系统。

【临床症状】口、舌及咽部黏膜发紫、水肿，呼吸困难，流涎，白色稀便，头颈伸展，横卧于地。严重者常于1天内死亡。

【病理变化】剖检中毒死亡的鸡体，可见消化道黏膜，特别是嗉囊黏膜，有严重的出血和溃烂。

【诊断】中毒鸡群有饮服高锰酸钾浓度过高史。观察到病鸡呼吸困难，腹泻，甚至突然死亡；剖检可见口、舌和咽部黏膜变红紫色和水肿，嗉囊、胃肠有腐蚀和出血现象，即可做出诊断。

【治疗】鸡中毒后，立即停用高锰酸钾溶液，并喂服大量清水，这对早期中毒有一定的解毒作用；也可用浓度为3%的双氧水10毫升加水100毫升，喂服洗胃或用牛奶洗胃。此外，喂服蛋清也可解毒。

【预防】

（1）给家禽饮水消毒时，只能用0.01%～0.02%的高锰酸钾溶液，不宜超过0.03%。消毒黏膜、洗涤伤口时，也可用0.01%～0.02%的高锰酸钾溶液。消毒皮肤时，宜用0.1%浓度。

（2）用高锰酸钾饮水消毒时，要待其全部溶解后再饮用。

25. 鸡酸中毒

酸中毒是夏季鸡的一种常发疾病，轻则造成少量死亡，重则可以导致全群覆灭。因此，夏季养鸡一定要严防酸中毒。

【发病特点】夏季气温较高，剩食过夜或饲料受潮、受热极容易腐败变酸，被鸡采食后会刺激嗉囊壁，引起炎症。若剩食在腐败过程中产酸过多，酸就会通过鸡的嗉囊壁和肠壁进入血液，导致鸡酸中毒。

【临床症状】鸡发生酸中毒后一般鸡冠发紫、离群呆立、翅膀下垂、羽毛蓬松、食量大减，甚至拒食。用手压嗉囊，有的空虚，有的充满液体，将鸡倒提，则会从其口中淌出泡沫状酸臭的液体，病情严重的鸡还会发生昏迷或死亡。

【病理变化】消化道广泛充血、出血，嗉囊内有的空虚，有的充满液体，液体酸臭。

【诊断】根据临床症状和鸡采料史即可诊断。

【治疗】鸡一旦发生酸中毒，应立即停喂发热变质的饲料，然后根据其中毒程度的轻重及时治疗。对酸中毒较轻的鸡，配制2%的小苏打水，让其自由饮用；给酸中毒较重的鸡投喂小苏打粉，每天2次，每次5克；对酸中毒严重的鸡应施行小手术，切开嗉囊，清除内容物，再用2%的小苏打水冲洗2～3次，缝合后6～12小时喂少量葡萄糖粉。

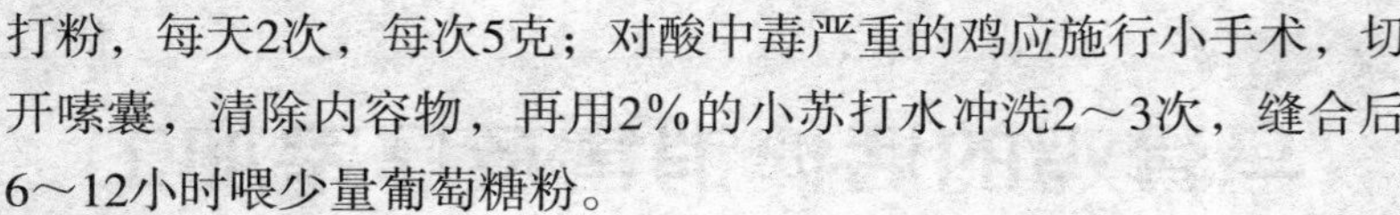

【预防】

（1）每次配制或购进的饲料不宜太多，存放饲料的库房应保持干燥、通风、凉爽，避免饲料霉变。

（2）习惯拌湿料喂鸡的农户，最好改喂干粉料，可在食槽边放置清水，让鸡自由饮用。

（3）不用发热、发酵的饲料喂鸡，应以少喂勤添、不留剩料过夜为原则，食具经常刷洗，保持清洁。

第七章 乌骨鸡的活体销售及屠宰加工

乌骨鸡是常用的药、食两用鸡种，因此，乌骨鸡多以活鸡、白条鸡上市，或以干制品向药厂销售。

第一节　乌骨鸡的活体销售

1. 销售渠道

（1）动物园或旅游区：用作观赏动物出售给他们。

（2）鸡贩：活鸡市场中有很多鸡贩专门做活鸡生意，可以将商品乌骨鸡卖给他们。

（3）单位：各单位、团体都需要活鸡，也可以通过联系卖给他们。

（4）农贸市场：养鸡户可自己卖活鸡，而且可以采取“点杀”形式提高销售附加值。所谓“点杀”就是买主指定买哪只鸡就杀哪只鸡，烫水拔毛洗净后再卖给买主。

（5）饭店：可以饭店进行销售。

（6）网上销售：利用现代科技手段，在网上进行销售。

2. 捕捉

捉鸡、装卸时动作要轻，防止撞伤、压伤。

3. 运输前的准备

（1）运笼：采取封闭式运笼，以减少外逃、碰撞受伤、影

响上市外观和降低经济效益。运输笼可用种鸡运动笼，运输时可重叠4～5层放置。

（2）饲料：如短途运输，无须要饲料。但运输时间超过1天，就应准备饲料。饲料数量多少，根据运输时间长短和乌骨鸡数量而定，一般为每只每天需要50克饲料。

（3）其他用具：根据运输途中管理工作和运输工具维修工作的需要，应准备有绳子、钉子、钳子、喂食工具、小水桶、急救药品等，以备急用。

上述准备工作就绪后，选择健壮、体况良好、合乎标准要求的乌骨鸡。然后与卫生检疫部门取得联系，进行禽只检疫和办理有关手续。

4. 装笼时间和只数

乌骨鸡装上运笼后，在笼内的时间不要太长，尽量缩短装笼后到装车起运这段时间。

装乌骨鸡的数量，应根据乌骨鸡体型大小、气候、路途远近而定，一般为每笼15～25只。

5. 运输途中的管理

商品乌骨鸡运输途中的管理同种鸡的运输管理。

第二节　乌骨鸡蛋的贮藏与运输

乌骨鸡蛋与其他鸡蛋相比，富含多种微量元素，有机钙含量是普通鸡蛋的6倍，胆固醇极低，是普通鸡蛋的1/3，且蛋黄大，蛋清稠。乌骨鸡蛋对促进儿童生长发育，增强记忆力，对儿童缺锌引起的厌食、弃食、免疫力低下，孕产妇的营养滋补以及中老年心血管疾病和甲状腺肿瘤具有食疗保健作用。

一、乌骨鸡蛋的贮藏

用于商品销售的乌骨鸡蛋，必须选择蛋壳清洁完整、无破损的鲜蛋。

1. 鲜蛋的分级标准

鸡蛋的分级标准是根据蛋壳、蛋白及蛋黄的质量状况进行分级的，共分为AA、A、B级别。

AA级：蛋壳必须正常、清洁、不破损，气室深度不超过0.32厘米，蛋白澄清而浓厚，蛋黄隐约可见。

A级：蛋壳正常、清洁、不破损，气室深度不超过0.48厘米，蛋白澄清而浓厚，蛋黄隐约可见。

B级：蛋壳无破损，可以稍微不正常，可有轻微污染但不黏附污物，鸡蛋外表没有明显的缺陷。当污染是局部的，大约1/32蛋壳表面可有轻微玷污，当轻微玷污面积是分散的，大约蛋壳l/16表面可有轻微玷污。气室深度不超过0.96厘米，蛋白澄清，稍微发稀，蛋黄明显可见，可有小血块或血点正直径总计不超过0.32厘米。

2. 鸡蛋的贮存

健康母鸡所产的鸡蛋内部是没有微生物的，新生蛋壳表面覆盖着一层由输卵管分泌的黏液所形成的蛋白质保护膜，蛋壳内也有一层由角蛋白和黏蛋白等构成的蛋壳膜，这些膜能够阻止微生物的侵入。因此，不能用水洗待贮放的鸡蛋，以免洗去蛋壳上的保护膜。此外，蛋清中含有多种防御细菌的蛋白质，如球蛋白、溶菌酶等，可保持鸡蛋长期不被污染变质。在鸡蛋贮存过程中，由于蛋壳表面有气孔，蛋内容物中水分会不断蒸发，使蛋内气室增大，蛋的重量不断减轻。蛋的气室变化和重量损失程度与保存温度、湿度、贮存时间密切相关，久贮的鸡蛋，其蛋白和蛋黄成

分也会发生明显变化，鲜度和品质不断降低。采取适当的贮存方法对保持鸡蛋品质是非常重要的。

（1）冷藏法：即利用适当的低温抑制微生物的生长繁殖，延缓蛋内容物自身的代谢，达到减少重量损耗，长时间保持蛋的新鲜度的目的。冷藏库温度以0℃左右为宜，可降至-2℃，但不能使温度经常波动，相对湿度以80%为宜。鲜蛋入库前，库内应先消毒和通风。消毒方法可用漂白粉液（次氯酸）喷雾消毒和高锰酸钾甲醛法熏蒸消毒。送入冷藏库的蛋必须经严格的外观检查和灯光透视，只有新鲜清洁的鸡蛋才能贮放。经整理挑选的鸡蛋应整齐排列，大头朝上，在容器中排好，送入冷藏库前必须在2～5℃环境中预冷，使蛋温逐渐降低，防止水蒸气在蛋表面凝结成水珠，给真菌生长创造适宜环境。同样原理，出库时则应使蛋逐渐升温，以防止出现“汗蛋”。冷藏开始后，应注意保持和监测库内温、湿度，定期透视抽查，每月翻蛋1次，防止蛋黄黏附在蛋壳上。保存良好的鸡蛋，可贮放10个月。

（2）涂膜法：常温涂膜保鲜法是在鲜蛋表面均匀地涂上一层有效薄膜，以堵塞蛋壳气孔，阻止微生物的侵入，减少蛋内水分和二氧化碳的挥发，延缓鲜蛋内的生化反应速度，达到较长时间保持鲜蛋品质和营养价值的方法，是目前较好的禽蛋保鲜方法。一般多采用油质性涂膜剂，如液体石蜡、植物油、矿物油、凡士林等。此外，还有聚乙烯醇、聚苯乙烯、聚乙酰甘油一酯、白油、虫胶、聚乙烯、气溶胶、硅脂膏等涂膜剂。据试验研究，用石蜡或凡士林加热溶化后，涂在蛋壳表面，室温下可保存8个月。鲜蛋涂膜的方法，有浸渍法、喷雾法和手搓法3种。但无论哪种方法，涂膜剂必须对鲜蛋进行消毒，消除蛋壳上已存在的微生物。此外，要注意鲜蛋的质量，蛋越新鲜，涂膜保鲜效果就越好。

①聚乙烯醇涂膜法

Ⅰ. 严格选蛋：鲜蛋在涂膜前应经过照验检查，剔除各种次劣蛋，尤其是旺季收购的商品蛋，应严格把好照验关。

Ⅱ. 配料：适宜涂膜的聚乙烯醇浓度为5%。配制比例是100千克水加5千克聚乙烯醇。方法是先将聚乙烯醇放入冷水中浸泡2小时左右，再用铝桶或铁桶盛装浸泡过的聚乙烯醇，并放入沸水锅中，间接加热到聚乙烯醇全部溶化为止，取出冷却后便可使用。若用量较大，为节省时间，可以先配制高浓度的聚乙烯醇。按上述方法浸泡和溶解，需用时再稀释使用。

Ⅲ. 涂膜：将已照验的鲜蛋放入涂膜溶液中浸一下，或用柔软的毛刷边沾溶液边涂鲜蛋外壳。但涂膜必须均匀，蛋不露白。涂膜后摊开晾干，再装箱存放。在晾干过程中，要注意上、下翻动，以防止相互粘连。

Ⅳ. 注意事项：贮藏期内，要求每20天左右翻动1次。装蛋入箱或入篓时，应排列整齐，大头朝上，小头朝下，以防止日久蛋黄黏壳发生变质；对沾污不洁的蛋，特别是市购商品蛋，在涂膜前应注意做好杀菌消毒工作。防止发生霉蛋；经涂膜保鲜的鲜蛋，必须放置在阴凉干燥、通气良好的库内，经常检查温、湿度的变化，相对湿度控制在70%～80%。因为温度高低直接影响蛋的品质，而湿度高低同蛋内水分蒸发和干耗失重有关。

②液体石蜡涂膜法

Ⅰ. 选蛋：采用涂膜保鲜的蛋必须新鲜，并经光照检验，剔去次劣蛋。夏季最好是产后1周以内的蛋，春、秋季最好是产后10天内的蛋。

Ⅱ. 涂膜：先将少量液体石蜡油放入碗或盆中，用右手蘸取少许于左手心中，双手相搓，粘满双手，然后把蛋在手心中两手相搓，快速旋转，使液蜡均匀微量涂满蛋壳。涂抹时，不必涂得

太多，也不可涂得太少。

Ⅲ. 入库管理：将涂膜后的蛋放入蛋箱或蛋篓内贮存。放蛋装箱时，要放平、放稳，以防贮存时移位破损，把码好蛋的箱或篓放入库房内，保持库房内通风良好，库温控制在25℃以下，相对湿度在70%～80%。如遇气温过高或阴雨潮湿的天气，可用塑料膜制成帐子覆盖，帐中的涂膜蛋箱（篓）可叠几层，但层间要有间隔，排列整齐，并留有人行通道，以便定期抽查。如果在最上一层蛋箱上放置吸潮剂更好。入库管理时注意温、湿度，定期观察，不要轻易翻动蛋箱。一般20天左右检查1次。

Ⅳ. 注意事项：涂膜保存鲜蛋除严格按以上环节操作外，还应注意以下几个问题：一是放置的吸潮剂，若发现有结块、潮湿现象，应搅拌碾碎后，烘干再用，或者更换吸潮剂；二是掌握气温在25℃以下时保鲜，炎热的夏季气温在32℃以上时，要密切注意蛋的变化，防止变质；三是鲜蛋涂膜前要进行杀菌消毒；四是注意及时出库，保证涂膜的效果。

③凡士林涂膜法

Ⅰ. 涂膜剂配制：凡士林500克，硼酸10克。此用量可涂1500枚左右鲜蛋。配制时取市售医用凡士林（黄白均可），与硼酸混合后，置于铝锅内加温熔解，并搅拌均匀，冷却至常温后即可使用。

Ⅱ. 涂膜：取配制好的凡士林涂剂少许（1克左右）于手心中，左右手掌相搓，然后拿蛋于手心中逐个涂膜，做到均匀薄层涂饰，涂膜1个放好1个于蛋箱（篓）内。

Ⅲ. 注意事项：涂膜前蛋须经过照验和杀菌消毒。冬季气温低，涂膜最好在室温下进行。涂膜后的蛋应放在通气的格子木箱或竹篓内，上、下层蛋之间不必用垫草或草纸铺垫。贮蛋库通风换气条件要良好。

④蔗糖脂肪酸酯保鲜法：先将鲜蛋装入篓（筐）内，再将盛蛋篓（筐）置于1%蔗糖脂肪酸酯溶液内，浸泡2秒，然后取出晾干，置库房内敞开贮存，不必翻蛋，适当开窗通风。在室温25℃以下时，可保藏6个月，在气温30℃以上时，也可贮藏2个月。

二、鲜蛋的包装与运输

1. 鲜蛋的包装技术

首先要选择好包装材料，包装材料应当力求坚固耐用，经济方便。可以采用木箱、纸箱、塑料箱、蛋托和与之配套用的蛋箱。

（1）普通木箱和纸箱包装鲜蛋：木箱和纸箱必须结实、清洁和干燥。每箱以包装鲜蛋300～500枚为宜。包装所用的填充物，可用切短的麦秆、稻草或锯末屑、谷糠等，但必须干燥、清洁、无异味，切不可用潮湿和霉变的填充物。包装时先在箱底铺上一层5～6厘米厚的填充物，箱子的四个角要稍厚些，然后放上一层蛋，蛋的长轴方向应当一致，排列整齐，不得横竖乱放。在蛋上再铺一层2～3厘米的填充物，再放一层蛋。这样一层填充物一层蛋直至将箱装满，最后一层应铺5～6厘米厚的填充物后加盖。木箱盖应当用钉子钉牢固，纸箱则应将箱盖盖严，并用绳子包扎结实。最后注明品名、重量并贴上“请勿倒置”、“小心轻放”的标志。

（2）利用蛋托和蛋箱包装鲜蛋：蛋托是一种塑料制成的专用蛋盘，将蛋放在其中，蛋的小头朝下，大头朝上，呈倒立状态。每蛋一格，每盘30枚。蛋托可以重叠堆放而不致将蛋压破。蛋箱是蛋托配套使用的纸箱或塑料箱。利用此法包装鲜蛋能节省时间，便于计数，破损率小，蛋托和蛋箱可以经消毒后重复使用。

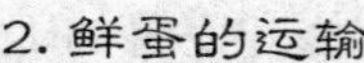

2. 鲜蛋的运输

在运输过程中应尽量做到缩短运输时间，减少中转。根据不同的距离和交通状况选用不同的运输工具，做到快、稳、轻。“快”就是尽可能减少运输中的时间；“稳”就是减少震动，选择平稳的交通工具；“轻”就是装卸时要轻拿、轻放。

此外，还要注意蛋箱要防止日晒雨淋；冬季要注意保暖防冻，夏季要预防受热变质；运输工具必须清洁干燥；凡装运过农药、氨水、煤油及其他有毒和有特殊气味的车、船，应经过消毒、清洗没有异味后方可运输。

第三节　乌骨鸡的屠宰与加工

为了提高乌骨鸡的销售价值，可以通过屠宰加工使产品增值。根据饲养规模的大小，选取手工屠宰方式和机械化或半机械化屠宰方式。

一、白条乌骨鸡的屠宰与加工

1. 需要屠宰乌骨鸡的准备

为避免药物在鸡肉中残留，一般在出售前20～30天停喂一切药物，对于磺胺类药物要在出售前45～60天停止使用。

2. 屠宰前的准备

乌骨鸡屠宰前的管理工作是十分重要的，因为它直接关系着白条鸡的质量。

（1）环境准备：屠宰加工场周围不能有污染，场内地面必须为水泥地面，墙壁也要平整，以便清洗消毒。保证周围环境安静，让鸡充分休息，便于放血。

（2）设备和用具准备：屠宰加工前要维修和完善加工设备及用具，如人工屠宰加工应将屠宰场地、设备及用具准备齐全。如用机械化或半机械化屠宰加工，应检修设备，配齐零部件，并试车进行，达到正常状态。

所用的屠宰加工工具必须是专用的工具，而且需要单独放置，不能接触有毒的物品，避免污染肉质。每次加工前后必须将所有器具彻底清洗、消毒。

（2）各类产品包装用品及存放场地的准备：屠宰加工的过程是分别采集各类产品的过程，因此对每类产品的包装用品应有足够的准备，并要确定存放场地。每类产品需用什么包装、需用多少、场地大小，要根据屠宰规模、数量和产品出售的时间而定。如屠宰规模大、数量多、短时间难以销出，就需要较多的包装和较大的场地。

（3）人员准备：场内的加工人员事先一定要去防疫部门进行身体检查，证明身体健康、无传染性疾病，而且有健康证者方可进场工作。

进场工作的人员要根据工作需要进行上岗前的技术培训，使每个生产工作人员均要懂得自己工作岗位的技术要求和质量要求，以便在整个生产过程中，减少浪费，降低成本，提高产品质量和经济效益。

进场工作的人员每次进场工作前先通过消毒室彻底消毒，工作时穿上消毒干净的工作服。

（4）鸡只准备：屠宰前的管理工作主要包括宰前休息、宰前禁食。

①宰前检验：对成群的活乌骨鸡，一般是施行大群观察后再逐只进行检查。利用看、触、听、嗅等方法进行检验，根据精神状态，有无缩颈垂翅，羽毛松乱，闭目独立，发呆和呼吸困难或

急促，有无异常表现，来确定乌骨鸡的健康情况，发现病鸡或可疑患有传染疾病的应单独急宰，依据宰后检验结果，分别处理。对被传染病污染的场地、设备、用具等要施行清扫、洗刷和消毒。

②宰前休息：活乌骨鸡在屠宰前要充分的休息，这样可以减少鸡的应激反应，从而有利于放血。一般需要休息12～24小时，天气炎热时，可延长至36小时。

③宰前禁食：鸡宰前休息时，要实行饥饿管理，即停食，但要给予定量的饮水。一般断食以12～24小时为宜。停食的目的是为了使鸡尽量把肠胃内食物消化干净，排泄粪便，以便屠宰后处理内脏，避免污染肉体。饮水可以保持鸡正常的生理机能活动，降低血液的黏度，使鸡在屠宰时放血流畅。同时，因为绝食，肝脏中的糖原分解为乳糖及葡萄糖，分布于全身肌肉之中。而体内一部分蛋白质分解为氨基酸，使肉质嫩而甘美。绝食也节约饲料，降低成本。在绝食饮水时，绝食时间要掌握适当；太短不能达到绝食的目的，过长容易造成掉膘，减轻体重。喂水时要按照候宰鸡的多少放置一定数量的水盆或水槽，避免鸡在饮水中打堆，鸡体受到损伤，甚至相互践踏引起死亡。但在宰前3小时左右要停止饮水，以免肠胃内含水分过多，宰时流出造成污染。

3. 感官检查

主要是指对活鸡的精神和外观进行系统的观察。首先观察鸡的体表有无外伤，如果有外伤，则感染病菌的概率会成倍的增加。然后，察看鸡的眼睛是否明亮，眼角有没有过多的分泌物，如果过多，表明该鸡健康状况不好，属于不合格鸡。最后检查鸡的头、四肢及全身有无病变。经检验合格的活鸡准予屠宰。

4. 屠宰工艺

目前乌骨鸡的屠宰多为手工屠宰或半机械化操作。

（1）保定：左手捏住乌骨鸡的两翅膀，小指钩住乌骨鸡的左腿，拇指和示指捏住鸡冠。右手持刀，立于放血盆旁。

（2）宰杀：常用的宰杀方法一般有2种，即切断“三管”法和口腔刺杀法。

①切断“三管”法：切断“三管”法即用刀或剪切断食管、气管、血管（颈静脉）。此法操作简单，放血完全，但伤口大，影响外观，而且血液容易被食物污染。

②口腔刺杀法：将鸡头向斜下方固定，用小型尖刀与下喙平行伸入口腔，到达第二颈椎处，将刀片立起刺断颈静脉和桥静脉的汇合处，然后将刀向外抽出，由上颌裂缝中央向眼的内侧斜刺延脑，以破坏神经中枢，既可使鸡迅速死亡，又利于放血，同时可控制羽毛的中枢被破坏，以便去羽。此法外观整齐，便于贮藏。

（3）放血：屠体一般要求放血时间为3～5分钟。

（4）烫毛：把鸡放入65～75℃的水中浸烫（不可用沸水，因沸水容易烫坏表皮，影响等级），应先将鸡两腿、头及喙浸入水中半分钟后，再把整个鸡浸入水中，并迅速翻动，使热水浸透羽毛，2分钟后取出，以各个部位大羽容易脱落为宜，个别不容易拔掉的部位，可局部再烫。

（5）脱羽：有脱毛机的可以把乌骨鸡直接投入脱毛机中进行脱羽，没有脱毛机的要进行手工脱羽。手工脱羽时先撸去喙壳、爪的表皮及趾甲，然后按照翼、尾、头、颈、胸腹、背臀、两腿的顺序拔去大羽。拔羽时不同部位采取不同的方法，翅羽长且根深，应首先拔除；尾羽根深而硬，尾部又富有脂肪，容易破皮，需分丛细拔，不宜过分用力；颈皮容易滑动，容易破裂，需要用手指逆毛倒搓，以免破皮，降低等级；腹部松软，活动性大，宜用手抓除；背毛皮紧不容易破皮，可以推脱。

（6）清洗整理：褪大羽后的屠体，应用毛钳拔出残余的针羽、绒羽等细毛。拔羽缸或桶内的水要清洁、流动、盛满并不断外溢，以流去浮在上面的羽毛。脱毛后的屠体用清水冲洗，除去血迹及其他杂物。

（7）掏嗉囊：沿喉管剪开颈皮，不划伤肌肉，长约5厘米，在喉头部位拉断气管和食道，用中指将嗉囊完整掏出。防止饲料污染胴体。嗉囊破损率控制在2%。

（8）开大膛：从肛门周围伸入环形刀或者斜剪在右腿下放剪切成半圆形，大约5厘米。切肛部位要正确，不要切断肠子，防止断肠污染内脏。

（9）净膛：净膛可分半净膛和全净膛2种。半净膛只将大小肠拉出，肝、心、胃等仍留在膛内。全净膛则将上述脏器全部取出。

①半净膛的操作方法：拉肠，即先将鸡体置于手中，挤出肛门内积存的粪便，用净水洗手后，将鸡体仰放于木板上，以左手固定鸡体，右手示指或中指插入肛门，拉断泄殖隘与肛门的连接处，并将肠头拉出。右手示指和中指再重新插入肛门钩出小肠，徐徐拉出体外。当拉到十二指肠时，左子压住十二指肠与肌胃的连接处，细心操作，不要把肠管其他部位拉断。

②全净膛操作方法：在肛门下方的腹部，切开3～4厘米的开口，右手插入腹腔，掏出全部内脏。

（10）冲洗：用清水多次冲洗鸡体内外，水量要充足并有一定压力。机械或工具上的污染物，必须用带压水冲洗干净。

5. 白条鸡的肉用性能测定

（1）活重：指屠宰前停饲12小时后的重量，以克为单位。

（2）屠体重：指宰杀放血去羽后的重量（湿拔法需沥干水）。

（3）半净膛重：屠体重去气管、食道、嗉囊、肠、脾、胰和生殖器官，保留心、肺、肝（去胆）、肾、腺胃、肌胃（除去内容物及角质膜）和腹脂（包括腹部板油及肌胃周围的脂肪）的重量。

（4）全净膛重：半净膛重去心、肝、腺胃、肌胃、腹脂及头脚后的重量。

（5）屠宰率（%）：屠体重／活重×100。

（6）半净膛重（%）：半净膛重／屠体重×100。

（7）全净膛重（%）：全净膛重／屠体重×100。

6. 冷藏

从宰杀到成品进入冻结库所需要的时间，不要超过70分钟，成品不要堆积，采用先加工先包装先入库的原则；冻结库要求在-30℃以下，相对湿度为90%～95%。肌肉中心温度，8小时后降到-15℃以下；冷藏库温度要求在-18℃以下，相对湿度在90%；产品进入冷藏库，应分规格、生产日期、批号，分批堆放，做到先进先出；冷藏库的产品须经质检部门检验合格后方可出库。产品不准进行2次冻结。

7. 包装

接触鸡肉产品的塑料薄膜，不得含有影响人体健康的有害物质；产品内外包装应清洁、卫生，图案和包装字体清晰，凡发霉、潮湿、异味、破裂、脱色、搭色和字体不清不得使用；箱内产品排列整齐，图案端正，封口牢固，无血水；包装箱应坚固、整洁、干燥，唛头清晰、准确。

8. 贮存

鲜鸡肉产品应贮存在0±1℃冷藏库中，保质期不得超过7天。冻鸡肉产品应真空包装在-18℃以下冻结库贮存，保质期为12个月。

9. 运输

运输时应使用符合食品卫生要求的冷藏车（船）或保温车。成品运输时，不得与有毒、有害、有气味的物品混放。

二、药用乌骨鸡的屠宰与加工

用于加工药用的乌骨鸡以鸡舌黑、纯白色、丝毛、健壮无病，皮、骨、肉俱乌者为上佳。如泰和乌骨鸡成年公鸡体重1.3千克，成年母鸡体重1千克以上；余干乌黑鸡成年公鸡体重1.3千克，雌鸡成年体重1千克以上等。

药用乌骨鸡的屠宰与白条乌骨鸡的屠宰方法相同，但加工时要根据制药收购厂家的要求进行加工，一般以干燥脱水法、低温保存法等进行大批量储存，以方便销售。

三、乌骨鸡内脏的加工

除全鸡入药外，骨、肉均可入药。

1. 鸡肝

乌骨鸡肝有补血、助消化、促进食欲的作用，可治疗贫血、食欲不振、肝虚、目暗、妇女胎漏等病。

整理时乌骨鸡肝要去胆，修整（即胆部位和结缔组织），擦干血水后单独出售。如不慎将胆囊破裂，立即用水冲洗肥肝上的胆汁。鸡肝在包装前不需要用水冲洗，以防变颜色。只需要用干净的布将其擦干净即可。

鸡胆囊有消炎解毒、止咳祛痰和清肝明目的作用，可单独包装冷冻或晒干后出售。

2. 鸡内金

鸡内金为鸡的干燥胃内壁，为黄褐色，少数金黄色，质脆，容易折断。断面胶质样，有光泽，微腥。生用或炒用，具有消食化积、涩精缩尿的功效。治消化不良、反胃呕吐、遗精遗尿等症。全年均可采收。

鸡珍取下来之后，首先用刀从中间割开，将里边的食料掏出来，用水洗干净后，再用小刀将鸡内金剥下洗净、晒干即可药用。鸡珍在开刀摘除内容物和角质膜时，应横着开口保持2个肌肉块的完整，提高利用价值，单独包装出售。

3. 鸡心

鸡心要清洗干净，去掉心内余血，单独包装，速冻冷藏。

4. 鸡肠

去肛门，去脂肪和结缔组织，划肠，去内容物、去盲肠和胰脏，水洗，去伤斑和杂质，晾干。整理鸡肠应去掉肠油，并将内外冲洗干净，单独包装，速冻冷藏。

5. 鸡腰

鸡腰可单独出售。

第四节　养殖副产品的加工及利用

一、鸡粪的利用

鸡粪是饲养鸡的副产品。如果以放养方式饲养少量鸡时，鸡粪的数量少，鸡粪的利用和处理未必引起饲养者的足够注意。但如果饲养量达到成千上万只，产生的鸡粪数量是巨大的，因此鸡粪的处理成为乌骨鸡饲养场的一项重要生产内容。

1. 用作肥料

鸡的肠道比较短，饲料只有1/3被消化利用，因此，鸡粪中含有丰富的营养成分。据测定，鸡粪干物质中含氮5%～7%，其中60%～70%为尿酸氮，10%为铵态氮，10%～15%为蛋白氮。鲜鸡粪含水40%、氮1.3%、碘1.2%、钾1.1%，还有钙、镁、铜、锰、锌、氯、硫和硼等元素。干鸡粪含粗蛋白质23%～24%，粗纤维10%～14%，粗脂肪2%～4%，粗灰分23%～26%，水分5%～10%。

鸡粪作肥料也是世界各国传统上最常用的办法，在当今人们对绿色食品及有机食品的需求日益高涨的情况下，畜禽粪便将再度受到重视，成为宝贵的资源。畜禽粪便在作肥料时，有未加任何处理就直接施用的，也有先经某种处理再施用的。前者节省设备、能源、劳力和成本，但容易污染环境、传播病虫害，可能危害农作物且肥效差；后者反之。鸡粪的处理方法主要是堆制、发酵处理。

（1）在水泥地或铺有塑料膜的泥地上将鸡粪堆成长条状，高不超过1.5～2米，宽度控制在1.5～3米，长度视场地大小和粪便多少而定。

（2）先较为疏松地堆一层，待堆温达60～70℃，保持3～5天，或待堆温自然稍降后，将粪堆压实，在上面再疏松地堆加新鲜鸡粪一层，如此层层堆积至1.5～2米为止，用泥浆或塑料薄膜密封。

（3）为保持堆肥质量，若含水率超过75%最好中途翻堆；若含水率低于65%最好泼点水。

（4）为了使肥堆中有足够的氧，可在肥堆中竖插或横插若干通气管。

（5）密封后经2～3个月（热季）或2～6个月（冷季）才能启用。

2. 鸡粪作为饲料的处理

鸡粪中含少量粗纤维和非蛋白氮，猪、鸡不能利用非蛋白氮和粗纤维，而牛、羊等反刍家畜却能利用。所以鸡粪不仅适合喂猪，更适合喂牛、羊。

鸡粪在饲喂之前必须经过加工处理，以杀死病原菌，提高适口性。用来作饲料的鸡粪不得发霉，不得含有碎玻璃、石块和铁钉、铁丝等杂质。最好用磁铁除去铁钉、铁丝和其他金属，以免造成反刍动物创伤性心包炎。

（1）鸡粪的加工处理：鸡粪加工处理的方法很多，主要有干制、发酵、青贮等。

①晒干：自然晒干。

②发酵：把鸡粪掺入5%的粮食面粉（高粱面或玉米面均可）。1千克干鸡粪加入1.5千克水（湿鸡粪加500克）拌匀，装入水泥池或堆放墙角用塑料布覆盖发酵。夏天经24小时左右即可发酵好，冬季气温低，发酵时间要长些，用手摸发烫，闻到酒香味便可饲喂，每次发酵好的鸡粪要少留一些，掺入下次要发酵的鸡粪中，可以提高发酵效果。

③窖贮：窖贮的方法同青贮。在地势高燥、土质坚实的地方挖1个深3米、直径2米的圆形窖，把全株青玉米切碎，加入30%干燥鸡粪，一层一层踩实，装满后，用土封顶，使其成馒头形。也可将肉仔鸡的粪和垫草单独地堆贮或窖贮。为了发酵良好，鸡粪和垫草混合物中的含水量须调至40%。鸡粪和垫草一起堆贮，经4～8天温度达到高峰，保持若干天后逐渐降至常温。在进行堆贮时，须加以覆盖，并保持通风良好，防止自燃。

（2）鸡粪喂猪：一是将干燥后的鸡粪经粉碎喂猪；二是将鲜鸡粪混入猪的其他饲料一起喂，喂量由少到多，逐渐增加。仔猪喂量可占精料的10%～15%，随着体重增加，鸡粪（干）的喂量可增加到占精料的20%～30%，育肥阶段，鸡粪和精料各占50%。有人将精料占50%，青饲料占20%，鸡粪液（加水装缸发酵的产物）30%喂猪，效果很好。也有人将干鸡粪的用量增加到猪日粮的20%，效果也很好。为预防微生物感染，当有下痢症状时，每千克料中加入1～2片痢特灵（每片0.1克）。

（3）鸡粪喂牛：肉用仔鸡的粪加垫草、玉米秸青贮或肉仔鸡的粪加垫草窖贮后，每千克干物质中含可消化能相当于优质干草。妊娠泌乳母牛喂含有鸡粪的日粮与喂含豆饼的日粮相比，效果相近。

耕牛和肉用母牛过冬时，可以尽量用鸡粪加垫草青贮饲料喂，80%鸡粪加垫草青贮与20%日粮的混合物喂牛，效果比较好。

妊娠母牛每天每头应喂7～7.5千克鸡粪加垫草青贮，外加1～1.5千克干草或其他青贮饲料；哺乳母牛可增加到9～10千克，同时喂少量干草；生长期的犊牛，用50%鸡粪垫草青贮加50%玉米面，外加干草自由采食，可以安全越冬；生长的肉牛越冬，每天喂11.5千克青贮玉米加2.5千克青贮鸡粪垫草，不需要补充精料，次春就可达到屠宰体重；如果第二年还要放牧1个夏季，秋季屠宰，则越冬时每天喂10千克青贮玉米和1.75千克青贮鸡粪垫草，日增重可达0.2～0.25千克；终期肥育肉牛的日粮干物质中，鸡粪垫草青贮可占日粮的20%～25%，若与玉米青贮和占体重1%的精料一同饲喂，鸡粪垫草青贮占全部日粮的20%时，可满足其蛋白质的需要。

3. 用作生产沼气的原料

鸡粪作为能源最常用的方法就是制作沼气。沼气是在厌氧环境中，有机物质在特殊的微生物作用下生成的混合气体，其主要成分是甲烷，占60%～70%。沼气可用于鸡舍采暖和照明、职工做饭、供暖等，是一种优质生物能源。

4. 用作培养料

这是一种间接作饲料的方法。与畜禽粪便直接用作饲料相比，其饲用安全性较强，营养价值较高，但手续和设备复杂一些。作培养料有多种形式，如培养单细胞、培养蝇蛆、培养藻类、食用菌培养料、养蚯蚓和养虫等，为畜禽饲养业和水产养殖业提供了优质蛋白质饲料。

二、垫料处理

在乌骨鸡生产过程中，采用平养方式需使用垫料，所用垫料多为锯木屑、稻草或其他秸秆。一般使用的规律是冬季多垫，夏季少垫或不垫。一个生产周期结束后，清除的垫料实际上是鸡粪与垫料的混合物。

1. 窖贮或堆贮

雏鸡粪和垫料的混合物可以单独地“青贮”。为了使发酵作用良好，混合物的含水量应调至40%。混合物在堆贮的第4～8天，堆温达到最高峰（可杀死多种致病菌），保持若干天后，堆温逐渐下降与气温平衡。经过窖贮或堆贮后的鸡粪与垫料混合物可以饲喂牛、羊等反刍动物。

2. 生产沼气

使用粪便垫料混合物作沼气原料，由于其中已含有比较多的垫草（主要是一些植物组织），碳氮比较为合适，作为沼气原料使用起来十分方便。

3. 直接还田用作肥料

锯木屑、稻草或其他秸秆在使用前是碎料者可直接还田。

三、羽毛处理和利用

鸡的羽毛上附着有大量病原微生物，如果不经加工处理而随

地抛撒，则有可能造成疾病的四处传播。羽毛中蛋白质含量高达85%，其中主要是角蛋白，其性质极其稳定，不溶于水、盐溶液及稀酸、碱，即使把羽毛磨成粉末，动物肠胃中的蛋白酶也很难对其进行分解和消化。

1. 羽毛的收集

鸡羽毛收集方法大多是在换羽期用耙子将地上的羽毛耙集在一起，再装入筐收贮。

2. 羽毛的加工处理

对羽毛的处理关键是破坏角蛋白稳定的空间结构，使之转变成能被畜禽所消化吸收的可溶性蛋白质。

（1）高温高压水煮法：将羽毛洗净、晾干，置于120℃、450～500千帕条件下用水煮30分钟，过滤、烘干后粉碎成粉。此法生产的产品质量好，试验证明，该产品的胃蛋酶消化率达90%以上。

（2）酶处理法：从土壤中分离的旨氏链霉菌、细黄链霉菌及从人体和哺乳动物皮肤分离的真菌——粒状发癣菌，均可产生能迅速分解角蛋白的蛋白酶。其处理方法为：羽毛先置于pH＞12的条件下，用旨氏链霉菌等分泌的嗜碱性蛋白酶进行预处理。然后，加入1～2毫克／升盐酸，在温度119～132℃、压力98～215千帕的条件下分解3～5小时，经分离浓缩后，得到一种具有良好适口性的糊状浓缩饲料。

（3）酸水解法：其加工方法是将瓦罐中的6～10毫克／升盐酸加热至80～100℃，随即将已除杂的洁净羽毛迅速投入瓦罐内，盖严罐盖，升温至110～120℃，溶解2小时，使羽毛角蛋白的双硫键断裂，将羽毛蛋白分解成单个氨基酸分子，再将上述羽毛水解液抽入瓷缸中，徐徐加入9毫克／升氨水，并以45转／分钟的速度进行搅拌，使溶液pH中和至6.5～6.8。最后，在已中和的水解液中加入麸皮、血粉、米糠等吸附剂。当吸附剂含水率达50%左右时，用55～56℃的温度烘干，并粉碎成粉，即成产品。但加工过程会破坏一部分氨基酸，使粗蛋白含量减少。

3. 羽毛蛋白饲料的利用

（1）鸡饲料：国内外大量试验和多年饲养实践表明，在雏鸡和成年鸡口粮中配合2%～4%的羽毛粉是可行的。

（2）猪饲料：研究表明，羽毛粉可代替猪口粮中5%～6%的豆饼或国产鱼粉。在二元杂交猪口粮中加入羽毛蛋白饲料5%～6%，与等量国产鱼粉相比，经济效益提高16.9%。若配比过高，则不利于猪的生长。

（3）毛皮动物饲料：胱氨酸是毛皮动物不可缺少的一种氨基酸，而羽毛蛋白饲料中胱氨酸含量高达4.65%，故羽毛蛋白是毛皮动物饲料的一种理想的胱氨酸补充剂。

四、污水处理

养鸡场所排放的污水，主要来自清粪和冲洗鸡舍后的排放粪水，及屠宰加工厂和孵化厂等冲洗排放的污水。屠宰加工厂也是个用水和排放污水的大户，屠宰加工厂的污水主要来自血液、羽毛和内脏的处理用水，冲洗地面和设备所排放的污水。污水中含有大量的血液、羽毛、油脂、碎肉、未消化过的饲料和粪便等。

1. 污水的物理处理法

主要利用物理作用，将污水中的有机物、悬浮物、油类及其他固体物质分离出来。

（1）过滤法：过滤法主要是污水通过具有孔隙的过滤装置以达到使污水变得澄清的过程，这是鸡场污水处理工艺流程中必不可少的部分。常用的简单设备有格栅或网筛。鸡场过滤污水采用的格栅由一组平行钢条组成，略斜放于污水通过的渠道中，用以清除粗大漂浮和悬浮物质，如饲料袋、塑料袋、羽毛、垫草等，以免堵塞后续设备的孔洞、闸门和管道。

（2）沉淀法：利用污水中部分悬浮固体密度大于水的原理使其在重力作用下自然下沉并与污水分离的方法，这是污水处理中应用最广的方法之一。沉淀法可用于在沉沙池中去除无机杂粒；在1次沉淀池中去除有机悬浮物和其他固体物；在2次沉淀池中去除生物处理产生的生物污泥；在化学絮凝法后去除絮凝体；在污泥浓缩池中分离污泥中的水分，使污泥得到浓缩。

（3）固液分离法：这是将污水中的固性物与液体分离的方法。可以使用固液分离机。目前常见的分离机有旋转筛压榨分离机和带压轮刷筛式分离机，其他的还有离心机、挤压式分离机等。

2. 污水的化学处理法

利用化学反应的作用使污水中的污染物质发生化学变化而改变其性质，最后将其除去。

（1）絮凝沉淀法：这是污水处理的一种重要方法。污水中含有的胶体物质、细微悬浮物质和乳化油等，可以采用该法进行处理。常用的絮凝剂有无机的明矾、硫酸铝、三氯化铁、硫酸亚铁等，有机高分子絮凝剂有十二烷基苯磺酸钠、羧甲基纤维素钠、聚丙烯酰胺、水溶性脲醛树脂等。在使用这些絮凝剂时还常用一些助凝剂，如无机酸或碱、漂白粉、膨润土、酸性白土、活性硅酸和高岭土等。

（2）化学消毒法：鸡场的污水中含有多种微生物和寄生虫卵，若鸡群暴发传染病时，所排放的污水中就可能含有病原微生物。因此，采用化学消毒的方式来处理污水就十分必要。经过物理、生物法处理后的污水再进行加药消毒，可以回收用作冲洗圈栏及一些用具，节约了鸡场的用水量。目前，用于污水消毒的消毒剂有液氯、次氯酸、臭氧和紫外线等，以氯化消毒法最为方便有效，经济实用。

3. 鸡场污水的生物处理法

生物处理法原理是利用微生物的代谢作用分解污水中的有机物而达到净化的目的。

（1）氧化塘：氧化塘是将自然净化与人工措施结合起来的污水生物处理技术。主要是利用塘内细菌和藻类共生的作用处理污水中的有机污染物。污水中的有机物有细菌进行分解，而由细菌赖以生长、繁殖所需的氧，则由藻类通过光合作用来提供。根据氧化塘内溶解氧的主要来源和在净化作用中起主要作用的微生物种类，可分为好氧塘、厌氧塘、兼性塘和曝气塘4种。氧化塘可利用旧河道、河滩、无农用价值的荒地、鸡场防疫沟等，基建投资少。氧化塘运行管理简单、费用低、耗能少，可以进行综合利用，如养殖水生动植物，形成多级食物网的复合生态系统。但氧化塘占地面积较大，处理效果受气候的影响，如越冬问题和春、秋翻塘问题等。如果设计、运行或管理不当，可能形成二次污染，如污染地下水或产生臭气。因此，氧化塘的面积与污水的水质、流量和塘的表面负荷等有关，须经计算确定。

（2）活性污泥法：由无数细菌、真菌、原生动物和其他微生物与吸附的有机及无机物组成的絮凝体称为活性污泥，其表面有一层多糖类的黏质层。活性污泥有巨大的表面能，对污水中悬浮态和胶态的有机颗粒有强烈的吸附和絮凝能力，在有氧气存在的情况下，其中的微生物可对有机物发生强烈的氧化分解作用。利用活性污泥来处理污水中的有机污染物的方法称为活性污泥法。该法的基本构筑物有生物反应池（曝气池）、二次沉淀池、污泥回流系统及空气扩散系统。

（3）厌氧生物处理法：厌氧生物处理法相当于沼气发酵。

根据消化池运行方式的不同，可分为传统消化池和高速消化池。传统消化池投资少、设备简单，但消化速率较低，消化时间长，容易受气温的影响，污水须在池内停留30～90天，多为南方小规模畜禽场和养殖专业户采用。高速消化池设有加热和搅拌装置，运行较为稳定，在中温（30～35℃）条件下，消化期为15天左右，常被大型畜禽场广泛采用。近年来，根据沼气发酵的基本原理，发展了一种填充介质沼气池，如上流式厌氧污泥床、厌氧过滤器等。其特点是加入了介质，有利于池中微生物附着其上，形成菌膜或菌胶团，从而使池内保留有比较多的微生物量，并能与污水充分接触，可提高有机物的消化分解效率。

第五节　乌骨鸡的食疗进补验方

验方一

【组成】乌骨鸡 1 只，黄芪50克。

【制法】乌骨鸡洗净，入黄芪水煮，至熟。

【主治】月经不调。

验方二

【组成】乌骨鸡1只，当归、黄芪、茯苓各9克。

【制法】将乌骨鸡常规处理洗净，加入上述药材和调味品煮熟，食肉喝汤。

【主治】气血虚型月经先期。

验方三

【组成】乌骨鸡1只，白果、莲肉、江米各25克，胡椒5克。

【制法】乌骨鸡制净，将诸药研成药末装入鸡腹内，煮熟。

【主治】赤白带下及遗精白浊。

验方四

【组成】乌骨鸡1只，杜仲、六月雪各25克。

【制法】将乌骨鸡常规处理洗净，放入杜仲、六月雪和调味品，煮熟，食肉喝汤。

【主治】慢性肾炎。

验方五

【组成】乌骨鸡1只，红小豆200克，黄精50克，陈皮1块。

【制法】将所有材料洗净，一齐放入已经煲滚了的水中，继续用中火煲3小时左右，以少许盐调味，即可佐膳饮用。

【主治】补血养颜，强壮身体。

验方六

【组成】乌骨鸡500克，白凤尾菇50克，料酒、大葱、食盐、生姜片各适量。

【制法】乌骨鸡宰杀后，去毛、去内脏及爪，洗净。沙锅添入清水，加生姜片煮沸，放入已剔好的乌骨鸡，加料酒、大葱，用文火炖煮至酥，放入白凤尾菇，加食盐调味后煮沸3分钟即可起锅。佐餐食用，每日1～2次，每次150～200毫升。

【主治】补益肝肾，生精养血，养益精髓，下乳。

验方七

【组成】乌骨鸡1500克，红小豆150克，黄酒、精盐各适量。

【制法】把乌骨鸡宰杀、去杂，洗净。将红小豆洗净后塞入鸡腹，浇上黄酒，用线缝合，放在瓷盆中，撒上精盐，上锅隔水蒸熟，离火即可。随餐食用。

【主治】滋阴养血，利水消肿。

验方八

【组成】净乌骨鸡750克，黄芪50克，当归40克，葱10克，姜

5克，精盐8克，味精2克，绍酒10克，开水1200克。

【制法】将乌骨鸡洗净，用开水烫透，去净血污，冲洗干净。拿汤盆1只，把黄芪、绍酒、当归、乌骨鸡、葱、姜、开水放入汤盆中，拿保鲜膜封好，炖3小时后取下，加入盐、味精，去掉葱姜即可。

【主治】补脾益气，养阴益血。

验方九

【组成】乌骨鸡1只，大生地、饴糖各120克。

【制法】把乌骨鸡宰杀后去杂，洗净。大生地用酒洗后切片，用饴糖拌和。将大生地装入鸡肚内缝好，放到瓦钵中，放在铜锅中隔水蒸烂。随餐食用。

【主治】补血养肝。

验方十

【组成】乌骨鸡半只，木瓜半个，红枣3粒，姜片2片，沸水0.8升，盐1茶匙。

【制法】乌骨鸡飞水，用清水洗净，木瓜去皮，切大块。将乌骨鸡、木瓜块、红枣一齐放入沸水中大火煲5分钟，撇去浮油及表面的泡沫；改小火煲40分钟，调味即可。

【主治】益肾养阴，养颜补血。

附录　乌骨鸡饲养管理技术规范

（河北省地方标准　DB13/T 1093–2009）

本标准由河北省畜牧兽医局提出。

本标准起草单位：张家口市畜牧水产局。

本标准主要起草人：李强、杜京、杨若松、武二斌、李子平、李广东、张夕省、孙晓东。

1　范围

本标准规定了乌骨鸡饲养管理的环境与设施、引种、饲料、饲养管理、疫病防治、生产记录等各环节应遵循的准则。

本标准适用于乌骨鸡的饲养和管理。

2　规范性文件

下列文件中条款通过本标准的引用而成为本标准的条款，凡是注日期的引用文件，其随后所有的修改单（不包括勘误的内容）或修订版均不适用于本标准，然而，鼓励根据本标准达成协议的各方研究是否可使用这些文件的最新版本。凡是不注日期的引用文件，其最新版本适用于本标准。

GB13078　饲料卫生标准

GB16548　病害动物和病害动物产品生物安全处理规程

CB16549　畜禽产地检疫规范

GB18596　畜禽养殖业污染物排放标准

NY/T388　畜禽场环境质量标准

NY/T682　畜禽场场区设计技术规范

NY5027　无公害食品　畜禽饮用水水质

NY5030　无公害食品　畜禽饲养兽药使用准则

NY5032　无公害食品　畜禽饲料和饲料添加剂使用准则

NY5041　无公害食品　蛋鸡饲养兽医防疫准则

DB13/T714　商品蛋鸡场建设规范

《中华人民共和国动物防疫法》

《饲料和饲料添加剂管理条例》

3　环境与设施

3.1　场区环境符合NY/T388的规定。

3.2　水质符合NY5027的规定。

3.3　场区设计符合NY/T682的规定。

3.4　鸡舍建筑符合DB13/T714规定。

4　引种

4.1　应从具有《种畜禽生产经营许可证》和《动物防疫条件合格证》的种鸡场或专业孵化场引种，并按照GB16549严格进行检疫。

4.2　引种乌骨鸡应符合乌骨鸡的品种特征、特性。

4.3　不得从疫区引种。

5　饲料

5.1　饲料中卫生要求应符合GB13078的规定。

5.2　饲料和饲料添加剂应符合《饲料和饲料添加剂管理条例》和NY5032的规定。

5.3　严禁在饲料中添加违禁药物和违禁添加剂。

6　饲养管理

6.1　育雏期（0～6周龄）

6.1.1 饲养方式

采用网上育雏、笼育或地面平养。

6.1.2 准备

6.1.2.1 鸡舍

清扫屋顶、墙壁和地面之后，墙壁用10%的石灰溶液粉刷，地面用2%的氢氧化钠溶液喷洒1～2小时后，冲洗干净。晾干后，按照每立方米高锰酸钾21克，福尔马林42毫升的比例密闭熏蒸消毒24～48小时，打开门窗通风换气12小时后重新封闭待用。

6.1.2.2 用具

料槽、饮水器等用具数量应满足饲养的需要。使用前用0.1%的高锰酸钾溶液消毒，清水洗刷干净，晾干。

6.1.2.3 预温

进雏前2～3天将育雏舍升温至30℃。

6.1.2.4 接运雏鸡

雏鸡采用一次性运雏箱贮运；到育雏室后应进行清点，淘汰残次雏鸡。

6.1.3 环境控制

6.1.3.1 温度

1周龄温度为35～36℃，以后每周下降2～3℃，6周龄降到23～25℃。

6.1.3.2 湿度

1～10日龄相对湿度70%左右，10日龄以后相对湿度控制在60%～65%。

6.1.3.3 密度

网上育雏时，以1～2周龄平方米30～40只、3～4周龄平方米25～30只、4～6周龄平方米15～25只为宜。

6. 1.3.4　光照

1～3日龄，每天光照时间为20～24小时，从4日龄起每周递减光照时间2～3小时，6周龄前每天光照时间不低于10小时。光照强度1周龄为15～20勒克斯，2周龄为10～15勒克斯，3～6周龄为8～10勒克斯。

6. 1.3.5　通风

时间最好选择在室外温度较高的中午前后，在保证舍内温度的条件下，尽量保持空气新鲜。

6. 1.4　饮水与开食

6. 1.4.1　饮水

雏鸡入舍后尽快给予饮水。1～7日龄饮温开水，水中加入5%～8%的葡萄糖或红糖，保证充足饮水。

6. 1.4.2　开食

初饮后2～3小时开食。2周龄前每天喂料6～8次，2周龄后每天喂料3～5次。每只日喂量1～2周龄5～12克，3～5周龄20～30克，6周龄每只日喂量不低于45克。蛋雏鸡料代谢能为12.1兆焦／千克、粗蛋白19%、钙1%、磷0.5%；肉雏鸡料代谢能13.4兆焦／千克、粗蛋白20%、钙0.9%、磷0.45%。

6. 1.5　断喙

断喙在7～10日龄进行，上喙断掉1/2、下喙断掉1/3。雏鸡免疫接种前后2天或健康状况不良时暂不断喙。

6. 2　育成期（7～20周龄）

6. 2.1　转群

6. 2.1.1　育雏结束后把雏鸡转到育成鸡圈养养。转群前2周，鸡舍与设备应先进行清洗，然后进行彻底的熏蒸消毒。

6. 2.1.2　转群前后补充电解多种维生素等抗应激药物，转群时淘汰病弱残伤鸡。

6. 2.2　环境控制

6. 2.2.1　温度

舍内以16～20℃为宜，最低不低于14℃，最高不超过30℃。

6. 2.2.2　湿度

相对湿度以55%～60%为宜。

6. 2.2.3　光照

以自然光照为主，每天光照时间为8～9小时。

6. 2.2.4　通风

加强通风换气，以纵向通风为宜。

6. 2.2.5　密度

网上平养时，7周龄平方米15只。以后平方米每周减少5只，至平方米4～6只。

6. 2.3　喂料

蛋用乌骨鸡育成料代谢能为11.5兆焦／千克、粗蛋白15%、钙0.75%～0.9%、磷0.45%～0.5%，每天加料3次，自由采食。商品用乌骨鸡日粮代谢能13.35兆焦／千克、粗蛋白18%、钙0.9%、磷0.45%。采用喂干粉料和湿粉相结合进行饲养，干粉料要保持整天不断，自由采食，每天上、下午各喂1次湿料。

6. 2.4　商品用乌骨鸡

6. 2.4.1　公、母雏要分开饲养，以采取笼养为宜。群体以不超过500只为宜。

6. 2.4.2　减少鸡只运动。

6. 2.4.3　一般在出售前20～30天停喂一切药物，对于磺胺类药物要在出售前45～60天停止使用。出栏前1周不喂鱼粉。

6. 3　产蛋期（21周龄～淘汰）

6. 3.1　准备

6. 3.1.1　淘汰生长发育不良、弱鸡、残次鸡以及外貌不符合乌骨鸡特征的鸡。

6. 3.1.2　断喙不良的鸡应修整。

6. 3.1.3　地面平养要提前放置产蛋箱。

6. 3.2　饲养方式

有地面平养和笼养2种方式，规模鸡场应采用笼养。

6. 3.3　环境控制

适宜温度为20～25℃，相对湿度为50%～65%，保持鸡舍内通风良好。从18周龄增加光照时间，每周增加0.5小时，直至16小时。补充人工光照强度恒定在10勒克斯。

6. 3.4　喂料

日粮代谢能11.7兆焦 / 千克、粗蛋白16%、钙3.6%～3.8%、磷0.3%。每天加料3次，自由采食。

6. 3.5　鸡蛋收集

6. 3.5.1　集蛋时将破蛋、砂皮蛋、软蛋、特大蛋、双黄蛋、特小蛋单独存放。

6. 3.5.2　收蛋要勤，及时捡回窝外蛋。发现破蛋要及时将蛋壳和内容物清理干净。

7　疫病防治

7. 1　免疫

7. 1.1　根据当地疫病的流行情况，结合本场的实际，制定具体的免疫程序。

7. 1.2　免疫应符合《中华人民共和国动物防疫法》和NY5041的规定。

7. 2　消毒

7. 2.1　环境

场区、道路及鸡舍周围环境定期消毒，废弃物处理区每月消毒1次，消毒池定期更换消毒液。

7. 2.2　鸡舍

鸡舍进鸡之前进行彻底清扫、洗刷、消毒，至少空置2周。饲养期每周带鸡消毒2次。

7. 2.3　用具

饮水器具每周消毒1～2次，饲槽或料槽、料车等每月消毒1次。

7. 2.4　人员

饲养人员每次进入生产区进行消毒、更衣、换鞋。非生产人员禁止进入生产区。

7. 3　预防及治疗用药

预防及治疗用药按照NY5030的规定执行。严格执行休药期。

7. 4　病死鸡及废弃物处理

病死鸡按照GB16548的规定处理；废弃物按照GB18596的规定处理。

8　生产记录

建立生产记录档案，记录内容包括进雏时间、数量、来源、栋舍、饲养员、体重、耗料、防疫、用药、消毒、鸡只变动、环境条件、出栏时间及体重等。

记录资料应妥善保管2年以上。